CAD/CAM软件应用——UG 8.0造型设计

主　编　刘珍来　葛志宏
副主编　郑孟冬　杨　雄　唐启金

北京理工大学出版社
BEIJING INSTITUTE OF TECHNOLOGY PRESS

图书在版编目（CIP）数据

CAD/CAM 软件应用. UG8.0 造型设计/刘珍来，葛志宏主编. —北京：北京理工大学出版社，2017.8

ISBN 978－7－5682－4553－1

Ⅰ.①C… Ⅱ.①刘… ②葛… Ⅲ.①模具－计算机辅助设计－应用软件 Ⅳ.①TG76－39

中国版本图书馆 CIP 数据核字（2017）第 190289 号

出版发行／北京理工大学出版社有限责任公司
社　　址／北京市海淀区中关村南大街 5 号
邮　　编／100081
电　　话／（010）68914775（总编室）
（010）82562903（教材售后服务热线）
（010）68948351（其他图书服务热线）
网　　址／http：//www.bitpress.com.cn
经　　销／全国各地新华书店
印　　刷／北京市国马印刷厂
开　　本／787 毫米×1092 毫米 1/16
印　　张／11.25
字　　数／265 千字
版　　次／2017 年 8 月第 1 版 2017 年 8 月第 1 次印刷
定　　价／44.00 元

责任编辑／张旭莉
文案编辑／张旭莉
责任校对／周瑞红
责任印制／李志强

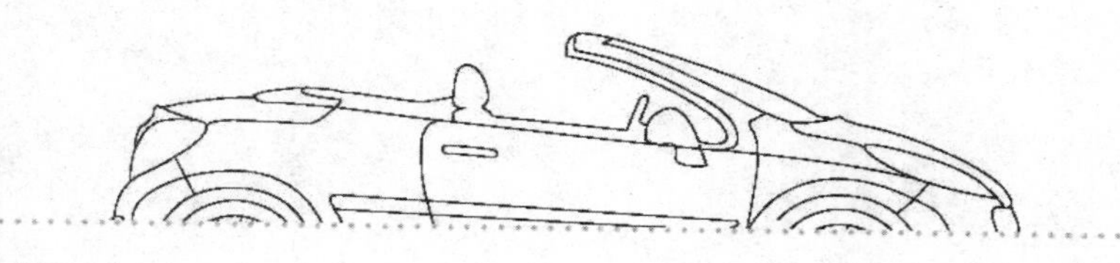

前言

PREFACE

UG 软件起源于美国麦道飞机公司，后于 1991 年 11 月并入世界上最大的软件公司——美国电子数据系统公司（Electronic Data Systems Corp，EDS）。如今，UG 软件已经成为世界上一流的集成化 CAD/CAE/CAM 软件。作为一个集成的全面产品工程解决方案，UG 软件家族使得用户能够数字化地创建和获得三维产品定义（数模），UG 软件被当今许多世界领先的制造商用来从事概念设计、工业设计、详细的机械设计以及工程仿真和数控加工等各个领域。

本书主要针对 UG NX8.0 的常用模块进行讲解，涵盖了基本界面介绍、草图绘制、基本体素建模、实体建模、曲面建模、工程图绘制等 6 大模块。

全书没有对各个命令呆板地进行介绍，而是在编写的时候将重点集中在实例的演示上，让读者在详细图文操作步骤的帮助下迅速掌握 UG 建模及工程图的常用技巧，举一反三，最终达到熟练运用 UG NX8.0 的能力。

本书在编排的时候采用由浅入深的方式，第一章进行了草图界面和建模界面介绍，对各个界面的常用工具条命令进行了介绍，并进行了实际的操作演示，让读者能够快速地熟悉 UG NX8.0 的常用命令，并对这些命令的作用有直观的认识。第二章介绍了草图绘制相关内容，通过多个例子的练习，使读者能够将第一章中讲解的命令应用到实际的绘图中，达到举一反三的效果。第三章主要介绍基本体素建模的步骤及方法，重点讲解了长方体、圆柱体、圆锥体、球体以及键槽的创建。第四章主要介绍了实体建模，通过多个简单到复杂的例子练习了草图、拉伸、旋转等特征命令，以及倒圆角、镜像特征、镜像体等特征操作命令，使读者在复习第一章学过命令的同时，也强化了对这些命令的使用，提高了实际操作 UG NX8.0 的能力。第五章介绍了曲面建模相关命令，包括网格面、扫掠、回转等创建曲面的方式，通过多个例子的讲解，使读者能够掌握曲面建模的各种基本命令和技巧。第六章工程制图，讲解了导入零件、设置参数、生成三视图、创建剖面图、尺寸标注等功能，学习本章后，使读者可以利用 UG NX8.0 做出高质量的工程图。

本书可作为高等院校数控加工、模具设计与制造等专业的三维建模实训教材，也可作为在校生自学 UG NX8.0 软件所用。通过对本书的学习，使读者能够熟练地掌握 UG NX8.0 的各个模块的使用方法。

本书第一章、第六章由刘珍来编写，第二章由葛志宏编写，第三章由唐启金编写，第四章由郑孟冬编写，第五章由杨雄编写，全书由刘珍来、葛志宏主编。

由于水平有限，加之时间仓促，本书难免有疏漏之处，恳请广大读者批评指正。

编　者

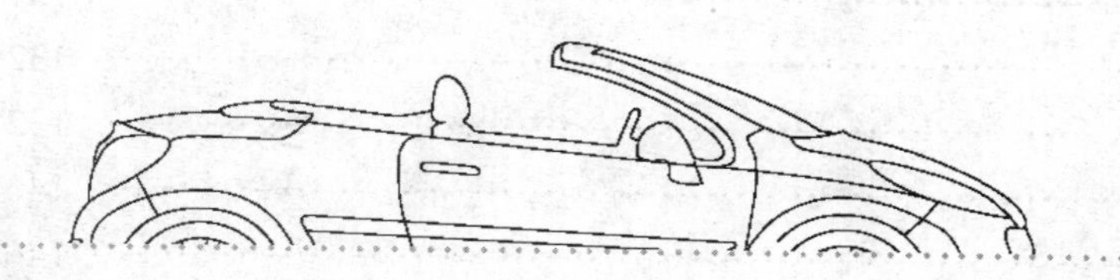

目录

CONTENTS

第一章

概　论

本章先利用一个实例引入 UG NX8.0 的基本操作，让学生能够对 UG NX8.0 的建模流程有一个直观的认识，引起学生关注，提高学生对该软件的兴趣。在此基础上，详细介绍 UG NX8.0 草图界面和建模界面，并对常用的工具条及命令进行介绍，让学生能够快速的熟悉 UG NX8.0 的常用命令，并对这些命令的作用有直观的认识。

整个概论重点在于培养学生对该门课程的兴趣，以及基础知识的了解。

一、初识 UG NX8.0

试根据如图 1－1 所示的图纸，建立该模型。

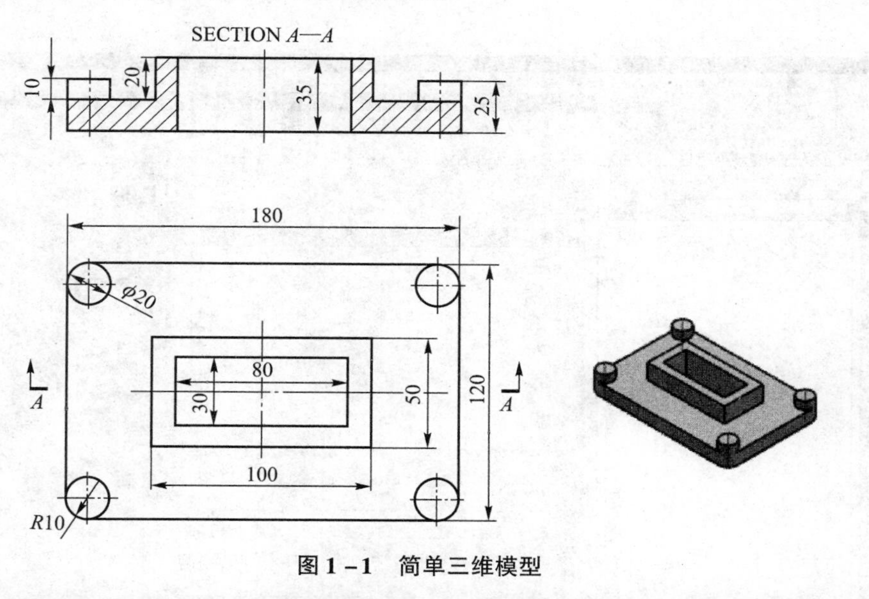

图 1－1　简单三维模型

相关知识点

1. 新建文件　　2. 拉伸命令
3. 布尔运算　　4. 特征图样

建模简略步骤如图 1－2 所示。

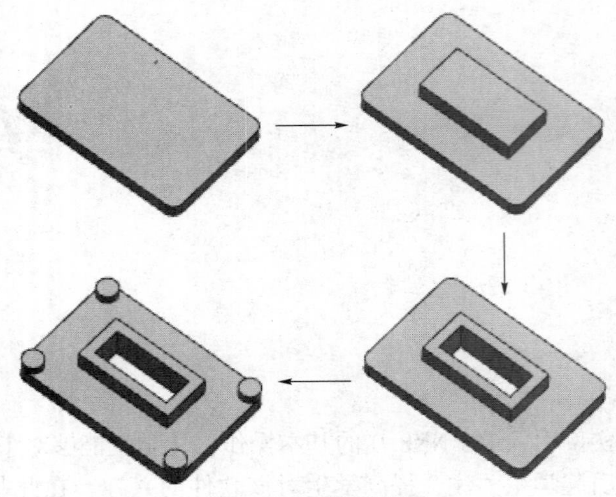

图 1－2　简略步骤

详细建模步骤如下所示。

1. 创建方形底座

1）创建底座草图

（1）打开 UG NX8.0，单击【新建】按钮 新建，弹出如图 1－3 所示的【新建】对话框；

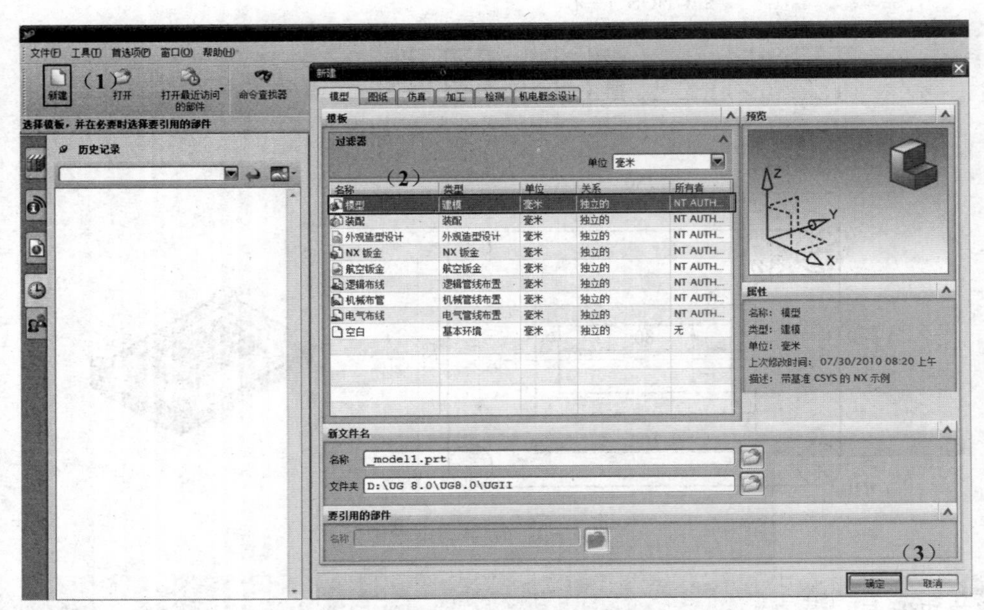

图 1－3　【新建】对话框

（2）在对话框【模板】栏中选择名称为【模型】，类型为【建模】的模板；

（3）单击【确定】按钮 确定，进入如图 1－4 所示的建模界面；

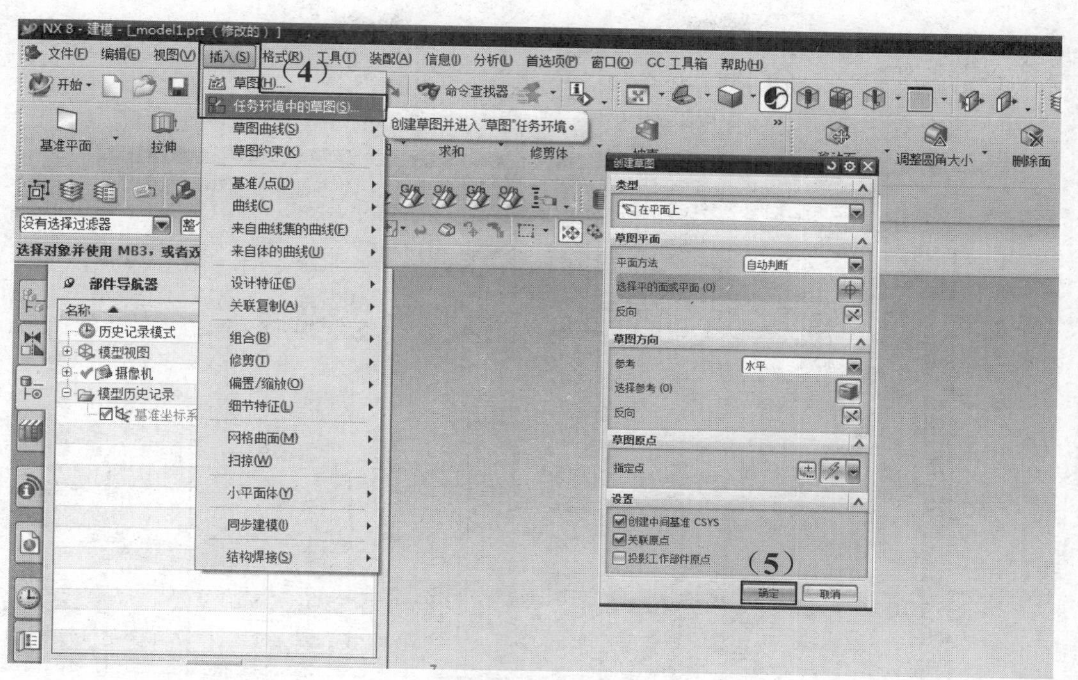

图 1－4　建模界面

（4）依次单击【插入】—【任务环境中的草图】命令 任务环境中的草图(S)...，弹出如图 1－4 所示的【创建草图】对话框；

（5）直接单击【确定】按钮 确定 ，进入如图 1－5 所示的草图界面；

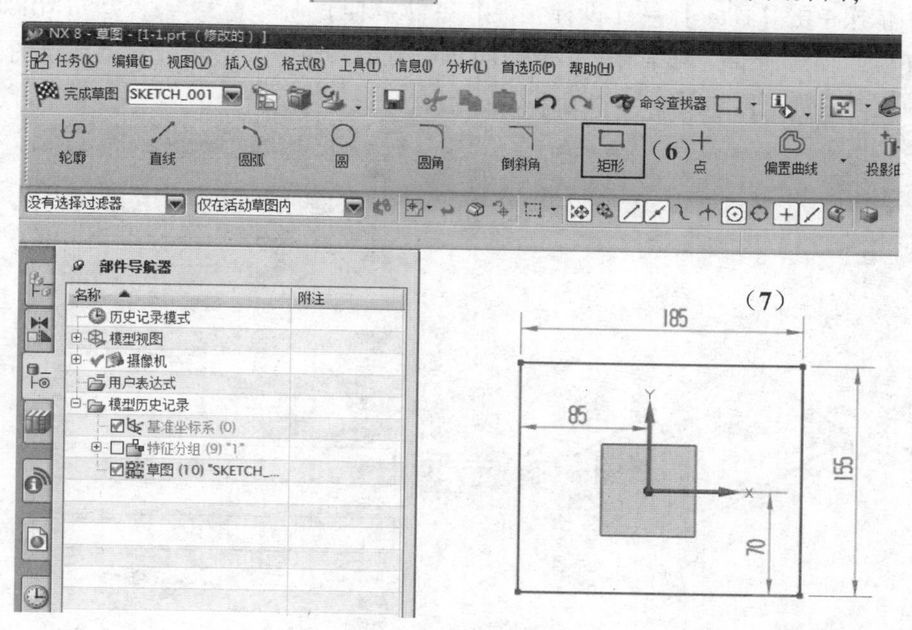

图 1－5　草图界面

（6）依次单击【插入】—【曲线】—【矩形】命令 矩形(R)...，弹出【矩形】对话框；

（7）在草图界面的绘图区域的合适位置绘制一个任意大小的矩形，如图 1-5 所示，系统会根据矩形的大小自动生成尺寸；

（8）依次双击尺寸，修改尺寸的大小。如图 1-6 所示；

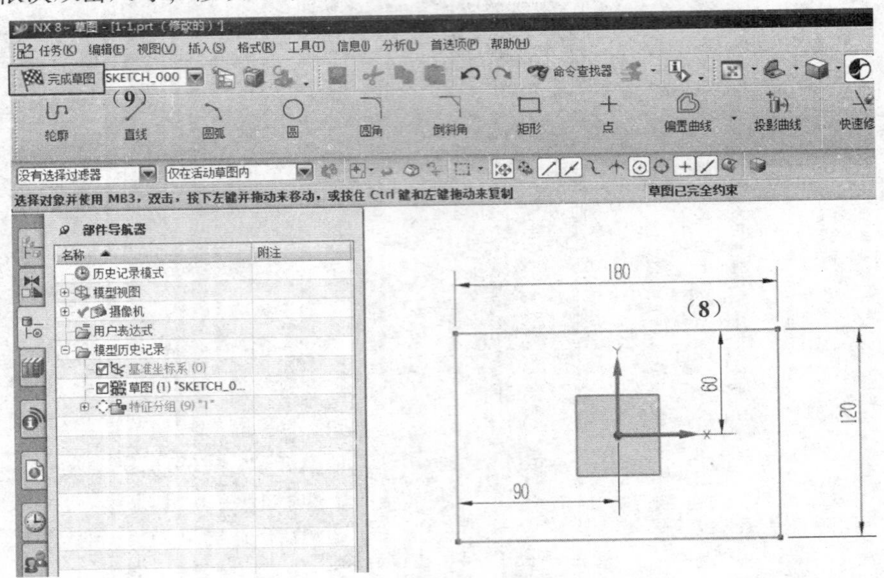

图 1-6 修改草图尺寸

（9）单击【完成草图】按钮 完成草图 ，退出草图界面，重新进入建模界面。

2）创建拉伸特征

（1）依次单击【插入】—【设计特征】—【拉伸】命令 拉伸(E)...，弹出如图 1-7 所示的【拉伸】对话框。选择第 1 步草绘的曲线为截面曲线，系统会自动在绘图区域生成该曲线的拉伸预览图，如图 1-7 所示；

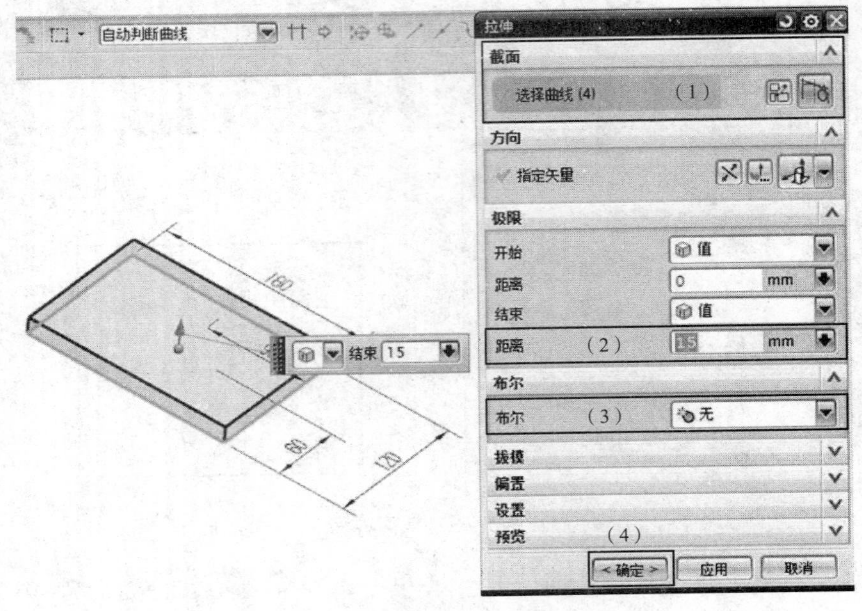

图 1-7 【拉伸】对话框

（2）在【极限】区域中，将【结束距离值】更改为15；

（3）在【布尔】区域中，将布尔运算选项设置为【无】；

（4）单击【确定】按钮 确定 ，完成拉伸特征创建。

3）创建倒圆角

（1）依次单击【插入】—【细节特征】—【边倒圆】命令 边倒圆(E)，弹出如图1-8所示的【边倒圆】对话框。依次选择拉伸长方体的4个棱边，系统会自动生成棱边的边倒圆预览图，如图1-8所示；

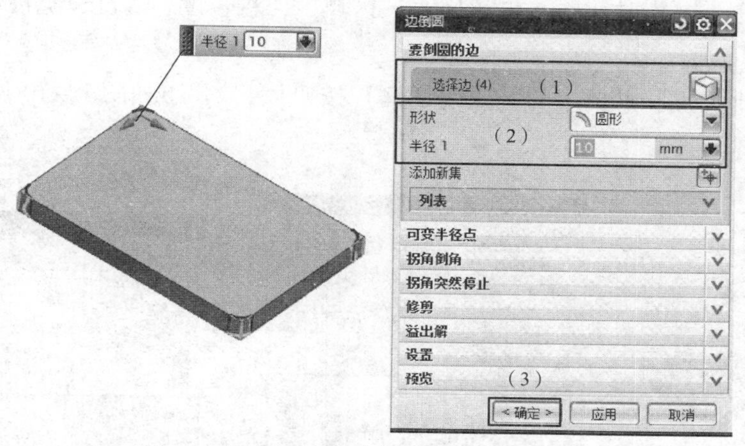

图1-8 【边倒圆】对话框

（2）选择【形状】选项为圆形，然后将【半径1】的值更改为10；

（3）单击【确定】按钮 确定 ，完成圆角特征创建。

2. 创建凸台

（1）依次单击【插入】—【设计特征】—【长方体】命令 长方体(K)..，弹出如图1-9所示的【块】对话框。在【尺寸】区域中，将长度、高度、宽度值分别改为100、50、20；

（2）单击【原点】区域中的【点对话框】按钮，弹出如图1-9所示的【点】对话框；

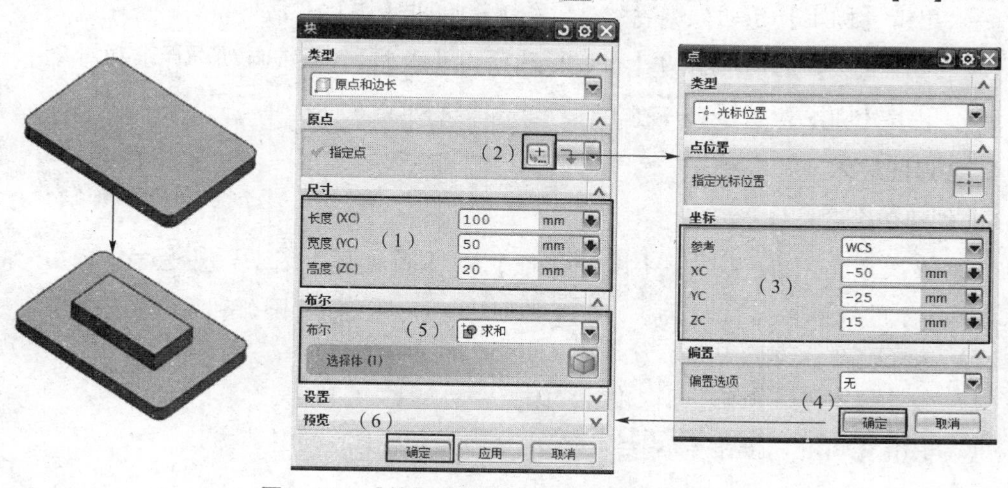

图1-9 【块】对话框与【点】对话框（一）

(3) 修改【点】对话框中【坐标】区域中 XC、YC、ZC 值分别为 -50、-25、15;

(4) 单击【确定】按钮 确定 ，系统将返回【块】对话框;

(5) 选择【块】对话框中的【布尔】选项为【求和】，系统自动选择求和对象;

(6) 单击【确定】按钮 确定 ，完成凸台创建。

3. 创建凹坑

(1) 依次单击【插入】—【设计特征】—【长方体】命令 长方体(K)...，弹出如图 1-10 所示的【块】对话框。在【尺寸】区域中，将长度、高度、宽度值分别改为 80、30、35;

(2) 单击【原点】区域中的【点对话框】按钮，弹出如图 1-10 所示的【点】对话框;

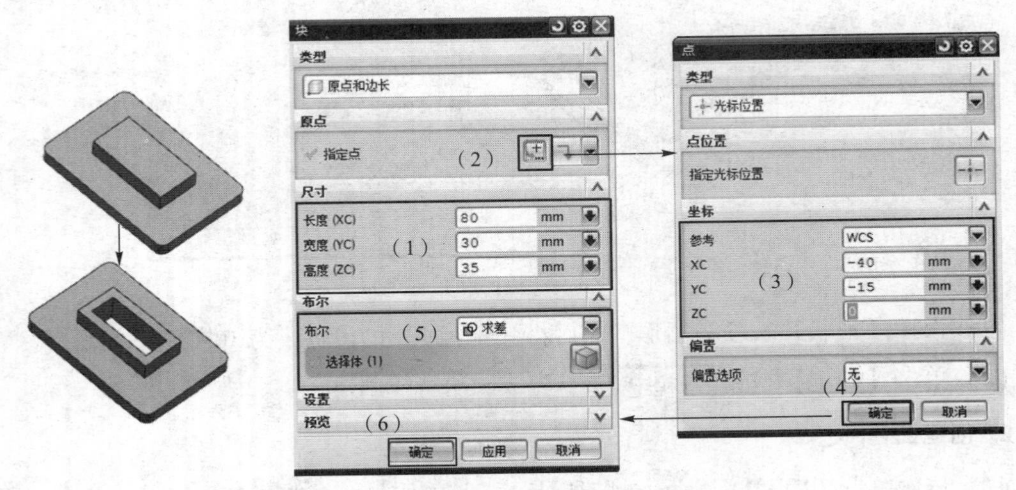

图 1-10 【块】对话框与【点】对话框（二）

(3) 修改【点】对话框中【坐标】区域中 XC、YC、ZC 值分别为 -40、-15、0;

(4) 单击【确定】按钮 确定 ，系统将返回【块】对话框;

(5) 选择【块】对话框中的【布尔】选项为【求差】，系统自动选择求和对象;

(6) 单击【确定】按钮 确定 ，完成凹坑创建。

4. 创建圆柱体

1) 创建单个圆柱体

(1) 依次单击【插入】—【设计特征】—【圆柱体】命令 圆柱体(C)...，弹出如图 1-11 所示的【圆柱体】对话框。在【类型】选项中选择【圆弧和高度】选项;

(2) 选择模型中的圆角边作为【选择圆弧】的对象;

(3) 在【高度】区域中，输入值为 10;

(4) 单击【确定】按钮 确定 ，完成单个圆柱体的创建。

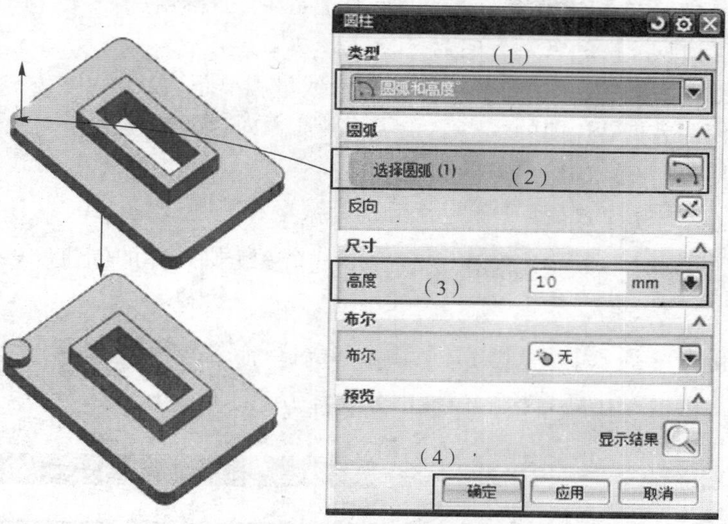

图 1－11 【圆柱体】对话框

2）创建阵列特征

（1）依次单击【插入】—【关联复制】—【对特征形成图样】命令 对特征形成图样(A)...，弹出如图 1－12 所示的【对特征形成图样】对话框。在【要形成图样的特征】区域中，选择上一步创建的圆柱体为【选择特征】；

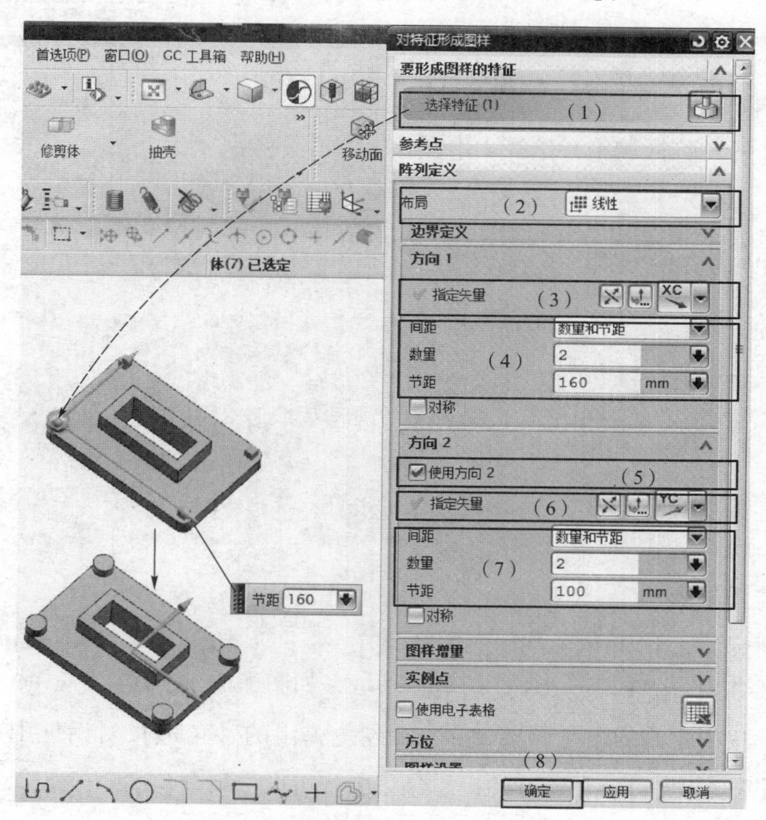

图 1－12 【对特征形成图样】对话框

（2）在【阵列定义】区域中，选择【布局】选项为【线性】；
（3）指定【方向 1】的矢量方向为【XC】；
（4）修改【间距】【数量】【节距】分别为数量和节距、2、160；
（5）把【使用方向 2】前的√点上，从而激活方向 2 的选项；
（6）指定【方向 2】的矢量方向为【YC】；
（7）修改【间距】【数量】【节距】分别为数量和节距、2、100；
（8）单击【确定】按钮 确定 ，完成其余 3 个圆柱体的创建。

3）布尔求和

（1）依次单击【插入】—【组合】—【求和】命令 求和(U)... ，弹出如图 1－13 所示的【求和】对话框。在【目标】区域中，选择方形实体为目标体；

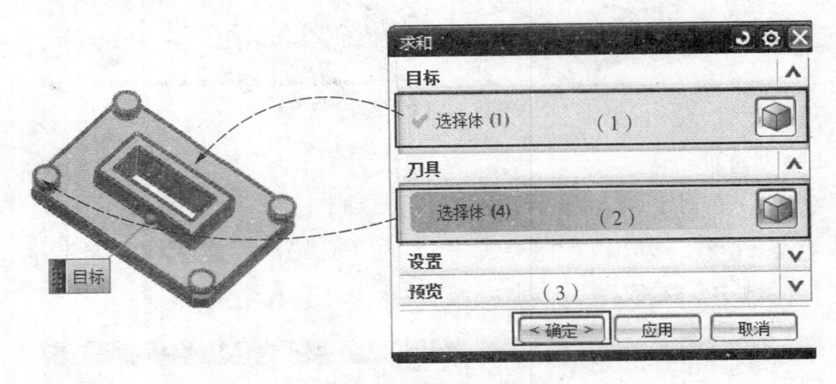

图 1－13 【求和】对话框

（2）在【刀具】区域中，选择 4 个圆柱体为刀具体；
（3）单击【确定】按钮 确定 ，完成布尔求和运算。

二、建模界面介绍

相关知识点

1. 建模界面
2. 草图界面
3. 资源栏
4. 草图工具条及命令
5. 特征工具条及命令
6. 特征操作工具条及命令

1. 进入建模界面

（1）在电脑左下角依次单击【开始】—【所有程序】—【Siemens NX8.0】—【NX8.0】，启动 UG 软件，进入 UG 的基本环境，如图 1－14 所示。

（2）鼠标单击左侧的角色图标 ，在左侧弹出的【角色】对话框中选择本次操作的使用角色为【基本功能】。在软件的操作过程中都可以进行角色的更改。

图 1－14　UG 基本环境

(3) 依次单击下拉菜单栏中的【文件】—【新建】命令 新建(N)...，如图 1－15 所示，或者单击菜单栏中的新建图标 新建，创建一个新的文件。

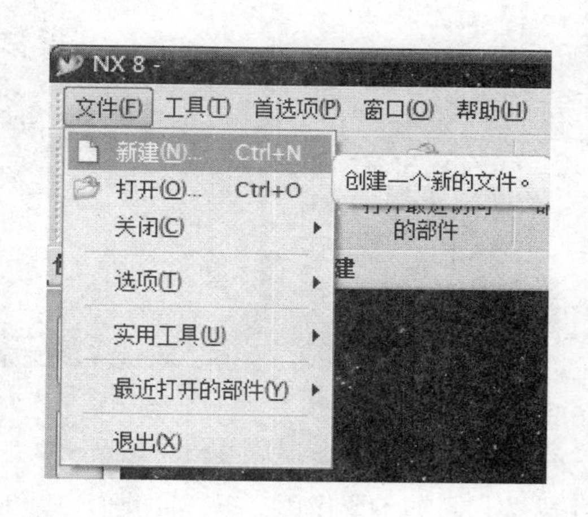

图 1－15　新建文件

(4) 在弹出的【新建】对话框【模板】栏中选择名称为【模型】，类型为【建模】的模板，在新文件名栏中设置如图 1－16 所示的文件名和文件保存的位置文件夹，然后单击【确定】按钮 确定，进入建模界面。

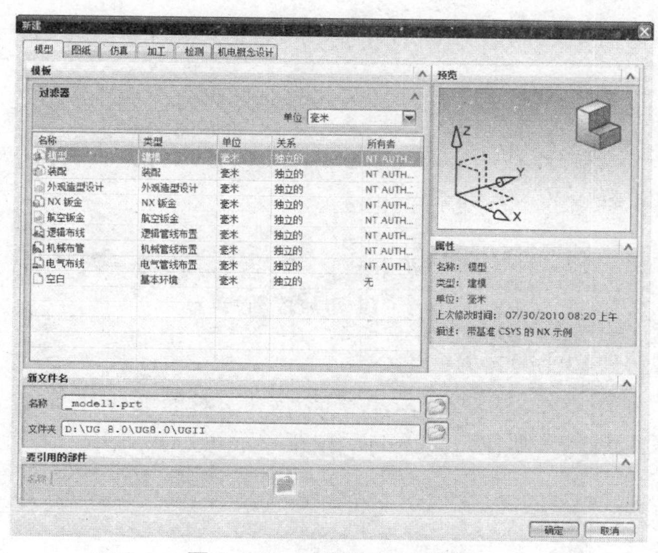

图 1－16　【新建】对话框

2. 认识建模界面

实体建模就是利用实体模块所提供的功能，将二维轮廓图延伸成为三维的实体模型，然后在此基础上添加所需的特征，如抽壳、钻孔、倒圆角等。除此之外，UG 实体模块还提供了将自由曲面转换成实体的功能，如将一个曲面增厚成为一个实体，将若干个围成封闭空间的曲面缝合为一个实体等。建模界面如图 1－17 所示。

标题栏
菜单栏
工具栏
提示栏
绘图区域
状态栏
资源栏
对话框

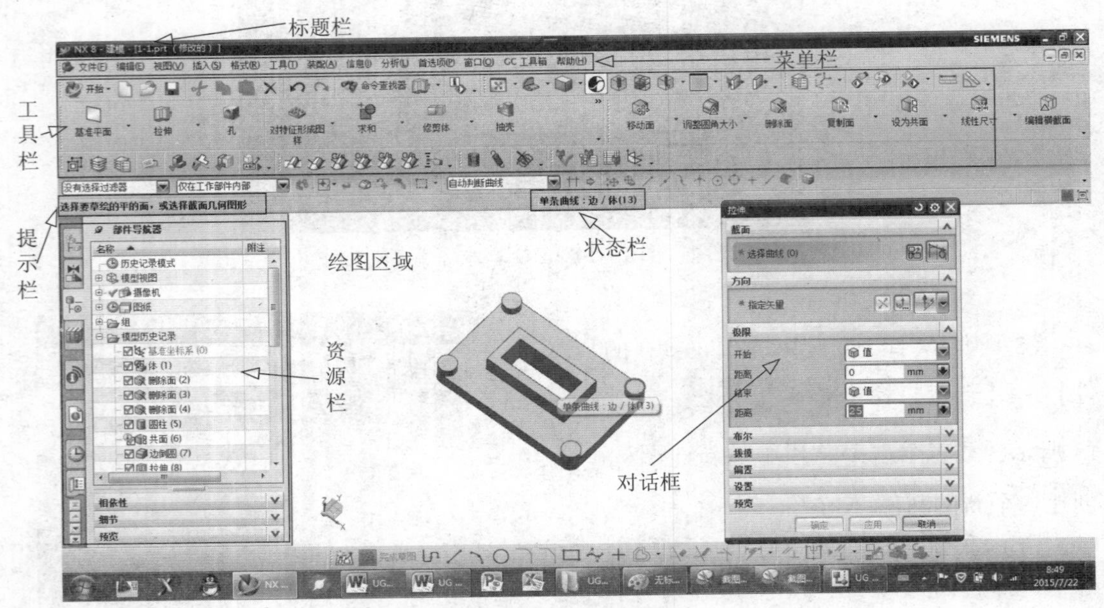

图 1－17　建模界面

建模界面主要包括标题栏、菜单栏、工具栏、提示栏、资源栏等信息，下面简单介绍一下这些栏目的主要作用，以帮助我们更好地了解 UG NX8.0 这款软件工具。

1）标题栏

标题栏的主要作用是显示应用软件的图标、名称、版本、当前工作模块以及文件名称等。

2）菜单栏

菜单栏由 13 个主菜单组成，如图 1－18 所示，与所有的 Windows 软件一样，单击任意一项主菜单，便可得到它的一系列子菜单。

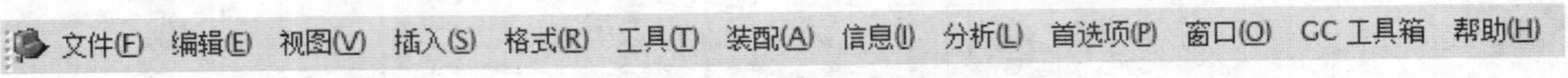

文件(F) 编辑(E) 视图(V) 插入(S) 格式(R) 工具(T) 装配(A) 信息(I) 分析(L) 首选项(P) 窗口(O) GC 工具箱 帮助(H)

图 1－18　13 个下拉菜单

各项主菜单的主要功能如表 1－1 所示：

其中【插入】主菜单是菜单栏中最重要的一项，如果选择【角色－具有完整菜单的基本功能】为当前系统角色，则在该角色的下拉菜单下可以找到几乎所有建模命令，如图 1－19 所示。

表 1－1　主菜单功能表

主菜单名称	作　用
文件主菜单	该菜单项主要提供了一组与文件操作相关的命令，如新建、打开、保存和打印文件等
编辑主菜单	提供了一组与对象和特征编辑相关的命令，如复制、粘贴、选择、移动、显示、隐藏、设置曲线参数等
视图主菜单	提供了一组与视图调整相关的命令，如模型的着色、渲染，设置布局、光源和摄像机等
插入主菜单	利用其中的命令可在模型中插入各种特征，以及将数据从外部文件添加到当前模型中
格式主菜单	用于控制图层、坐标系、引用集，将对象转移到需要的图层，将对象和特征进行编组操作等
工具主菜单	主要作用是放置使用者所有应用模块的工具，通过此菜单可开启所需的工具条，比如可选择【工具】—【定制】菜单，在打开的对话框中就可以对各种工具条进行定制，另外还可以打开电子表格、表达式编辑框等实用工具
装配主菜单	装配菜单在装配模式下，具有较多的选项，比如可用于生成爆炸视图、编辑装配结构、进行克隆等操作，在普通建模模式下只具有生成装配报告等功能
信息主菜单	其主要的功能是列出所指定的项目或零件的信息
分析主菜单	提供了一组测量和分析命令，使用这些命令可显示模型的有关信息并修改分析模型的参数。例如，比较两个零件间特征或几何的差异，测量模型的长度、角度、区域等几何属性，以及分析装配间隙等
首选项主菜单	提供了一些选项，可用于设置当前的操作环境
窗口主菜单	用于新建工作窗口，并设置窗口间的排列方式，以及在打开的窗口间切换等操作
GC 工具箱主菜单	UG NX8.0 新增加的主菜单，用于快速进行各类标准齿轮以及弹簧的建模，并能够进行建模、制图、装配的 GC 数据规范检查
帮助主菜单	用来访问软件帮助主页，获取即时帮助，以及了解软件版本信息和客户服务信息等

图 1－19　完整菜单

3）资源栏

资源栏用于放置一些常用的工具，包括装配导航器、部件导航器、历史、角色等。

（1）装配导航器：装配导航器显示装配树及其相应的操作。包括零件约束关系和零件装配顺序，如图1－20所示。在导航器树形图的节点上右击，就会弹出相应的快捷菜单，因而可以方便地执行对该节点的操作，如显示尺寸、编辑参数、删除、抑制和隐藏体等。

（2）部件导航器：以树的形式记录了特征的建模过程，该导航器中自带基准坐标系，其余的建模步骤需要读者完成，如图1－21所示，该导航器可以完整的显示整个建模步骤及建模步骤中出现的问题，并随时可以在这里对出现问题的步骤进行修改，建议读者在建立模型的时候切换到该导航器界面，以提高建模效率。

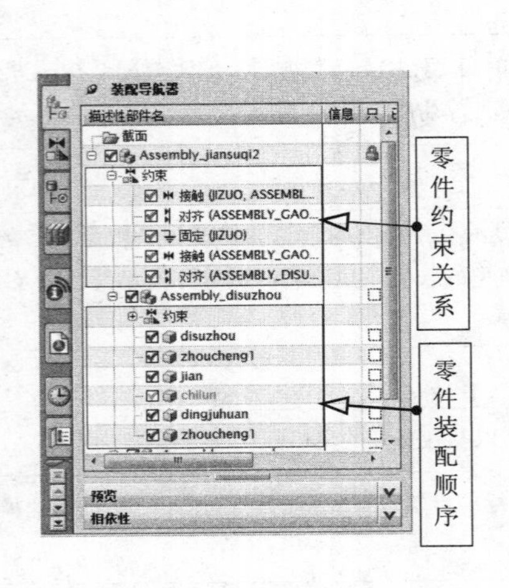

图1－20 装配导航器

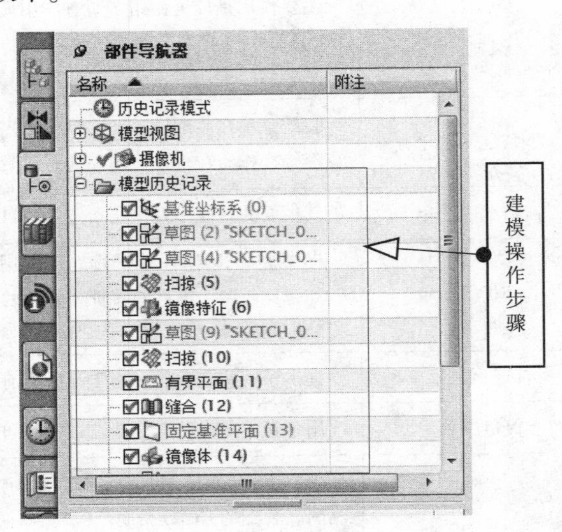

图1－21 部件导航器

要点提示：部件导航器与建模过程息息相关，要善于利用。

（3）历史记录：显示最近保存的模型记录，可以方便快速地打开之前打开过的模型，不用在工具栏中利用打开命令 去寻找需要打开的模型，如图1－22所示，该导航器最多可以追溯到上星期打开过的模型。

（4）角色：显示系统提供的可以选择的角色，如图1－23所示，如果是初级用户，建议选择【角色－基本功能】，不管是在工具栏还是在下拉菜单列表中，只显示UG NX8.0最基本最重要的命令，并且在工具栏的命令图标下会有中文提示，便于学生熟悉基本操作；如果是中级用户，建议选择【角色－具有完整菜单的基本功能】，在该角色条件下，工具栏中仍然只显示UG NX8.0最基本最重要的命令，基本命令图标下仍然有中文提示，因此与【角色－基本功能】相比，在界面上没有变化，但是在【角色－具有完整菜单的基本功能】条件下，下拉菜单将显示UG NX8.0完整的命令，便于读者在下拉菜单中调用工具栏上没有显示出来的高级命令，从而提高自己的能力；如果是高级用户，建议选择【角色－具有完整菜单的高级功能】，工具栏上将显示更多的命令，但命令图标下将没有中文提示，如果把光标悬停在某一命令图标处约 3 s，仍会出现该命令的中文提示，另外，下拉菜单将显示 UG NX8.0 完整的命令，适用于高级用户进行快速建模。

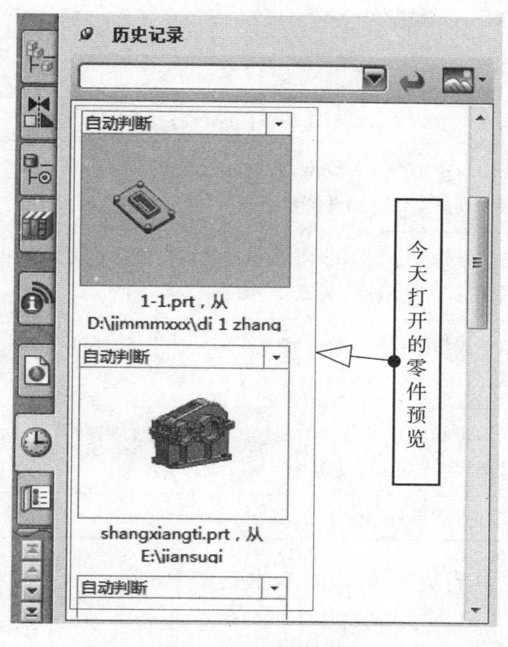

图 1－22　历史记录

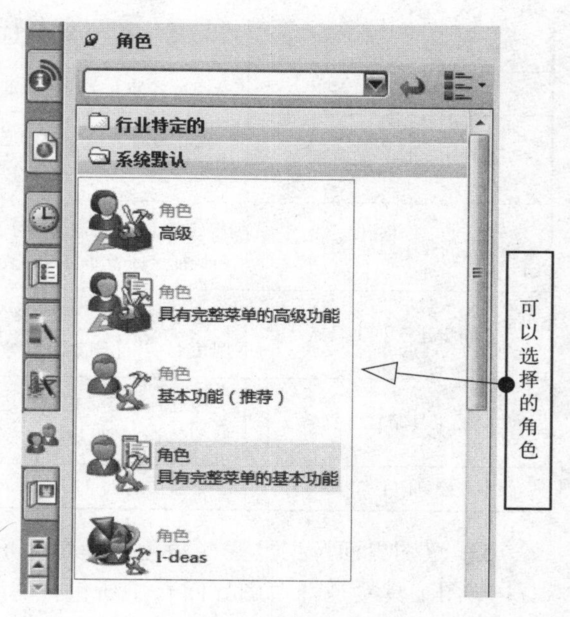

图 1－23　角色

4）建模工具栏（角色选择为【角色－具有完整菜单的基本功能】时）

角色选择为【角色－具有完整菜单的基本功能】时，将在建模界面显示如图 1－24 所示的工具条，主要包括【标准】工具条、【视图】工具条、【实用工具】工具条、【特征】工具条、【同步建模】工具条、【GC 工具箱】工具条和【直接草图】工具条。各工具条的主要作用如表 1－2所示：

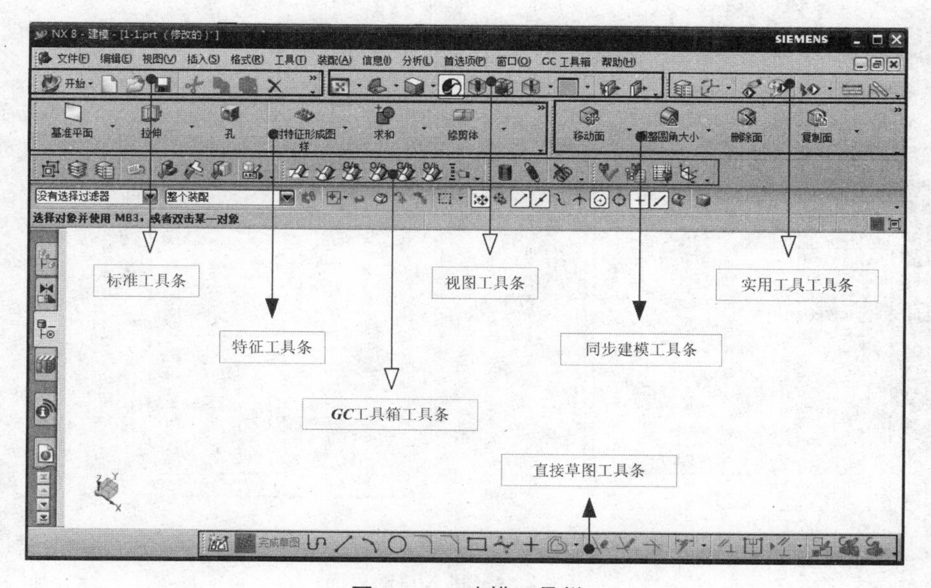

图 1－24　建模工具栏

表 1－2　工具条作用表

名称	作　用
【标准】工具条	通过【新建】【打开】【保存】命令新建、打开或者保存一个 UG 文件，利用【开始】命令 开始 使 UG 在各个功能模块之间切换
【视图】工具条	通过各种方法调整模型在绘图窗口中的显示。如【平移】【旋转】【缩放】等
【实用工具】工具条	通过各种方法实现模型在绘图窗口中的显示和隐藏，如【显示】【隐藏】等命令，并可以进行参数的测量以检验模型的正确性。如【测量距离】【测量角度】等命令
【特征】工具条	通过【拉伸】【回转】【扫掠】等命令，在 2D 图形的基础上来创建各种实体或曲面特征，或者通过【草图】命令进入草图界面绘制 2D 图形
【同步建模】工具条	通过各种方法来对已经建立好的模型进行特征修改或者补充，如【移动面】【调整圆角大小】【删除面】等命令
【GC 工具箱】工具条	通过各种参数控制，进行各类标准齿轮以及弹簧的建模，并能够进行建模、制图、装配的 GC 数据规范检查。如【圆柱齿轮建模】【圆柱压缩弹簧】等命令
【直接草图】工具条	不需要进入草图界面，可以直接在建模界面绘制草图的工具

5）草图界面及工具栏（角色选择为【角色－具有完整菜单的基本功能】时）

草图工具栏是【草图界面】中所包含的所有工具条，单击下拉菜单【插入】—【任务环境中的草图】命令 任务环境中的草图(S)...，进入草图界面。具体步骤如下：

（1）单击【插入】—【任务环境中的草图】命令 任务环境中的草图(S)...，弹出如图 1－25 所示【创建草图】对话框；

（2）直接单击【确定】按钮 确定 ，进入草图界面。

图 1－25　进入草图界面

进入【草图界面】后，显示如图 1－26 所示。

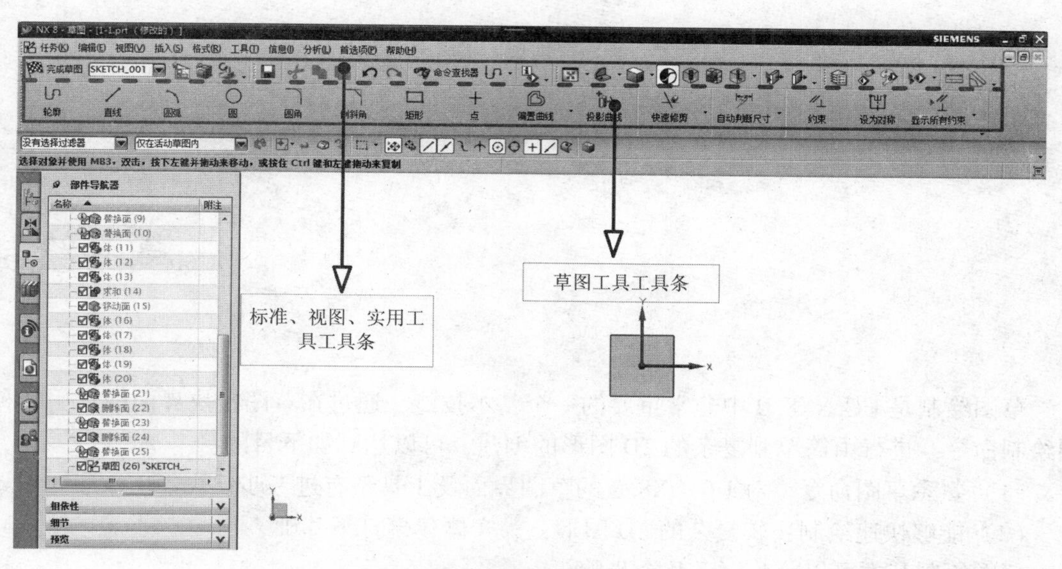

图 1－26　草图界面

在图 1－26 所示的草图界面中，草图工具栏包括【标准】工具条、【视图】工具条、【实用工具】工具条、【草图工具】工具条，其中虚线以上为【标准】【视图】和【实用工具】工具条，这 3 个工具条的位置及作用与【实体建模界面】中建模工具栏完全一致，在此不必赘述。虚线以下为【草图工具】工具条，它的主要作用是通过各种草图工具命令在部件内建立 2D 几何体，然后通过实体建模命令如【拉伸】【回转】【扫掠】等，创建各种需要的实体或曲面模型。

第二章

草图绘制

草图绘制是 UG NX8.0 中非常重要的一个基本技能，通过在草图模块界面中运用各种草图绘制命令，进行由简单到复杂的 2D 图形的创建，可以达到如下目的：

（1）熟悉草图命令，对 UG NX8.0 的草图界面及工具条有进一步认识。

（2）能够快速绘制比较复杂的 2D 图形，为实体建模打下基础。

草图绘制基本可以分为以下几个步骤：

（1）创建草图对象，通过调用草图命令来绘制 2D 轮廓线，如绘制【轮廓】命令 轮廓(O)... 、【圆】命令 圆(C)... 、【直线】命令 直线(L)... 等。

（2）约束草图，通过对绘制的草图对象施加【尺寸约束】命令 尺寸(M) ，来控制草图对象的形状大小，或者通过对绘制的草图对象施加【几何约束】命令 约束(T)... ，来控制草图对象的准确位置。

（3）对草图进行各种操作和管理。如利用【镜像曲线】命令 镜像曲线(M) 创建轴线对称的曲线，利用【快速修剪】命令 快速修剪(Q)... 对多余的线条进行修剪，从而提高建模效率，获得最终准确的 2D 图形。

为了使读者能更好地理解草图绘制的基本方法，下面用几个具体项目对草图界面的工具条命令及 2D 几何体绘制方法进行说明。

项目 1　孔板零件

【任务】

根据图 2－1 所示的图纸，完成孔板零件的草图绘制。

相关知识点

1. 进入草图界面
2. 绘制轮廓
3. 生成倒圆角
4. 绘制圆
5. 标注尺寸
6. 位置约束
7. 镜像图形

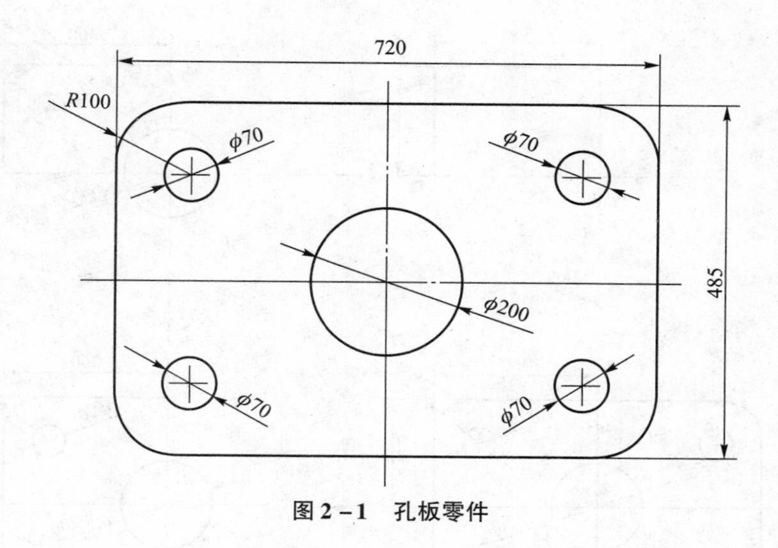

图 2－1　孔板零件

【知识目标】

▼ 掌握进入草图界面方法
▼ 掌握创建轮廓线方法
▼ 掌握创建倒圆角方法
▼ 掌握创建圆方法
▼ 掌握标注尺寸方法
▼ 掌握位置约束方法
▼ 掌握曲线镜像方法

【能力目标】

▲ 具有应用【轮廓】命令，【倒圆角】命令，【圆】命令，创建轮廓线的能力。
▲ 具有应用【尺寸】命令，【约束】命令，约束图形大小和位置的能力。
▲ 具有应用【镜像曲线】命令，进行曲线镜像的能力。
▲ 理解约束的定义，对曲线进行约束的原因
▲ 理解尺寸标注的类型，位置约束的类型

【图形分析】

孔板类零件是常见的 2D 图形，包括矩形轮廓特征和圆形特征，该孔板零件是以矩形为主体轮廓，并且在 4 个角进行了 $R100$ 的倒圆角，在圆角中心处绘制了 4 个 $\phi70$ 的小圆，并在矩形中心绘制 $\phi200$ 的大圆。

要点提示： 本例图形为轴对称图形，可以先绘制 1/4 的形状，然后通过【镜像曲线】命令 镜像曲线(M) 生成其余的曲线形状。

参考绘图步骤如图 2－2 所示。

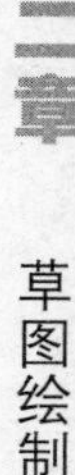

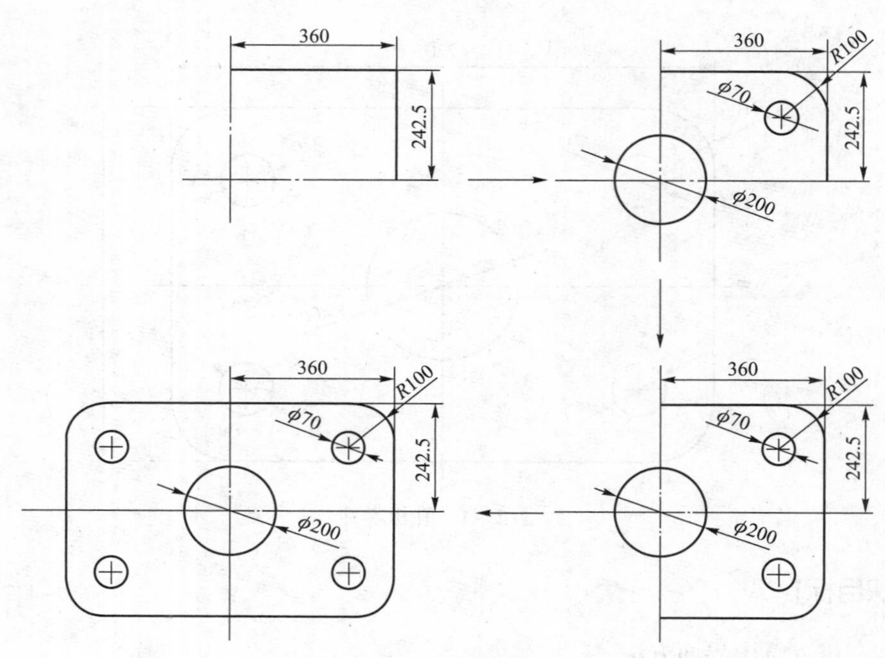

图 2－2　参考绘图步骤

详细绘图步骤如下所示。

1. 进入草图界面

（1）依次单击下拉菜单【插入】—【任务环境中的草图】命令 任务环境中的草图(S)...，弹出如图 2－3 所示【创建草图】对话框；

图 2－3　进入草图界面

（2）单击【确定】按钮 确定 ，进入草图界面。

2. 绘制1/4直线轮廓

（1）依次单击下拉菜单【插入】—【曲线】—【轮廓】命令 轮廓(O)...，或直接单击【草图工具】工具条中的【轮廓】命令 ，弹出如图2-4所示的【轮廓】对话框；

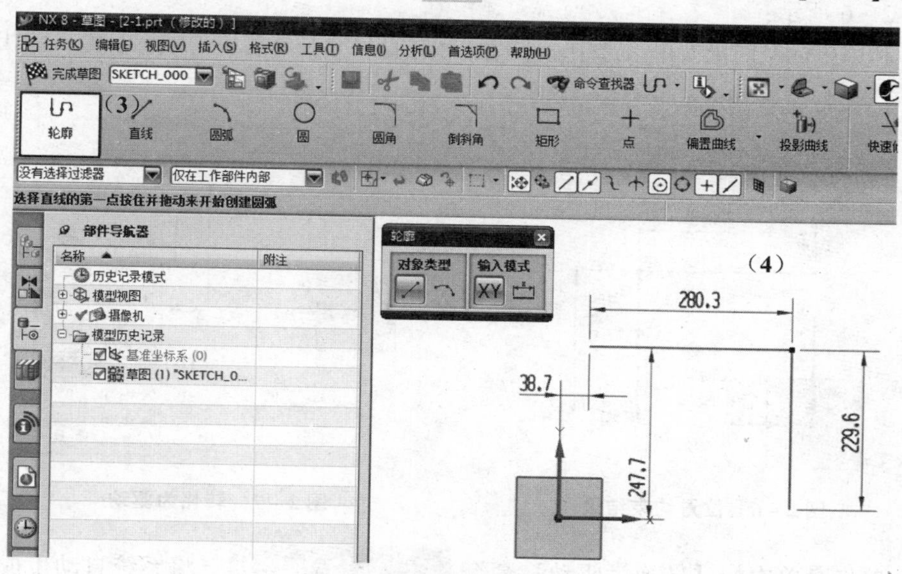

图2-4　绘制轮廓线

（2）在靠近X、Y轴的地方绘制水平线和竖直线。完成之后系统会自动基于曲线生成能够约束曲线位置的尺寸；

（3）依次单击下拉菜单【插入】—【约束】命令 约束(T)...，或直接单击【草图工具】工具条中的【约束】命令 ；

（4）依次用鼠标左键单击水平线（本例中为245）的左端点和坐标轴Y轴，系统会弹出【约束】对话框，如图2-5所示；

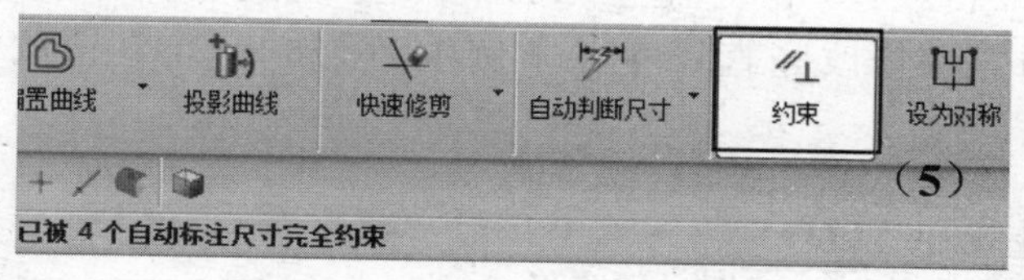

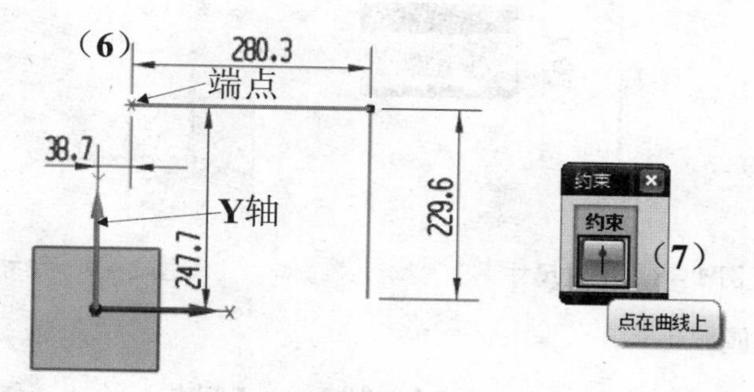

图2-5　位置约束

（5）单击【约束】对话框中【点在曲线上】按钮，将水平线左端点固定到Y轴上，此时约束水平线左端点位置的尺寸（本例中为15）会消失；

（6）利用同样的方法，约束竖直线（本例中为255）下端点与坐标轴X轴重合。最终显示如图2－6所示；

（7）利用鼠标左键依次单击选中水平尺寸和竖直尺寸，然后单击鼠标右键，弹出如图2－7所示的菜单；

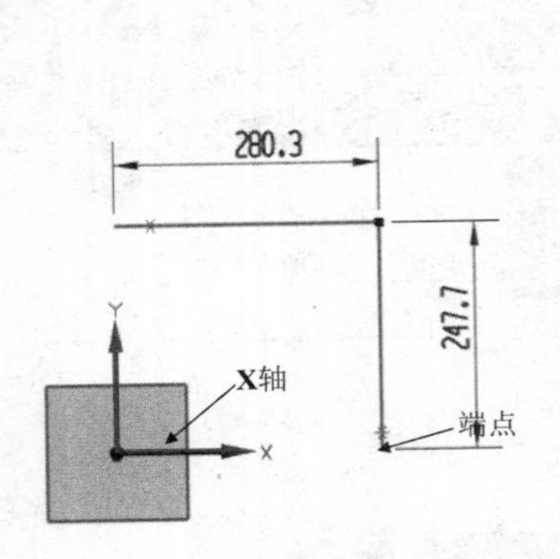

图2－6　位置约束结果

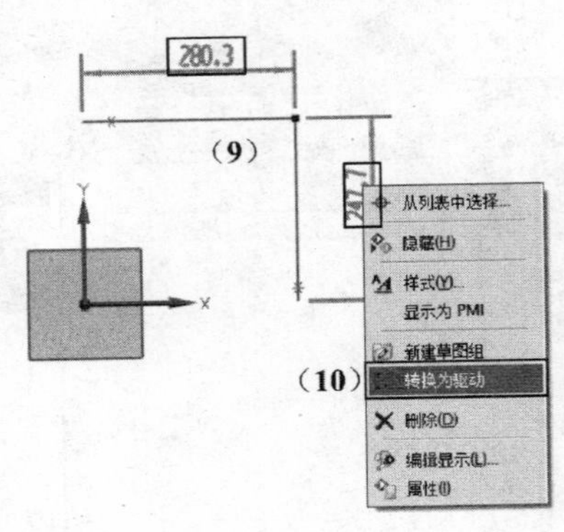

图2－7　转化为驱动

（8）单击菜单中的【转换为驱动】命令 转换为驱动，将系统自动生成的尺寸转换为驱动尺寸；

要点提示： 系统自动生成的尺寸是不完整约束的尺寸，将会受到后续尺寸标注或者位置约束影响而发生数值的改变，但驱动尺寸是完整约束尺寸，一旦确定，将不会受到其他因素的影响而发生数值改变。

（9）双击水平尺寸（本例中为245），弹出如图2－8所示的数值对话框，将其值改为360，然后单击鼠标中键或者单击键盘上"Enter"键，完成水平尺寸修改；

（10）用同样的方法修改竖直尺寸（本例中为255），将其值改为242.5。完成后如图2－9所示。

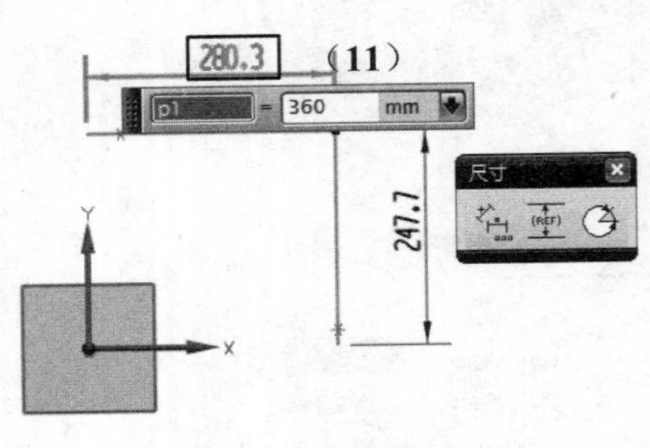

图2－8　修改尺寸

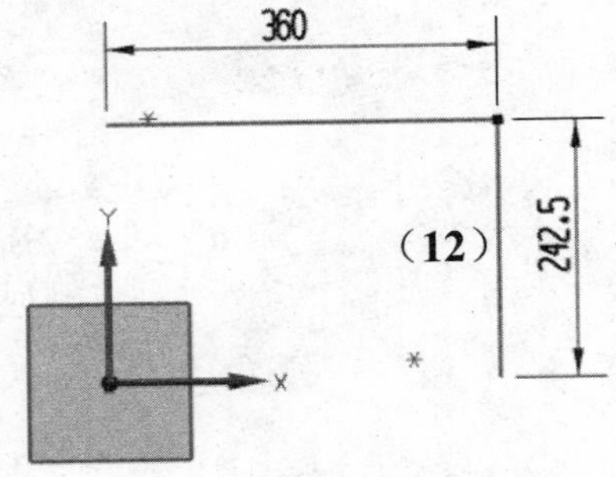

图2－9　尺寸修改结果

2. 创建圆角及圆

（1）依次单击下拉菜单【插入】—【曲线】—【圆角】命令 圆角(F)...，或直接单击

【草图工具】工具条中的【圆角】命令图标 ，弹出如图 2－10 所示的【圆角】对话框；

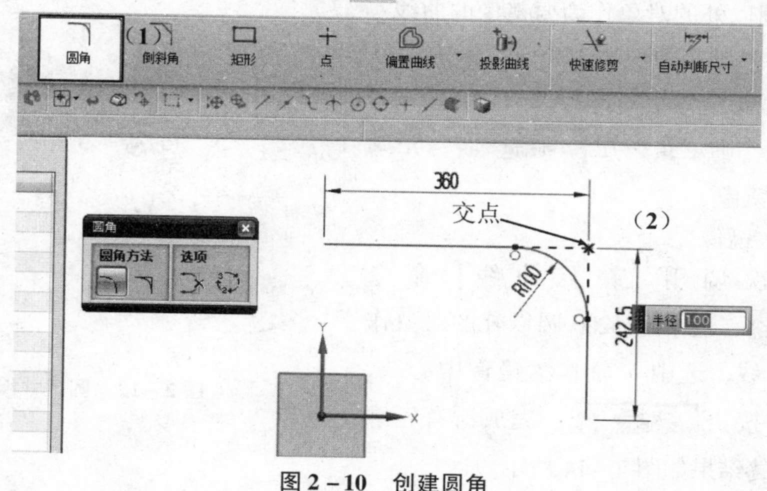

图 2－10　创建圆角

（2）用鼠标左键单击水平线和竖直线的交点，在弹出的【半径】数值对话框中，输入 100，如图 2－10 所示。右键单击尺寸，将 R100 转化为驱动尺寸；

（3）进入草图界面，依次单击下拉菜单【插入】—【曲线】—【圆】命令 圆(C)，或直接单击【草图工具】工具条中的【圆】命令图标 ，弹出如图 2－11 所示的【圆】对话框；

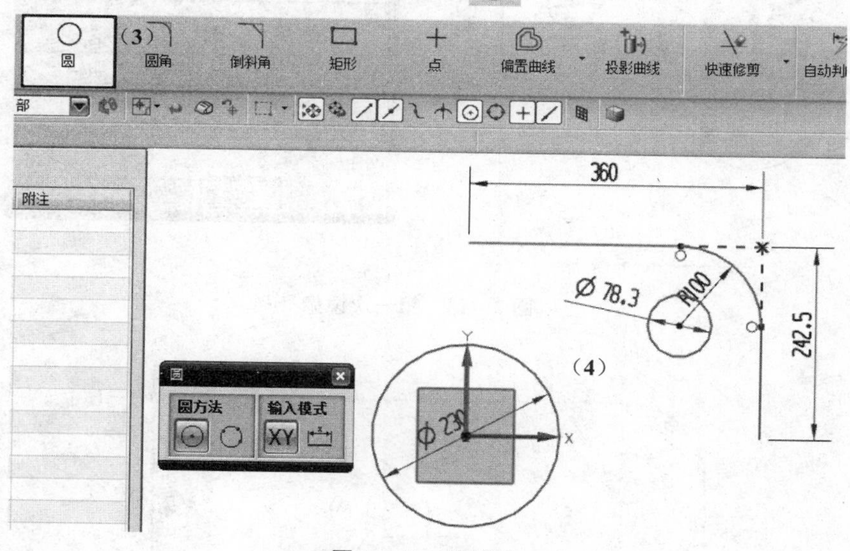

图 2－11　绘制圆

（4）在坐标轴中心和圆角圆心处分别绘制一个任意大小的圆，如图 2－11 所示。右键单击系统自动生成的尺寸，将其转化为驱动尺寸。然后双击尺寸进行修改，将大圆直径改为 200，小圆直径改为 70，完成后如图 2－12 所示。

3. 镜像曲线

1）第一次镜像

（1）依次单击下拉菜单【插入】—【来自曲线集的曲线】—【镜像曲线】命令 镜像曲线(M)，

弹出如图 2－13 所示的【镜像曲线】对话框，选中除 ϕ200 圆以外的对象作为要镜像的曲线；

（2）选中 X 轴作为镜像中心线，系统会自动生成镜像预览图，如图 2－13 所示；

（3）单击【确定】按钮 确定 ，完成曲线的第一次镜像。

2）第二次镜像

（1）再次调用【镜像曲线】命令 镜像曲线(M)，选中除 ϕ200 圆以外的对象作为要镜像的曲线，选中 Y 轴作为镜像中心线，单击【确定】按钮 确定 ，完成所有轮廓线的创建，最终结果如图 2－14 所示。

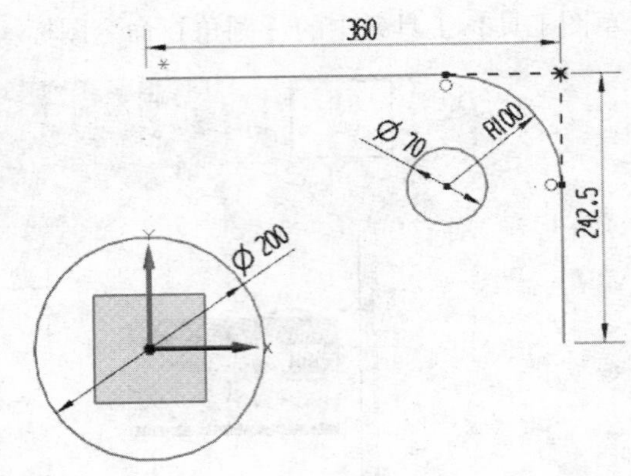

图 2－12　圆尺寸修改

完成后单击【草图】工具条上的【完成草图】图标 完成草图，退出草图环境。

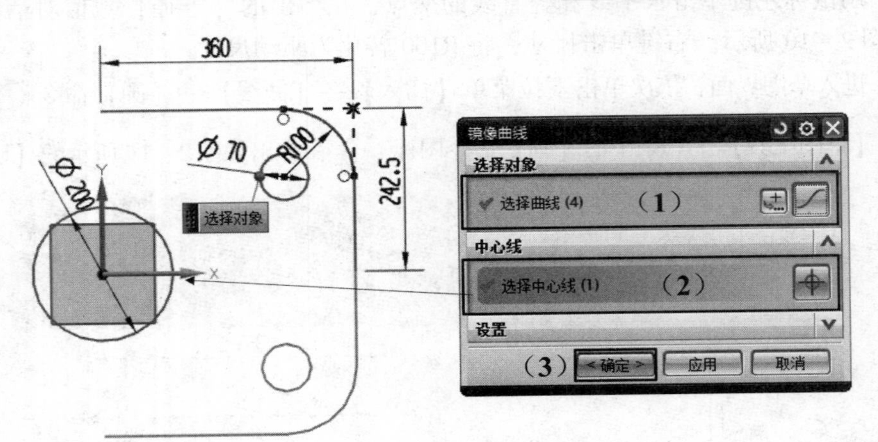

图 2－13　第一次镜像

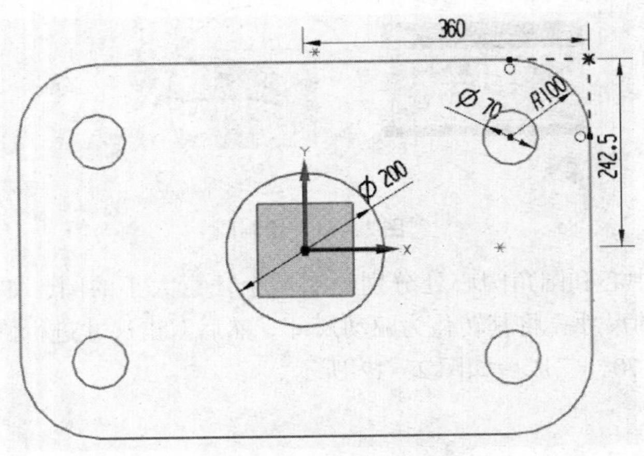

图 2－14　第二次镜像

项目 1　课后练习

绘制如图 2－15 所示的草图轮廓。

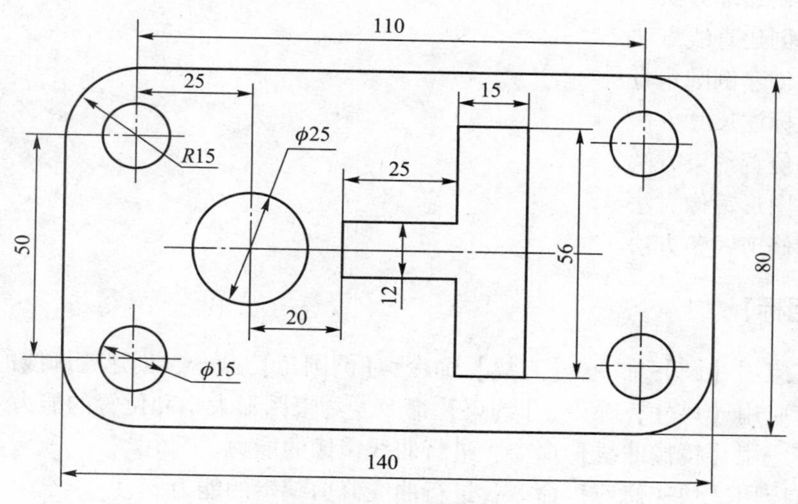

图 2－15　草图练习 1

项目 2　勺子零件

【任务】

根据图 2－16 的图纸，完成勺子零件的草图绘制。

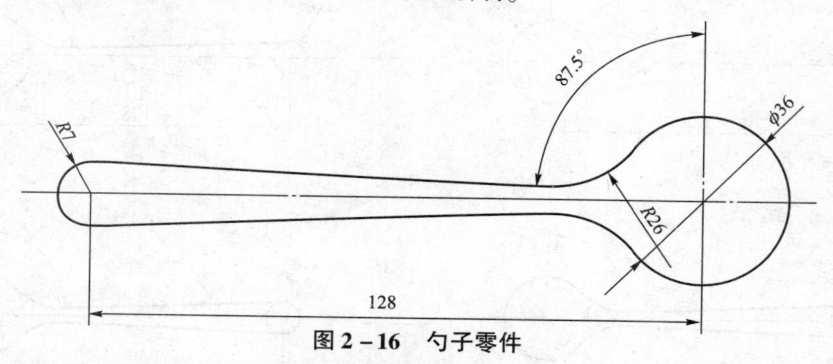

图 2－16　勺子零件

相关知识点

1. 进入草图界面	2. 绘制圆
3. 绘制直线	4. 生成倒圆角
5. 标注尺寸	6. 位置约束
7. 镜像图形	8. 修剪多余线条

【知识目标】

▼ 掌握进入草图界面方法
▼ 掌握创建圆方法
▼ 掌握创建直线方法
▼ 掌握创建倒圆角方法
▼ 掌握标注尺寸方法
▼ 掌握位置约束方法
▼ 掌握图形镜像方法
▼ 掌握修剪线条方法

【能力目标】

▲ 具有应用【圆】命令，【直线】命令，【倒圆角】命令，创建轮廓线的能力。
▲ 具有应用【尺寸】命令，【约束】命令，约束图形大小和位置的能力。
▲ 具有应用【镜像曲线】命令，进行曲线镜像的能力。
▲ 具有应用【快速修剪】命令，进行曲线修剪编辑的能力。

【图形分析】

该零件为勺子零件，圆弧居多，且成轴对称，因此某些地方可以运用前面学过的镜像命令，另外要特别注意斜线左端与小圆（$R7$）是相切关系。

参考绘图步骤如图 2－17 所示。

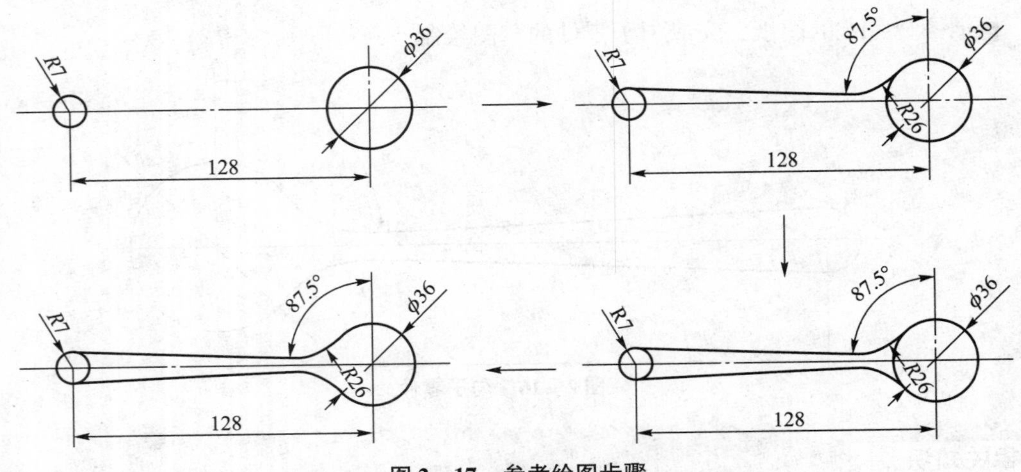

图 2－17　参考绘图步骤

详细绘图步骤如下所示。

1. 绘制圆

（1）进入草图界面，依次单击下拉菜单【插入】—【曲线】—【圆】命令 圆(C)，或直接单击【草图工具】工具条中的【圆】命令图标，会弹出【圆】对话框；

（2）以坐标轴原点为圆心，绘制直径为36的圆，如图2－18所示；

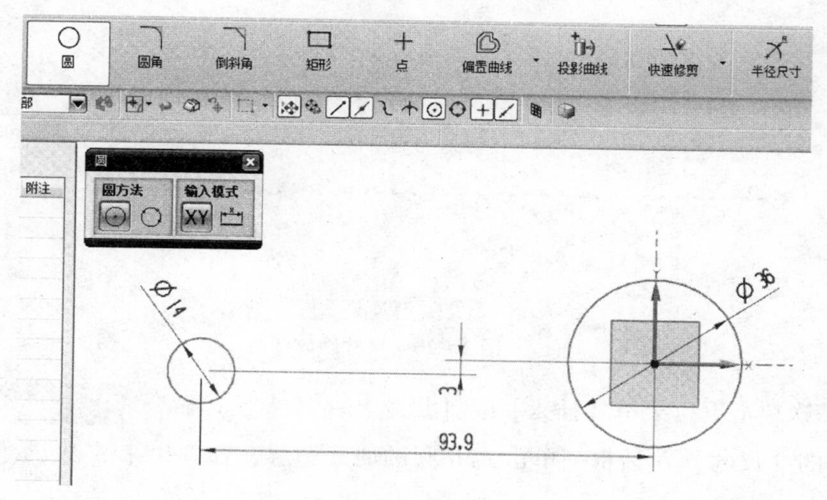

图2－18　绘制圆

（3）在大圆左侧绘制直径为14的圆，如图2－18所示。此时系统会自动生成小圆的竖直方向和水平方向的尺寸约束；

（4）依次单击下拉菜单【插入】—【约束】命令 约束(T)...，或直接单击【草图工具】工具条中的【约束】命令图标；

（5）再依次单击小圆（本例中为$\phi 14$）的圆心和坐标轴X轴，系统会弹出【约束】对话框，如图2－19所示；

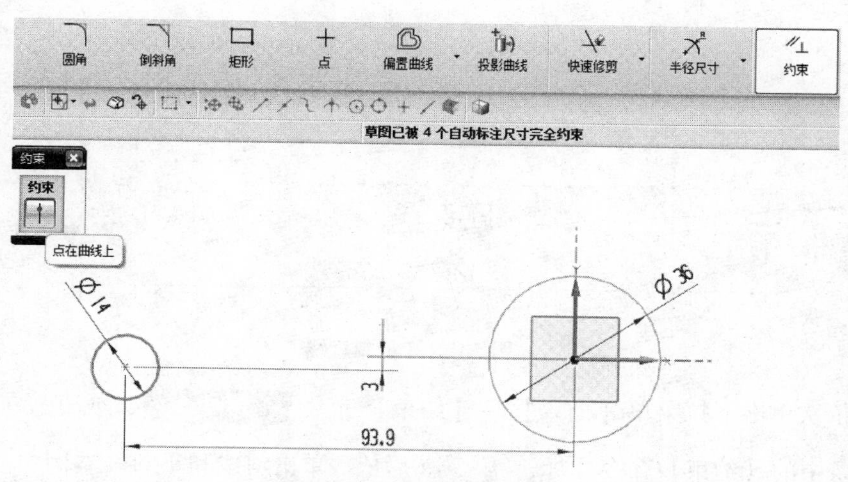

图2－19　小圆位置约束

（6）单击【约束】对话框中【点在曲线上】按钮，将小圆圆心固定到X轴上，此时约束小圆圆心位置的竖直方向尺寸（本例中为3）会消失；

（7）双击小圆水平方向几何尺寸（本例中为93.9），会弹出来P0数值对话框，将其数值改为128，如图2－20所示；

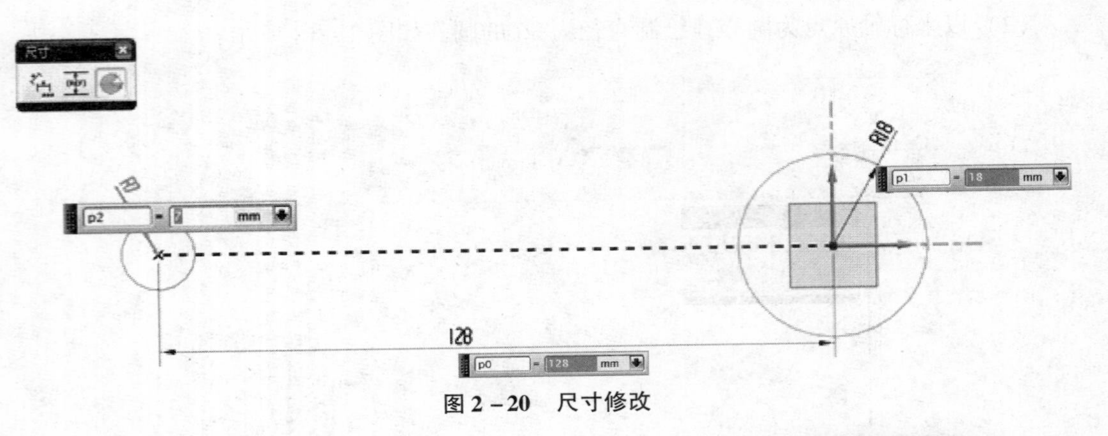

图 2-20 尺寸修改

(8) 依次单击下拉菜单【插入】—【尺寸】—【半径】命令 半径(R)...，弹出如图 2-20 所示的【尺寸】对话框，单击 ϕ36 圆的曲线边界，在弹出来的 P1 数值对话框中输入 18；

(9) 单击 ϕ14 圆的曲线边界，在弹出来的 P2 数值对话框中输入 7。如图 2-20 所示。修改完成后单击鼠标中键确认。

2. 绘制直线并倒圆角

(1) 依次单击下拉菜单【插入】—【曲线】—【直线】命令 直线(L)...，或直接单击【草图工具】工具条中的【直线】命令图标，绘制一条斜线，如图 2-21 所示。系统会自动生成约束尺寸；

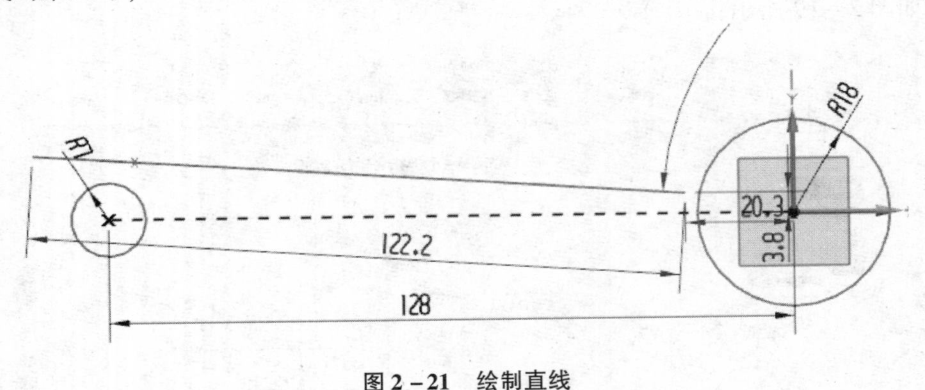

图 2-21 绘制直线

(2) 依次单击下拉菜单【插入】—【约束】命令 约束(T)...，或直接单击【草图工具】工具条中的【约束】命令图标，然后依次单击斜线和小圆（本例中为 ϕ14）的圆弧曲线，系统会弹出【约束】对话框，如图 2-22 所示；

(3) 单击【约束】对话框中【相切】按钮，使斜线与小圆相切，此时某些自动生成的尺寸会消失；

(4) 依次单击下拉菜单【插入】—【曲线】—【圆角】命令 圆角(F)...，或直接单击【草图工具】工具条中的【圆角】命令图标，系统会弹出【圆角】对话框，将圆角方法选择为【取消修剪】，如图 2－23 所示；

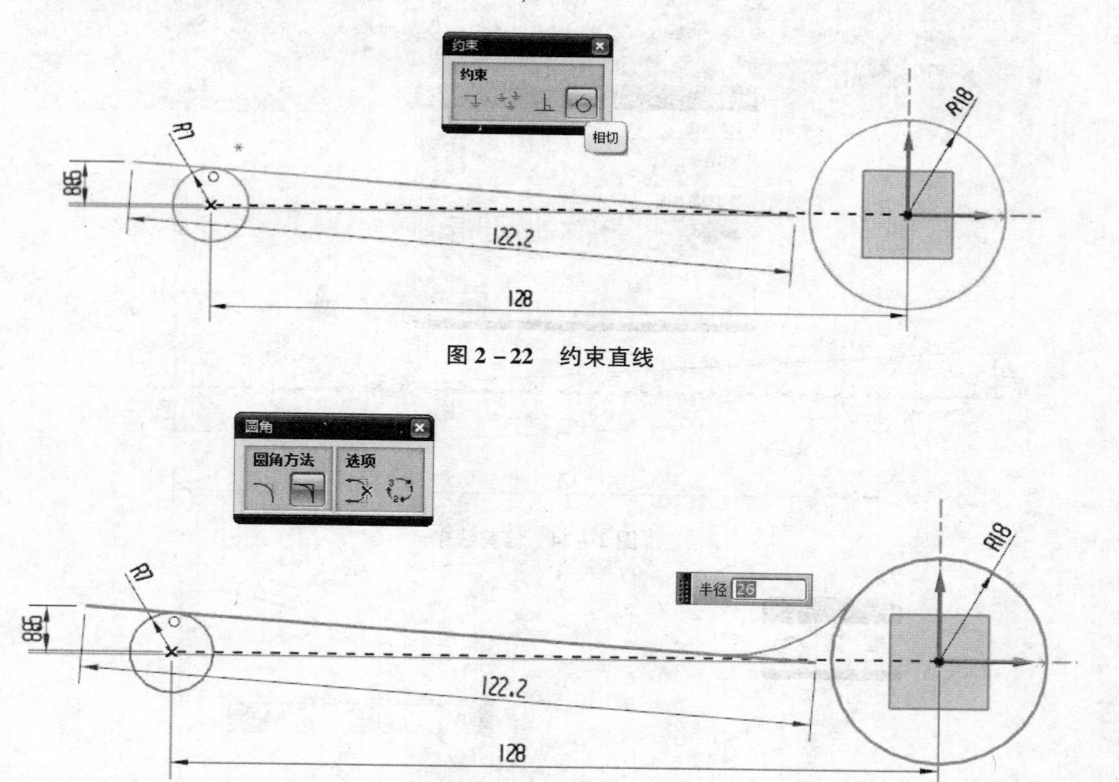

图 2－22　约束直线

图 2－23　绘制圆角

（5）直接在【半径】数值对话框中输入值 26，然后依次单击斜线和大圆的圆弧曲线，系统会自动在此处生成圆角预览，单击鼠标中键确认。

3. 修剪曲线并标注尺寸

（1）依次单击下拉菜单【编辑】—【曲线】—【快速修剪】命令 快速修剪(Q)...，或直接单击【草图工具】工具条中的【快速修剪】命令图标，系统弹出如图 2－24 所示的【快速修剪】对话框，直接单击斜线两端超出边界的部分，将其删除；

（2）依次单击下拉菜单【插入】—【尺寸】—【角度】命令 角度(A)...，弹出如图 2－25 所示的【尺寸】对话框，依次单击斜线及 Y 轴，在弹出来的 P3 数值对话框中输入 87. 5，单击鼠标中键确认。

4. 镜像曲线

（1）依次单击下拉菜单【插入】—【来自曲线集的曲线】—【镜像曲线】命令 镜像曲线(M)，弹出如图 2－26 所示的【镜像曲线】对话框；

（2）选中斜线及倒圆角圆弧作为要镜像的曲线；

（3）选中 X 轴作为镜像中心线，系统会自动生成镜像预览图；

（4）单击确定按钮，完成所选曲线的镜像。

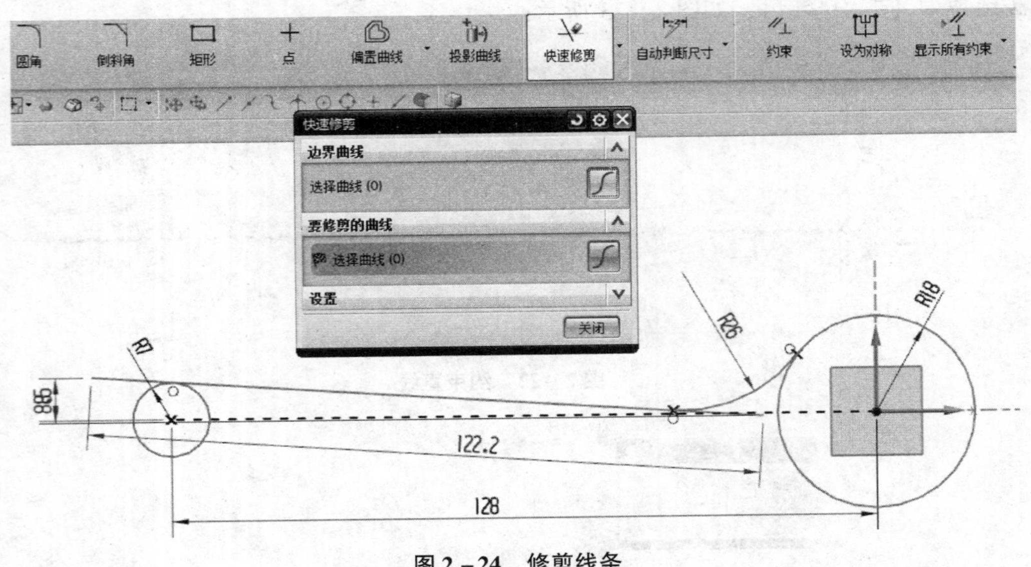

图 2-24　修剪线条

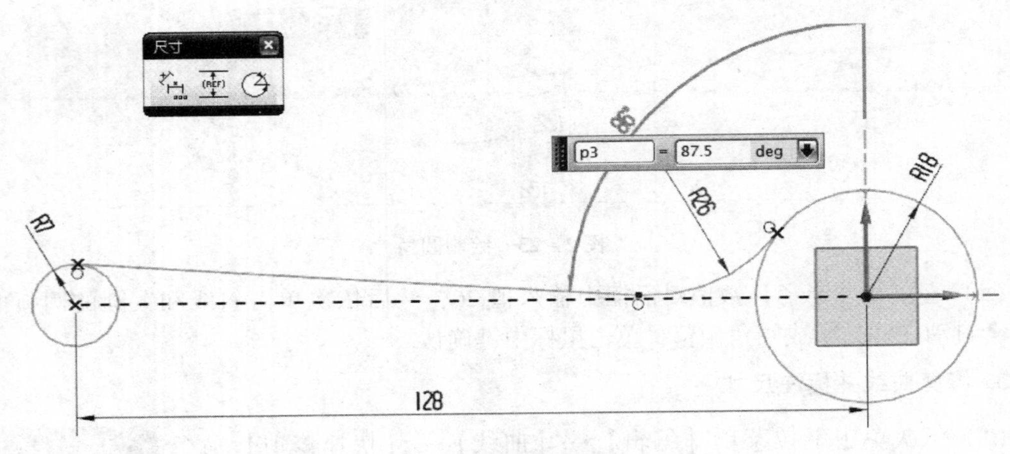

图 2-25　标注角度

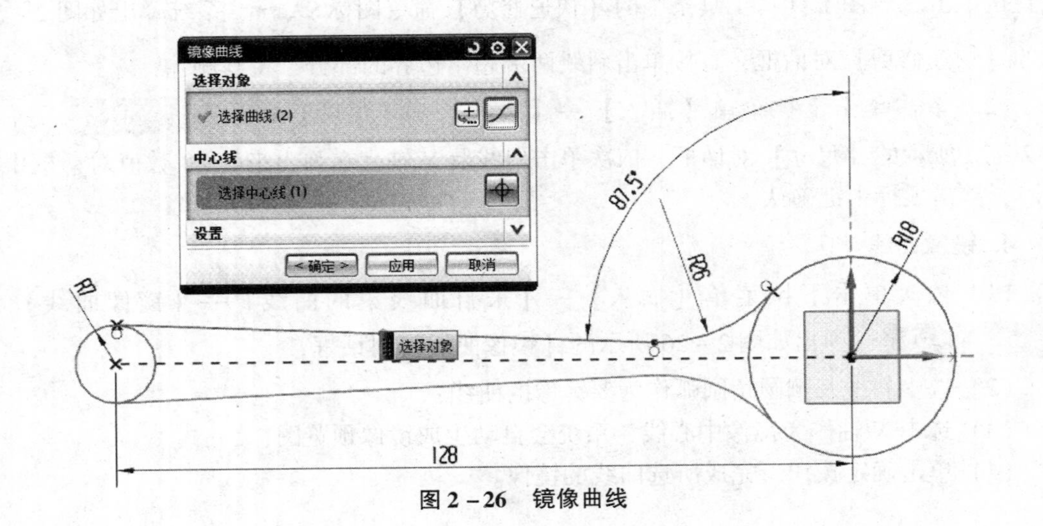

图 2-26　镜像曲线

5. 修剪多余曲线

（1）依次单击下拉菜单【编辑】—【曲线】—【快速修剪】命令 快速修剪(Q)...，或直接单击【草图工具】工具条中的【快速修剪】命令图标，将两个圆的多余线条修剪掉。最终结果如图 2－27 所示。

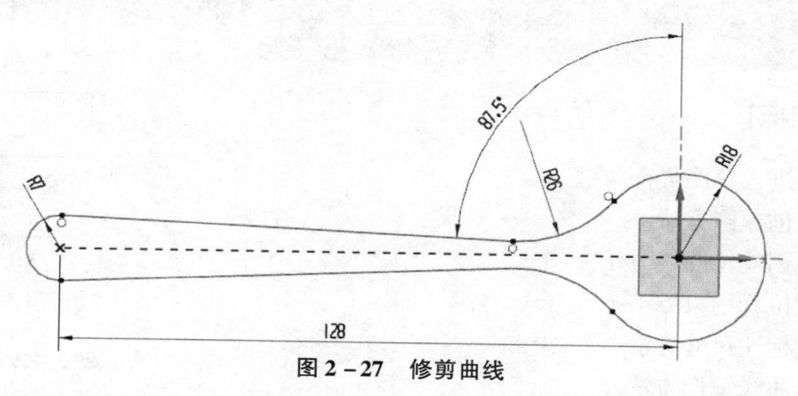

图 2－27　修剪曲线

完成后单击【草图】工具条上的【完成草图】图标 完成草图，退出草图环境。

项目 2　课后练习

绘制如图 2－28 所示的草图轮廓。

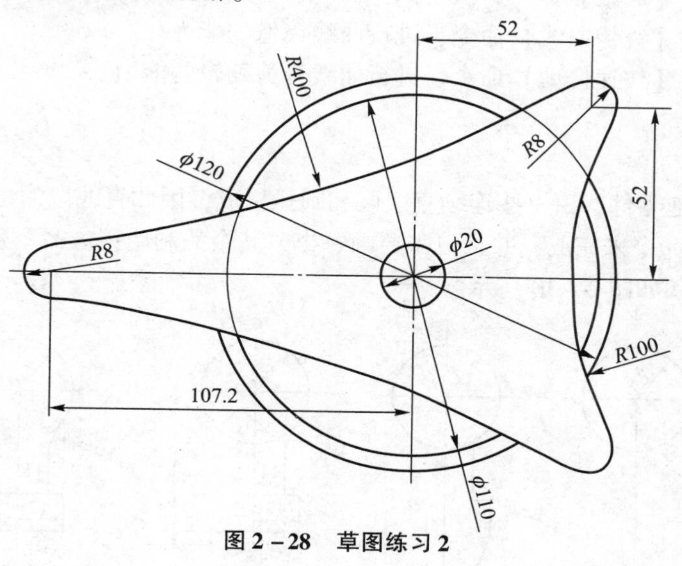

图 2－28　草图练习 2

项目 3　灯泡零件

【任务】

根据图 2－29 所示的图纸，完成灯泡零件的草图绘制。

相关知识点

1. 进入草图界面
2. 绘制圆
3. 绘制轮廓线
4. 位置约束
5. 标注尺寸
6. 镜像图形
7. 修剪多余线条

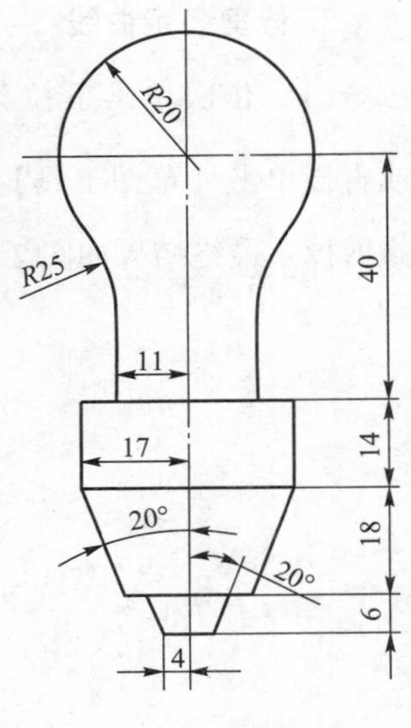

图 2-29 灯泡零件

【知识目标】

▼ 掌握进入草图界面方法
▼ 掌握创建圆方法
▼ 掌握创建轮廓线方法
▼ 掌握位置约束方法
▼ 掌握标注尺寸方法
▼ 掌握曲线镜像方法
▼ 掌握修剪线条方法

【能力目标】

▲ 具有应用【圆】命令,【轮廓】命令,创建轮廓线的能力。
▲ 具有应用【约束】命令,【尺寸】命令,约束图形大小和位置的能力。
▲ 具有应用【镜像曲线】命令,进行曲线镜像的能力。
▲ 具有应用【快速修剪】命令,进行曲线修剪编辑的能力。

【图形分析】

该零件为灯泡零件,由一些连续直线段和圆弧构成,因此直线段的绘制可以利用草图工具中的【轮廓】命令来完成,并且只需要画一半,其余的利用镜像命令生成。

参考绘图步骤如图 2-30 所示。

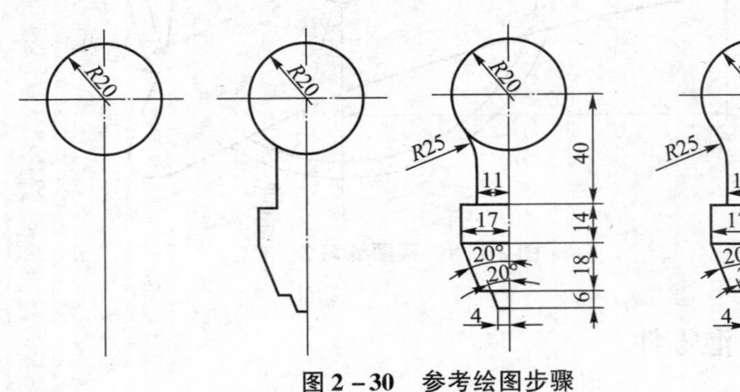

图 2-30 参考绘图步骤

详细绘图步骤如下所示。

1. 设置草图样式

（1）新建模型文件，然后进入草图界面。依次单击下拉菜单【任务】—【草图样式】命令 草图样式(K)…，弹出如图 2－31 所示的【草图样式】对话框；

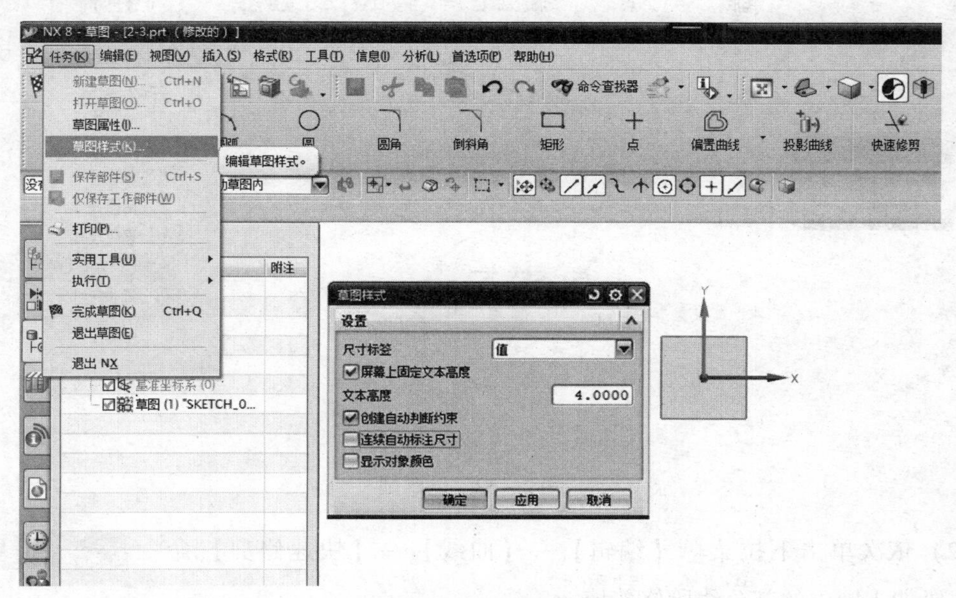

图 2－31　设置草图样式

（2）在【草图样式】对话框中选择【尺寸标签】选项为【值】；

（3）将【草图样式】对话框中【连续自动标注尺寸】选项前面的√去掉；

（4）单击【确定】按钮 确定 ，完成草图样式设置。

> **要点提示：**由于设置了草图样式，所以后续在绘制草图轮廓线（直线、圆、圆弧……）的时候，草图绘图窗口将不会自动生成任何尺寸，均需要手动标注。

2. 绘制圆

（1）依次单击下拉菜单【插入】—【曲线】—【圆】命令 圆(C)…，或直接单击【草图工具】工具条中的【圆】命令图标 ，弹出【圆】对话框，以坐标轴原点为圆心，绘制直径为 40 的圆，如图 2－32 所示。

（2）单击【草图工具】工具条中的【自动判断尺寸】命令旁的扩展菜单按钮 ，会显示尺寸标注的其他方法，如【水平尺寸】【角度尺寸】【半径尺寸】等；

（3）单击扩展菜单中的【半径尺寸】命令 半径尺寸，然后单击圆边界，在弹出的数值对话框中输入 20，单击鼠标中键确认。

3. 绘制轮廓线

（1）依次单击下拉菜单【插入】—【曲线】—【轮廓】命令 轮廓(O)…，在合适的位置绘制连续的直线段，如图 2－33 所示；（注：由于前面设置了草图样式，所以此处不会自动生成任何尺寸，需要手动标注。）

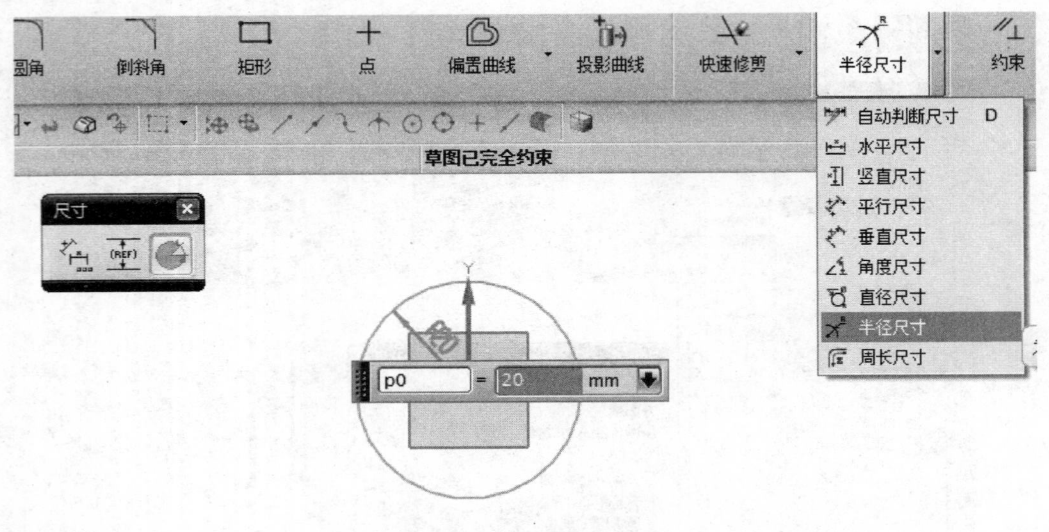

图 2－32　绘制圆

（2）依次单击下拉菜单【编辑】—【曲线】—【快速修剪】命令 快速修剪(Q)...，将直线段伸入圆内的部分线段修剪掉；

（3）依次单击下拉菜单【插入】—【约束】命令 约束(T)...，然后顺次单击 Y 轴和轮廓线底部横线的右端点，将右端点约束在 Y 轴上。完成之后如图 2－34 所示。

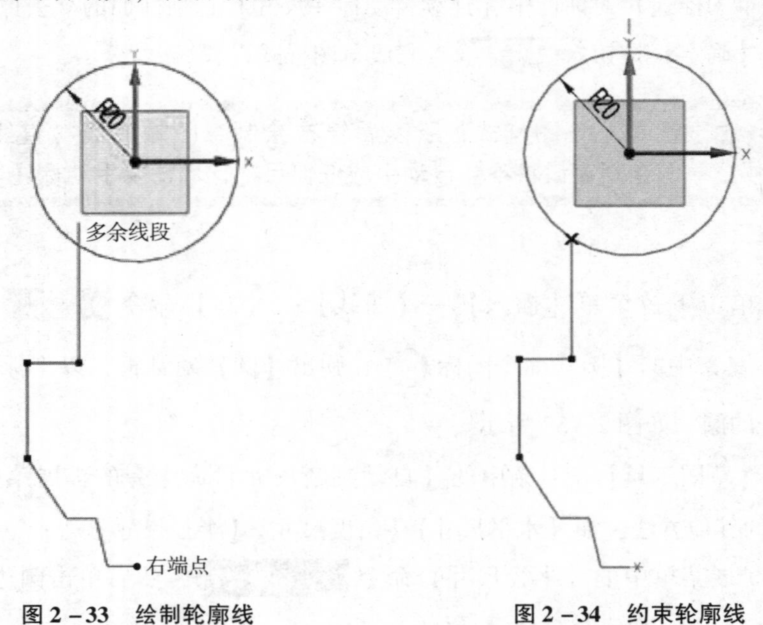

图 2－33　绘制轮廓线　　　图 2－34　约束轮廓线

4. 标注轮廓线尺寸

1）标注竖直方向尺寸

（1）依次单击下拉菜单【插入】—【尺寸】—【自动判断】命令 自动判断(I)...，然后顺次单击 X 轴和水平线段 1，在弹出的数值对话框中输入 40，如图 2－35 所示，单击鼠标中键确认；

（2）重复【自动判断】命令 自动判断(I)...，依次标注竖直方向尺寸，如图 2－36 所示。

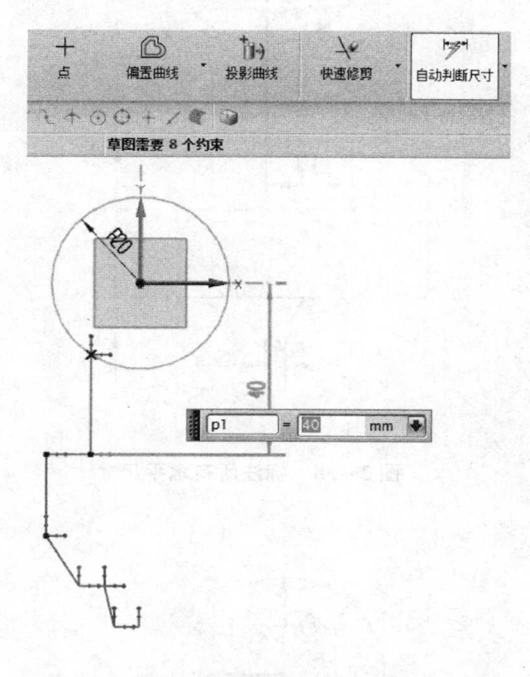

图 2－35　标注单个竖直尺寸

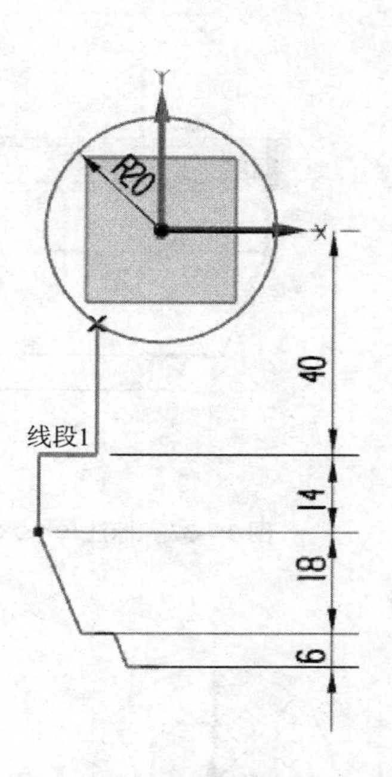

图 2－36　标注所有竖直尺寸

2）标注水平方向尺寸

（1）依次单击下拉菜单【插入】—【尺寸】—【自动判断】命令 自动判断(I)...，然后顺次单击 Y 轴和竖直线段 2，在弹出的数值对话框中输入 11，如图 2－37 所示，单击鼠标中键确认；

（2）重复【自动判断】命令 自动判断(I)...，依次标注水平方向尺寸，如图 2－38 所示。

3）标注角度尺寸

（1）依次单击下拉菜单【插入】—【尺寸】—【角度】命令 角度(A)...，会弹出【尺寸】对话框，然后顺次单击 Y 轴和斜线段 3，在弹出的数值对话框中输入 20，如图 2－39 所示，单击鼠标中键确认；

（2）重复【角度】命令 角度(A)...，标注另外一条斜线段的角度，如图 2－40 所示。

4）创建圆角并标注尺寸

（1）依次单击下拉菜单【插入】—【曲线】—【圆角】命令 圆角(F)...，或直接单击【草图工具】工具条中的【圆角】命令图标，系统会弹出【圆角】对话框，将圆角方法选择为修剪，如图 2－41 所示；

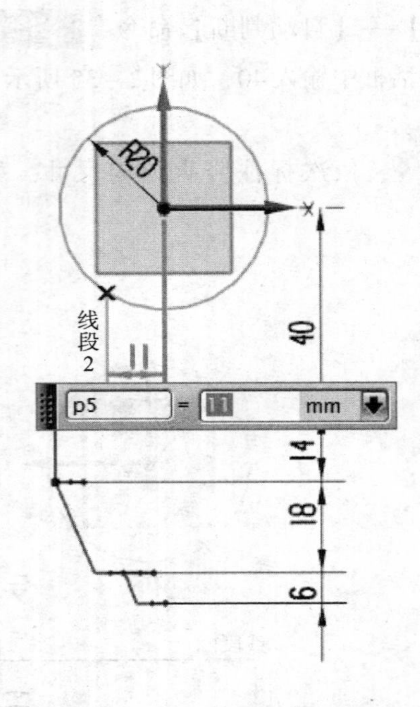

图 2-37 标注单个水平尺寸

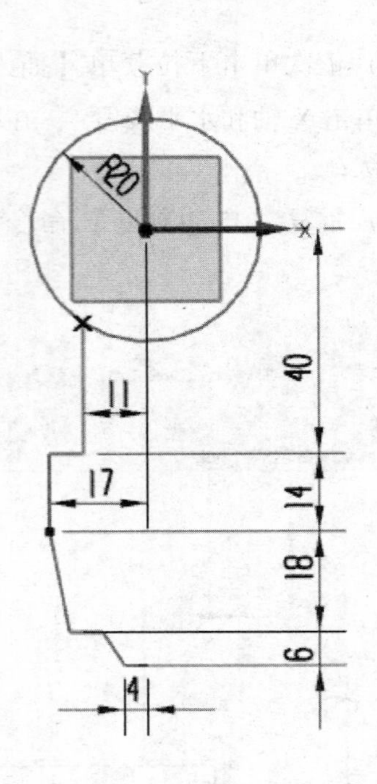

图 2-38 标注所有水平尺寸

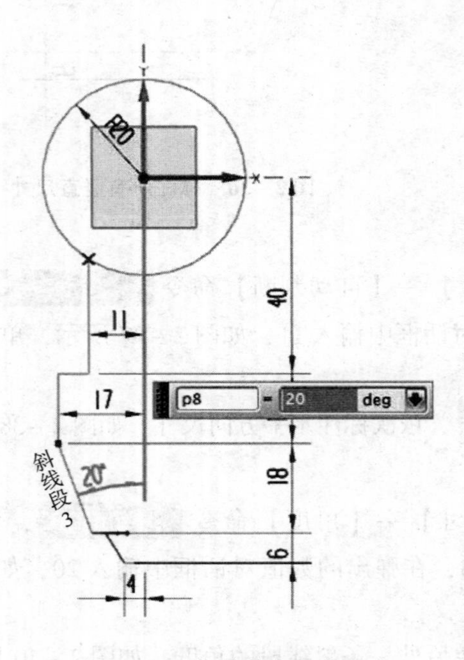

图 2-39 标注单个角度尺寸

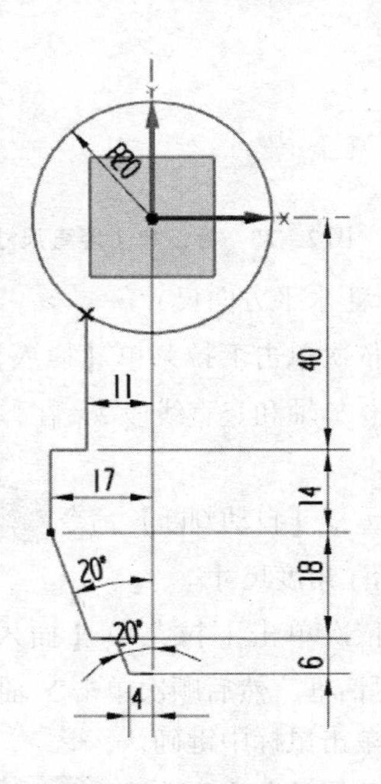

图 2-40 标注第 2 个角度尺寸

（2）在半径数值对话框中输入值为 25，然后依次单击线段 2 和圆（R20）轮廓曲线，系统会自动在此处生成圆角预览，如图 2-41 所示，单击鼠标中键确认；

（3）依次单击下拉菜单【插入】—【尺寸】—【半径】命令 半径(R)...，然后单击圆角的轮廓曲线，在弹出的数值对话框中输入 25，单击鼠标中键确认。如图 2-42 所示。

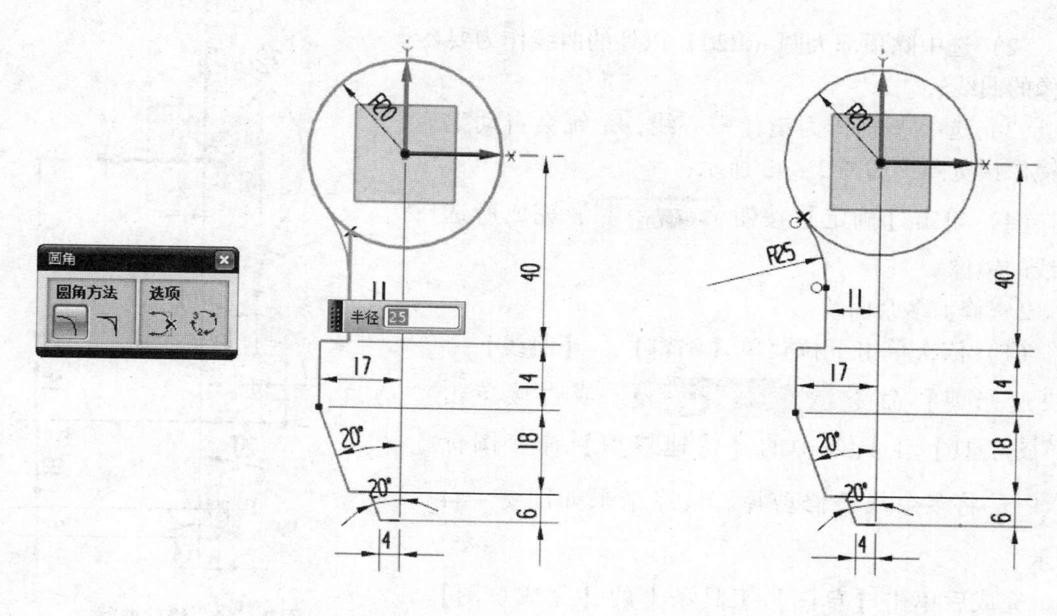

图 2-41　圆角预览　　　　　　　　　　图 2-42　圆角尺寸标注

5. 镜像轮廓线并修剪多余线条

1）创建镜像曲线

（1）依次单击下拉菜单【插入】—【来自曲线集的曲线】—【镜像曲线】命令 镜像曲线(M)，弹出如图 2-43 所示的【镜像曲线】对话框；

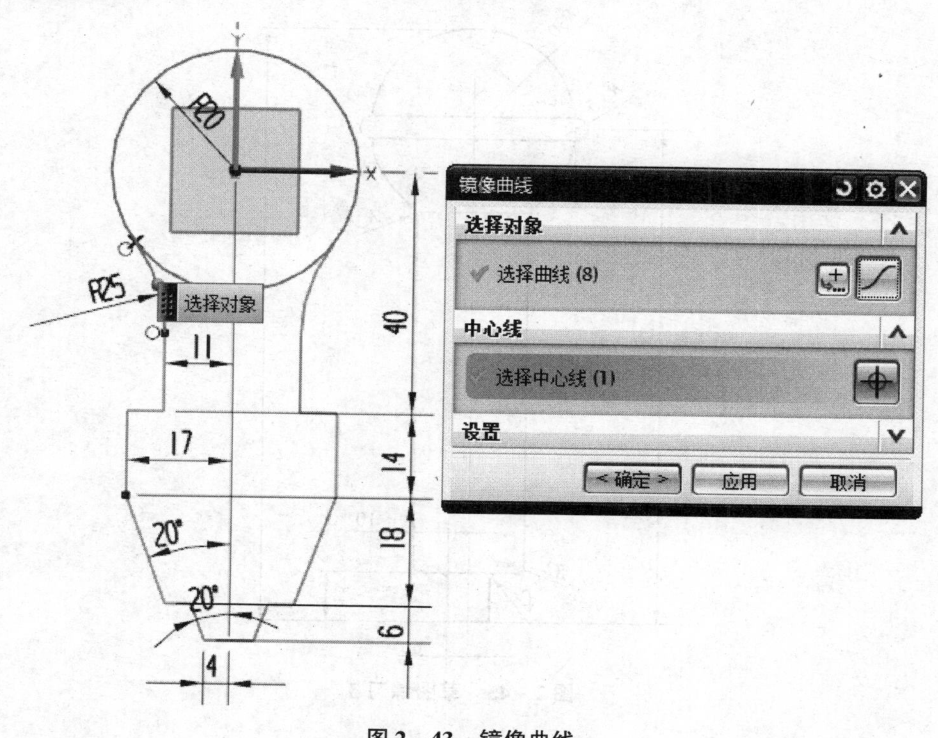

图 2-43　镜像曲线

（2）选中除顶部大圆（R20）以外的曲线作为要镜像的曲线；

（3）选中 Y 轴作为镜像中心线，系统会自动生成镜像预览图，如图 2－43 所示；

（4）单击【确定】按钮 确定，完成所选曲线的镜像。

2）修剪多余曲线

（1）依次单击下拉菜单【编辑】—【曲线】—【快速修剪】命令 快速修剪(Q)...，或直接单击【草图工具】工具条中的【快速修剪】命令图标，将多余线条修剪掉。最终结果如图 2－44 所示。

完成后单击【草图】工具条上的【完成草图】图标 完成草图，退出草图环境。

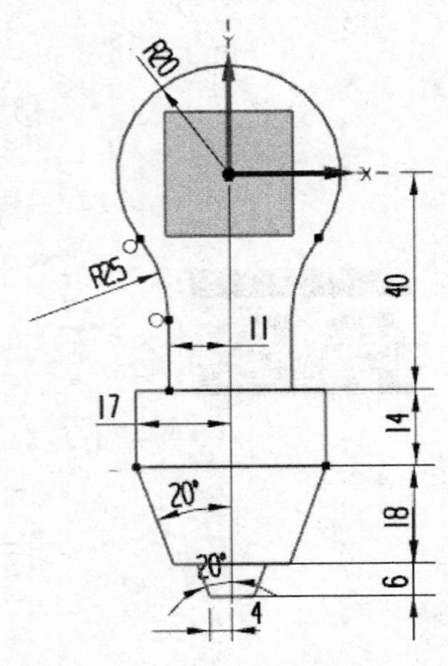

图 2－44　修剪曲线

项目 3　课后练习

绘制如图 2－45 所示的草图轮廓。

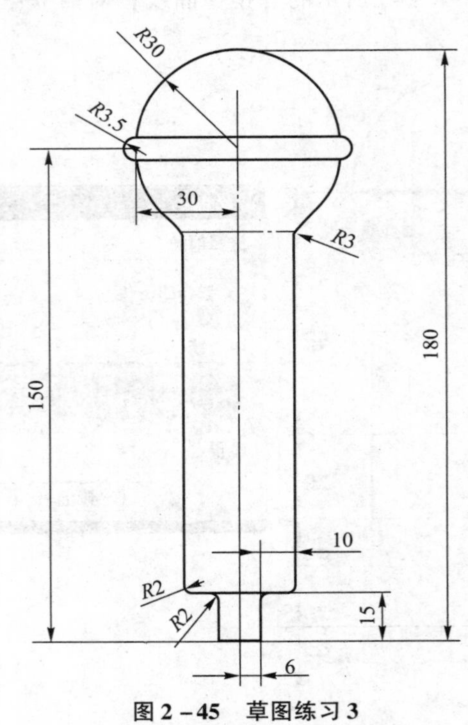

图 2－45　草图练习 3

第三章

基本体素建模

基本体素建模是 UG NX8.0 中必须要掌握的一个基本技能，它是通过插入基本体素（如圆柱体、长方体、球体、圆锥体等）的方式来建立规则实体模型的一种方法。因为程序中本身存在这些体素的模板，因此建模的时候只需要调用模板并输入简单的参数就可以建立复杂的模型，非常方便实用，尤其适用于形状规则的模型的建立。

（1）基本体素建模中的常用命令如表 3－1 所示：

表 3－1　基本体系建模中常用命令

序号	图标	命令	说明
1	长方体(K)...	插入长方体	通过定义拐角位置和尺寸来定义长方体
2	圆柱体(C)...	插入圆柱体	通过定义轴位置和尺寸来定义圆柱体
3	圆锥(O)...	插入圆锥体	通过定义轴位置和尺寸来定义圆锥体
4	球(S)...	插入球体	通过定义中心位置和尺寸来定义球体
5	孔(H)...	插入孔	通过定义孔的类型和尺寸对实体添加孔
6	凸台(B)..	插入凸台	在实体平面上添加一个圆柱形凸台
7	键槽(L)...	插入键槽	创建一个方形键槽
8	槽(G)...	插入槽	创建一个环形退刀槽

（2）基本体素命令的调用方法，以插入圆柱体为例：

方法①：单击下拉菜单【插入】—【设计特征】—【圆柱体】命令 圆柱体(C)...，即可调用；

方法②：单击特征工具条上的圆柱按钮图标 。

（3）基本体素命令的运用：

为了使读者能更好地理解基本体素建模的基本方法，下面将用几个具体的项目来对基本体素建模的常用命令及建模方法进行说明。

项目1　垫片零件

【任务】

根据图3-1所示参数，运用基本体素相关命令完成垫片零件的建模。

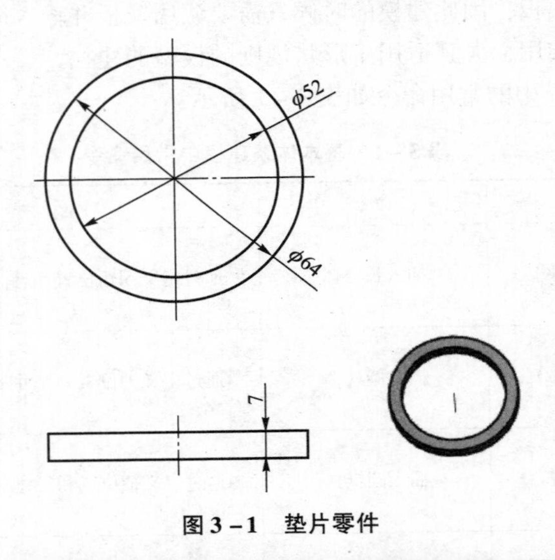

图3-1　垫片零件

相关知识点

1. 进入建模界面
2. 创建圆柱体
3. 布尔操作
4. 保存文件

【知识目标】

▼ 掌握进入建模界面的方法

▼ 掌握创建圆柱体方法

▼ 掌握布尔操作方法

▼ 掌握保存模型文件方法

【能力目标】

▲ 具有应用【圆柱体】命令 圆柱体(C)...，创建基本体素的能力。

▲ 具有对所创建的基本体素，如圆柱体进行定位的能力。

▲ 具有应用【布尔操作】命令，对基本体素进行相加、相减、求交的能力。

▲ 具有应用【保存】命令 保存(S)，或者【另存为】命令 另存为(A)...，对已建好的模型文件进行保存的能力。

【图形分析】

该零件为圆柱状垫片零件，形状规则，可以应用基本体素中的【圆柱体】等命令 圆柱体(C)...，来创建模型。

参考建模步骤如图 3－2 所示。

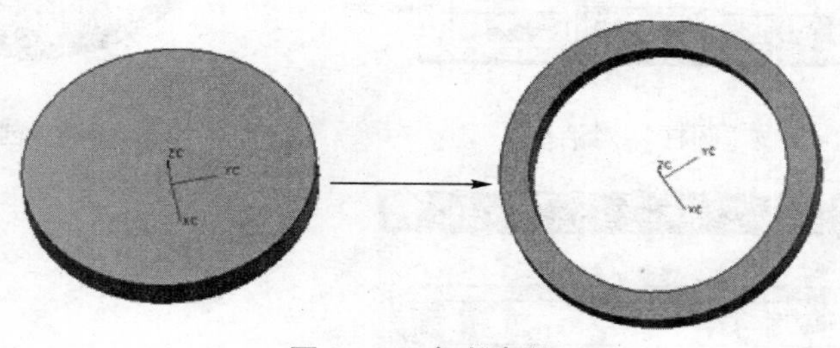

图 3－2　参考步骤

详细建模步骤如下所示。

1. 创建圆柱体 1

（1）打开软件，进入建模界面，切换到【角色－具有完整菜单基本功能】，依次单击下拉菜单【插入】—【设计特征】—【圆柱体】命令 圆柱体(C)...，弹出如图 3－3 所示的【圆柱】对话框，在【类型】下拉列表中选择【轴、直径和高度】；

（2）【轴】区域采用默认设置，系统默认选择基准坐标系的原点和 ZC 轴分别作为【指定点】和【指定矢量】，在【尺寸】区域中，输入圆柱体的直径和高度分别为 64 和 7；

（3）单击【确定】按钮 确定，圆柱体 1 创建完毕，结果如图 3－4 所示。

2. 创建圆柱体 2 并求差

（1）依次单击下拉菜单【插入】—【设计特征】—【圆柱体】命令 圆柱体(C)...，弹出如图 3－5 所示的【圆柱】对话框，在【类型】下拉列表中选择【轴、直径和高度】；

（2）【轴】区域采用默认设置，系统默认选择基准坐标系的原点和 ZC 轴分别作为【指定点】和【指定矢量】，在【尺寸】区域中，输入圆柱体的直径和高度值分别为 52 和 7；

（3）在【布尔】区域中，【布尔】下拉菜单中选择【求差】，系统自动选中第 1 步创建的圆柱体作为求差对象；

（4）单击【确定】按钮 确定，系统自动进行布尔求差运算，结果如图 3－6 所示。

图 3-3 【圆柱】对话框

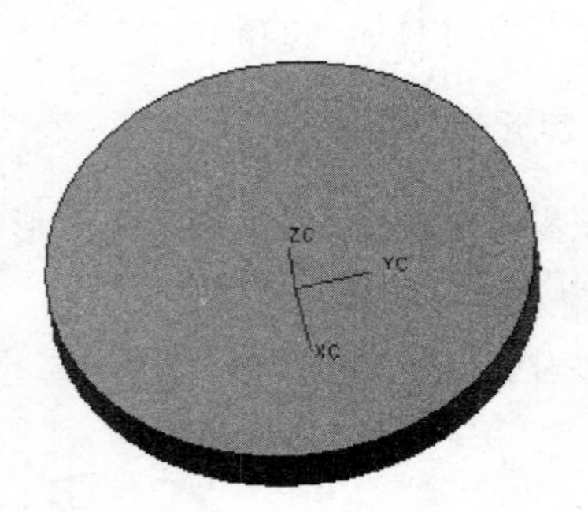

图 3-4 创建圆柱体

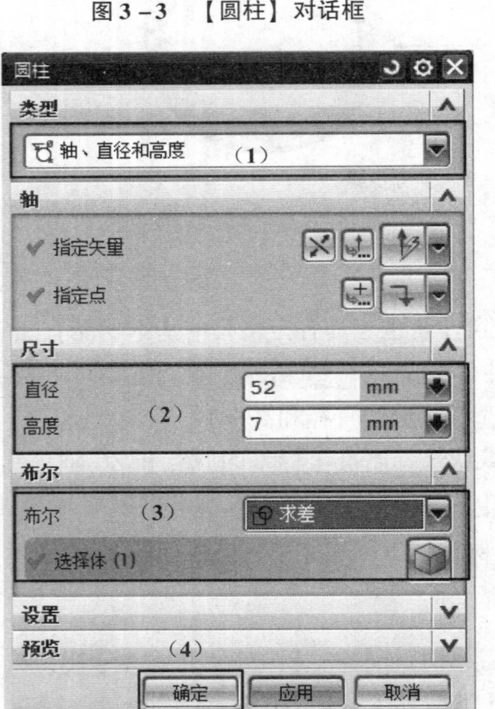

图 3-5 【圆柱】对话框

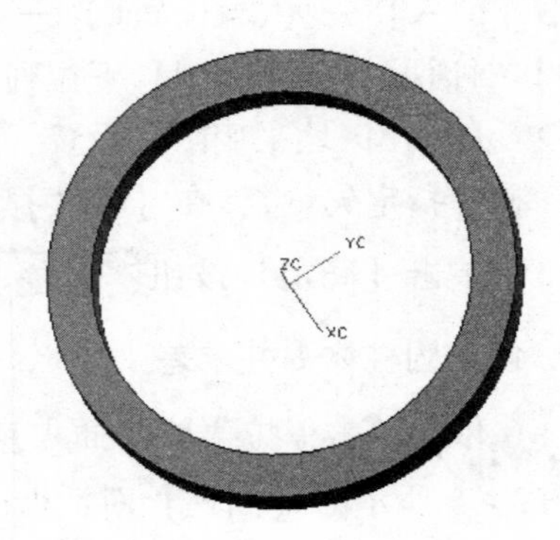

图 3-6 布尔求差

3. 保存模型文件

（1）依次单击下拉菜单【文件】—【保存】命令 保存(S)，将建好的模型保存到软件默认的目录下，如图 3-7 所示。除此之外，还可以选择【另存为】命令 另存为(A)，将模型以其他名称保存到其他目录。

图 3-7　保存文件

项目 1　课后练习

利用基本体素相关命令，建立如图 3-8 所示的模型。

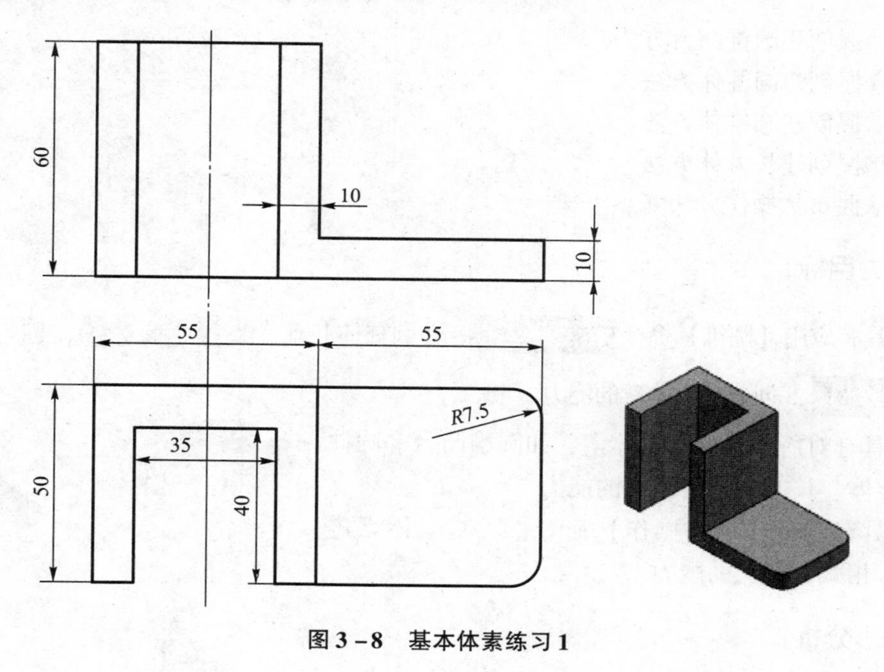

图 3-8　基本体素练习 1

项目 2　钉子零件

【任务】

根据图 3-9 所示参数，运用基本体素相关命令完成钉子零件的建模。

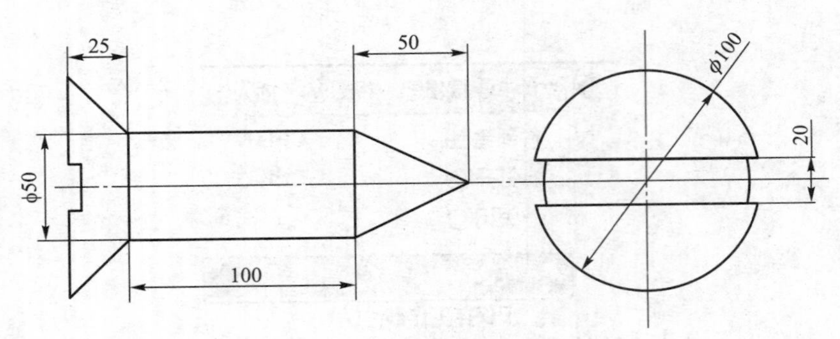

图 3－9　钉子零件图纸

相关知识点

1. 创建圆锥凸台　　2. 创建圆柱体
3. 创建圆锥体　　4. 创建长方体
5. 布尔操作　　6. 保存文件

【知识目标】

▼ 掌握创建圆锥凸台方法
▼ 掌握创建圆柱体方法
▼ 掌握创建圆锥体方法
▼ 掌握创建长方体方法
▼ 掌握布尔操作方法

【能力目标】

▲ 具有应用【圆锥】命令 圆锥(O)... 、【圆柱体】命令 圆柱体(C)... 、【长方体】命令 长方体(K)... ，创建基本体素的能力。

▲ 具有对所创建的基本体素，如圆锥凸台、圆柱体、圆锥体、长方体进行定位的能力。

▲ 具有应用【布尔操作】命令，对基本体素进行相加、相减、求交的能力。

【图形分析】

该零件为钉子零件，通过观察，发现其包含体的类型较多，但主要为圆柱体、圆锥体、长方体等形状规则的实体，因此可以应用插入基本体素的方式来创建模型。

参考建模步骤如图 3－10 所示。

详细建模步骤如下所示。

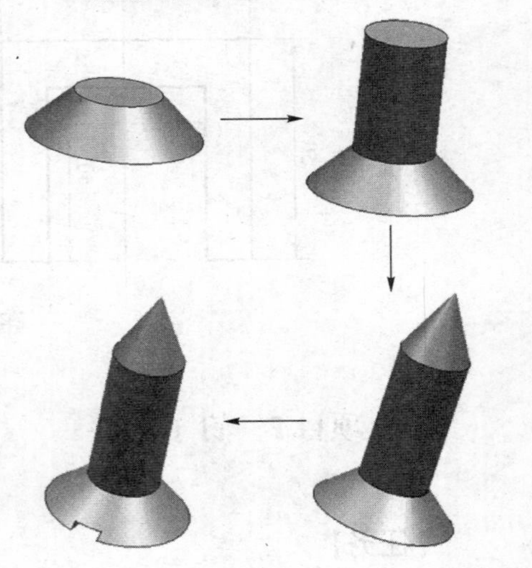

图 3－10　参考建模步骤

1. 创建圆锥凸台

（1）打开软件，进入建模界面，切换到【角色－具有完整菜单基本功能】，依次单击下拉菜单【插入】—【设计特征】—【圆锥】命令 圆锥(O)...，弹出如图 3－11 所示的【圆锥】对话框，在【类型】下拉列表中选择【直径和高度】；

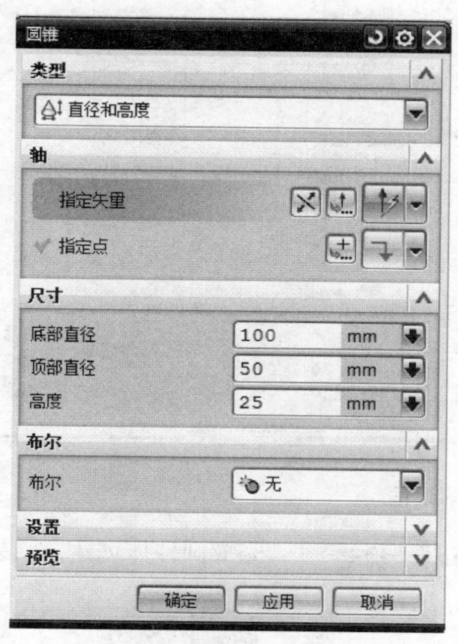

图 3－11　【圆锥】对话框

（2）系统默认选择基准坐标系的原点和 ZC 轴分别作为【指定点】和【指定矢量】，在【尺寸】区域中，输入【底部直径】【顶部直径】和【高度】分别为 100、50、25；

（3）单击【确定】按钮 确定，完成圆锥凸台创建，结果如图 3－12 所示。

2. 创建圆柱体

（1）依次单击下拉菜单【插入】—【设计特征】—【圆柱体】命令 圆柱体(C)...，弹出如图 3－13 所示的【圆柱】对话框，在【类型】下拉列表中选择【轴、直径和高度】；

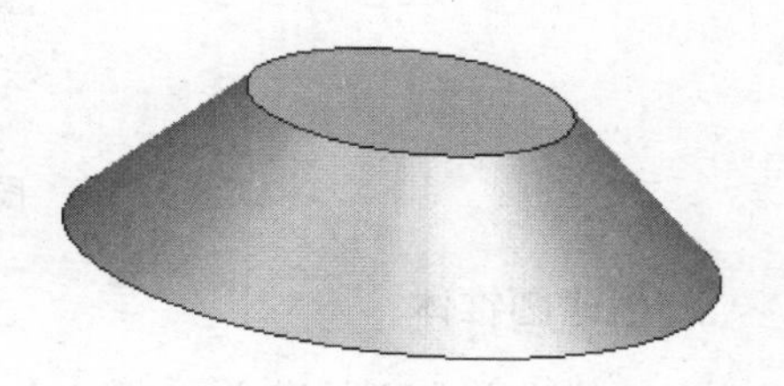

图 3－12　创建圆锥凸台

（2）系统默认选择基准坐标系的原点和 ZC 轴分别作为【指定点】和【指定矢量】，单击指定点右侧的【点对话框】按钮，弹出如图 3－14 所示的【点】对话框；

（3）在【点】对话框【坐标】区域中设置 XC、YC、ZC 的值分别为 0、0、25；

（4）单击【点】对话框中的【确定】按钮 确定，系统自动返回到【圆柱】对话框；

（5）在【尺寸】区域中输入圆柱体的直径和高度分别为50和100；

图3-13 【圆柱】对话框

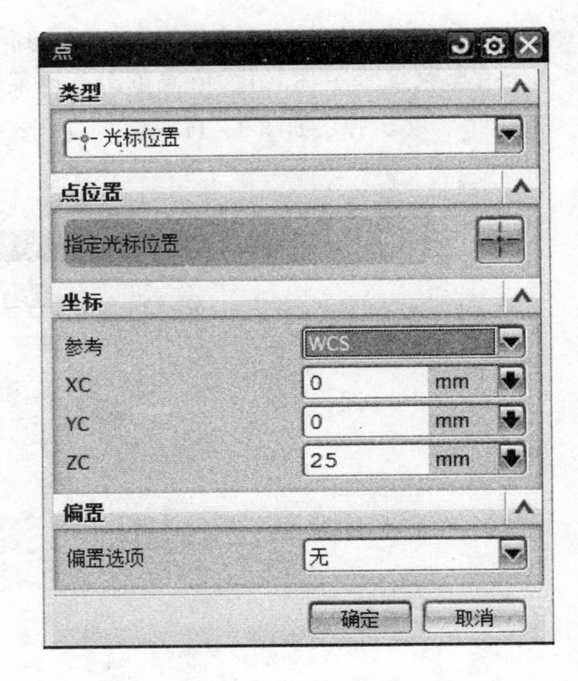

图3-14 【点】对话框

（6）单击【确定】按钮 确定 ，完成圆柱体创建，结果如图3-15所示。

图3-15 创建圆柱体

3. 创建圆锥体

（1）依次单击下拉菜单【插入】—【设计特征】—【圆锥】命令 圆锥(O)... ，弹出如图3-16所示的【圆锥】对话框，在【类型】下拉列表中选择【直径和高度】；

（2）利用【轴】区域中的【矢量构造器】 ZC ，将圆锥体的轴的方向设定为【ZC】方向；

（3）单击指定点右侧的【点对话框】按钮 ，弹出如图3-17所示的【点】对话框；

（4）在【点】对话框【坐标】区域中设置XC、YC、ZC的值分别为0、0、125；

（5）单击【点】对话框中的【确定】按钮 确定 ，系统自动返回到【圆柱】对话框；

（6）在【尺寸】组中，输入【底部直径】【顶部直径】和【高度】分别为50、0、50；

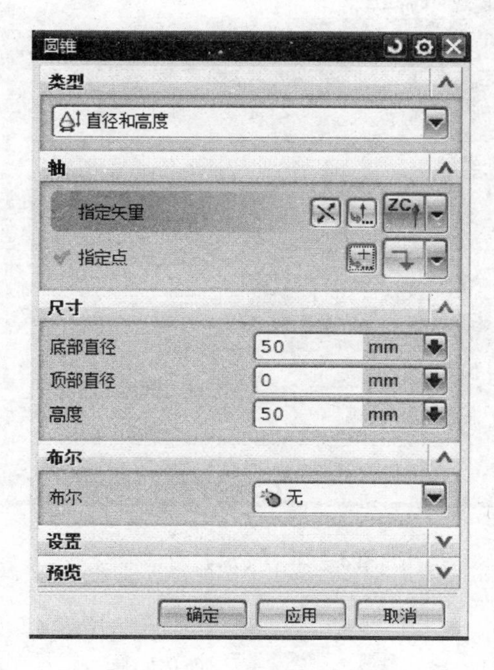

图3－16 【圆锥】对话框

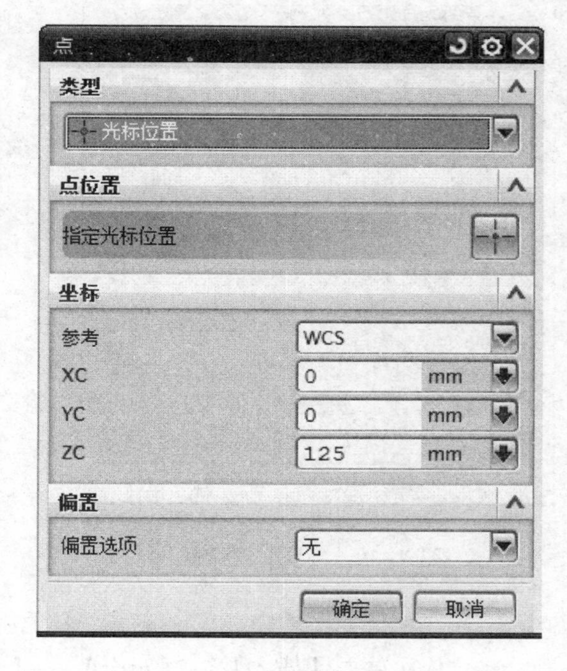

图3－17 【点】对话框

（7）单击【确定】按钮 确定 ，完成圆锥体创建，结果如图3－18所示。

4. 创建长方体

（1）依次单击【插入】—【设计特征】—【长方体】命令 长方体(K)... ，弹出如图3－19所示的【块】对话框。在【尺寸】区域中，将长度、宽度、高度值分别改为100、20、5；

（2）然后单击【原点】区域中的【点对话框】按钮 ，弹出如图3－20所示的【点】对话框；

（3）修改【点】对话框【坐标】区域中XC、YC、ZC值分别为－50、－10、0；

（4）单击【确定】按钮 确定 ，系统将返回【块】对话框；

（5）再次单击【确定】按钮 确定 ，完成长方体创建。

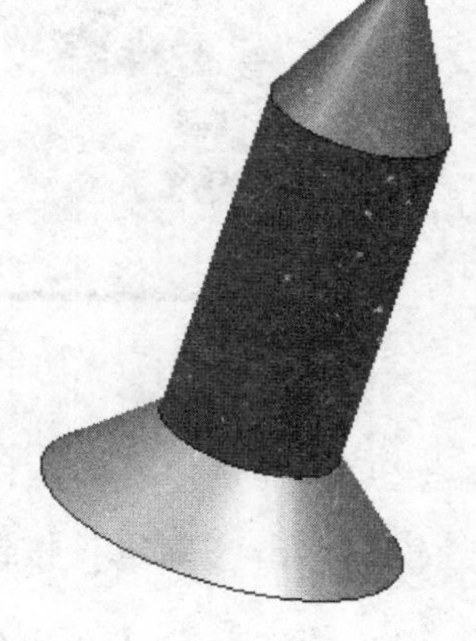

图3－18 创建圆锥体

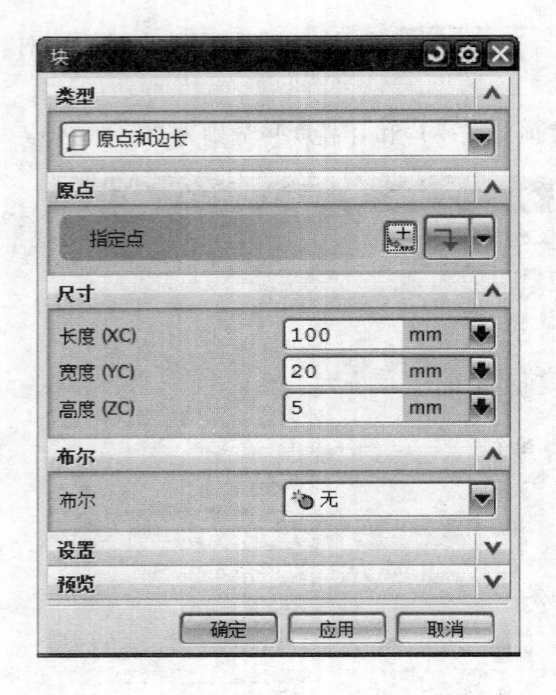

图 3－19 【块】对话框

图 3－20 【点】对话框

5. 布尔操作

（1）依次单击【插入】—【组合】—【求和】命令 求和(U)...，弹出如图 3－21 所示的【求和】对话框；

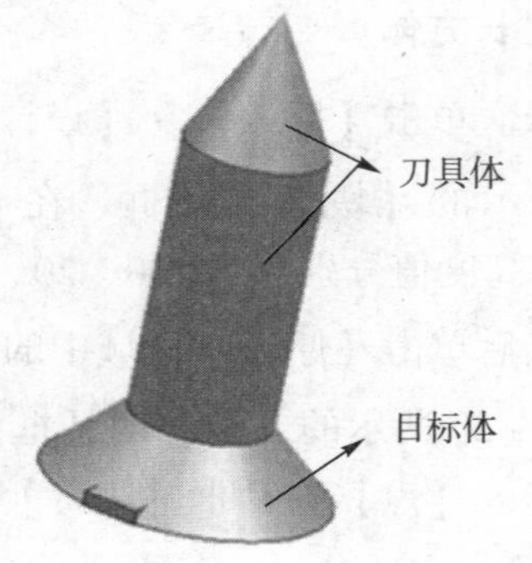

图 3－21 布尔求和操作

（2）选择一个目标体和两个工具体（注意：目标体只有一个，工具体可以有多个）；

（3）单击【确定】按钮 确定 ，完成布尔求和操作；

（4）依次单击【插入】—【组合】—【求差】命令 求差(S)...，选择目标体为第 3 步创建的求和体，选择第 4 步创建的长方体为刀具体。如图 3－22 所示；

（5）单击【确定】按钮 确定 ，完成布尔求差操作。最终结果如图 3－23 所示。

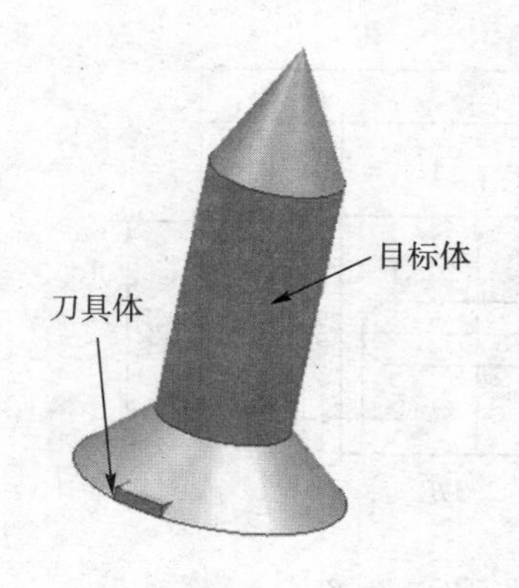

图 3-22　布尔求差

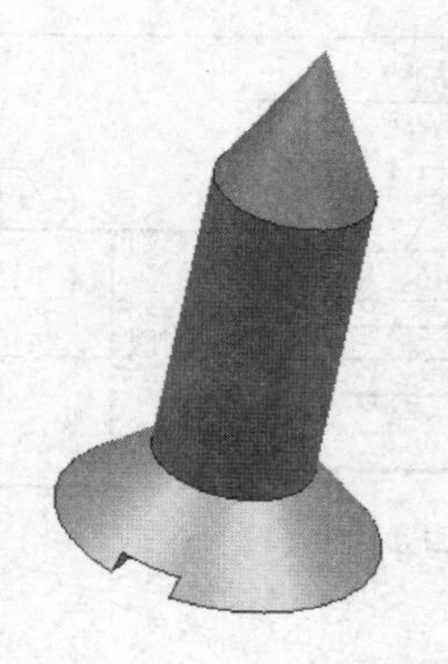

图 3-23　最终结果

要点提示：进行布尔操作的时候，目标体与刀具体之间必须有公共的部分，否则无法进行布尔运算。

6. 保存模型文件

项目 2　课后练习

利用基本体素相关命令，建立如图 3-24 所示的模型。

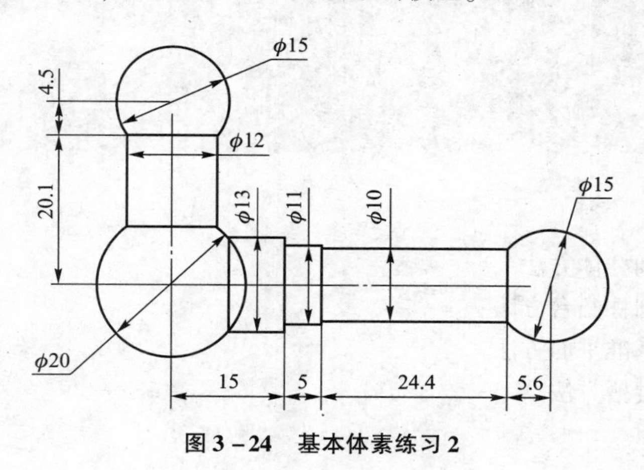

图 3-24　基本体素练习 2

项目 3　轴类零件

【任务】

根据图 3-25 所示参数，运用基本体素相关命令完成轴零件的建模。

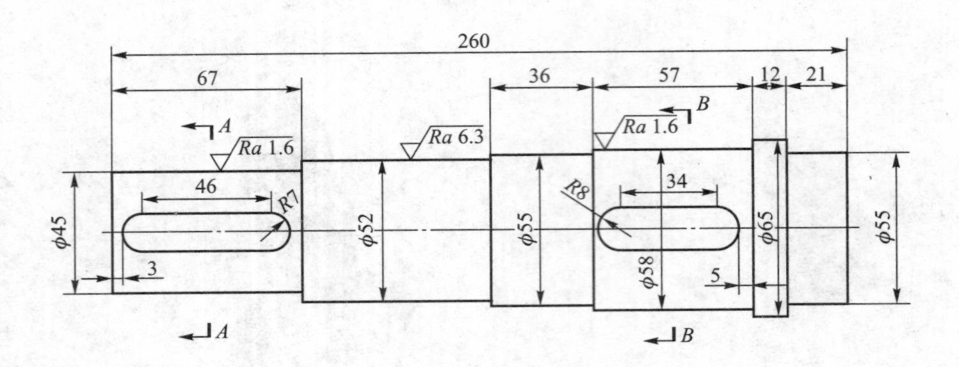

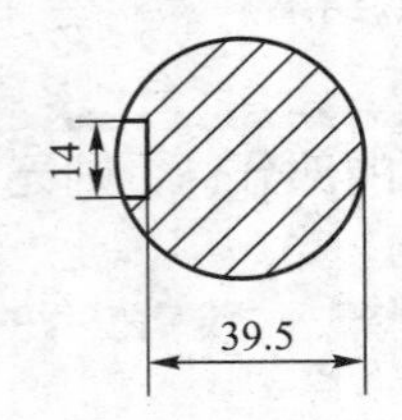

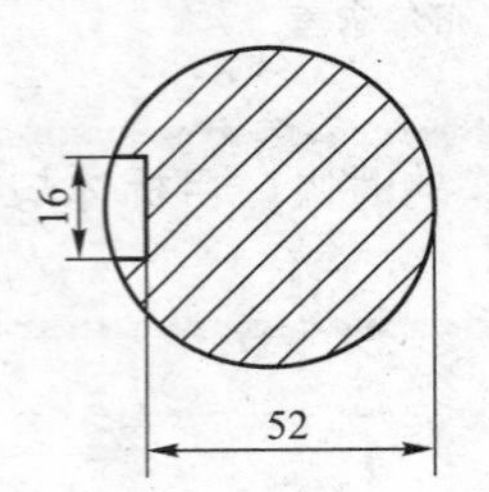

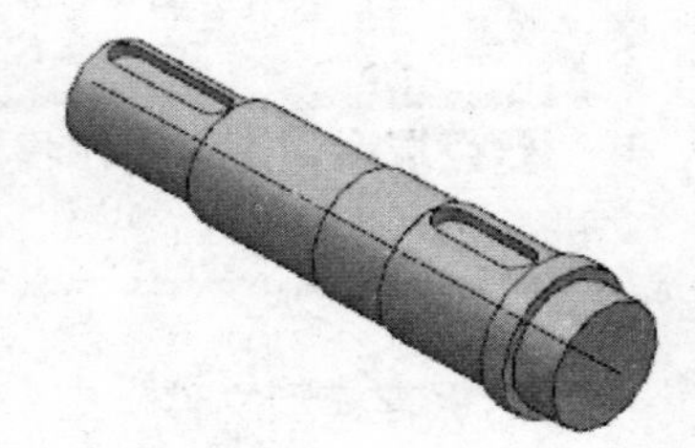

图 3-25　轴零件

相关知识点

1. 创建圆柱体
2. 创建圆柱凸台
3. 创建基准平面
4. 创建键槽
5. 保存文件

【知识目标】

▼ 掌握创建圆柱体方法
▼ 掌握创建圆柱凸台方法
▼ 掌握创建基准平面方法
▼ 掌握创建键槽方法

【能力目标】

▲ 具有应用【圆锥】命令 圆锥(O)...、【圆柱体】命令 圆柱体(C)...，创建基本体素的能力。

▲ 具有应用【基准平面】命令 基准平面(D)...，创建基准平面的能力。

▲ 具有应用【键槽】命令 键槽(L)...，创建键槽的能力。

▲ 理解键槽的定位方式，具有运用合适的定位方式对键槽进行精确定位的能力。

【图形分析】

该零件为轴类零件，通过观察，发现其由多个圆柱体和两个键槽组成，形状规则，因此可以应用插入基本体素的方式来创建模型。

参考建模步骤如图 3－26 所示。

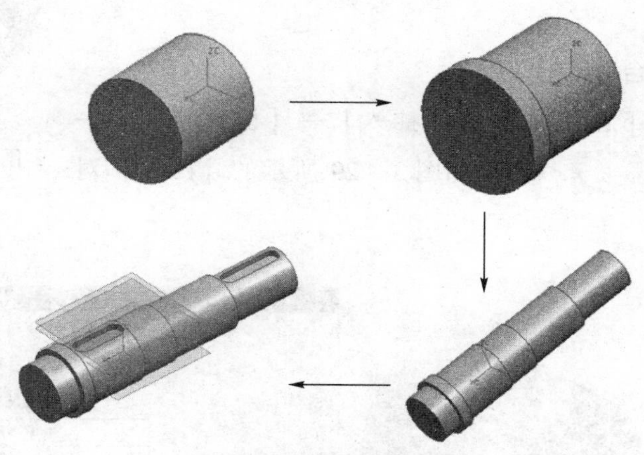

图 3－26　参考建模步骤

详细建模步骤如下所示。

1. 创建圆柱体

（1）打开软件，进入建模界面，切换到【角色－具有完整菜单基本功能】，依次单击下拉菜单【插入】—【设计特征】—【圆柱体】命令 圆柱体(C)...，弹出如图 3－27 所示的【圆柱】对话框，在【类型】下拉列表中选择【轴、直径和高度】；

图 3－27　【圆柱】对话框

（2）利用【轴】区域中的【矢量构造器】，将圆柱体的轴的方向设定为【XC】方向；

（3）在【尺寸】区域中，输入圆柱体的直径和高度分别为58 和 57；

（4）单击【确定】按钮 确定 ，完成圆柱体创建，结果如图 3－28 所示。

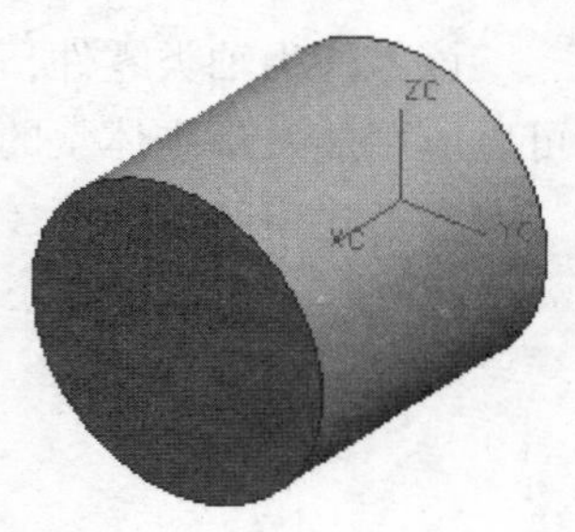

图 3－28 创建圆柱体

2. 创建 ϕ65 凸台

（1）依次单击下拉菜单中的【插入】—【设计特征】—【凸台】命令 凸台(B)...，弹出如图 3－29 所示的【凸台】对话框；

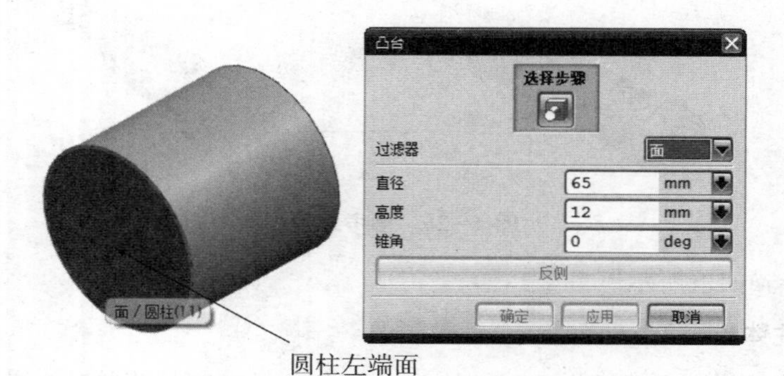

图 3－29 创建 ϕ65 凸台

（2）在【凸台】对话框中的过滤器下拉列表中选择【面】选项，输入【直径】【高度】和【锥角】分别为 65、12、0，然后用鼠标左键单击第 1 步所创建圆柱体的左端面，作为凸台的放置面，如图 3－29 所示；

（3）单击【确定】按钮 确定 ，会弹出如图 3－30 所示的【定位】对话框；（注意：因为没有位置约束，所以生成的凸台位置不正。）

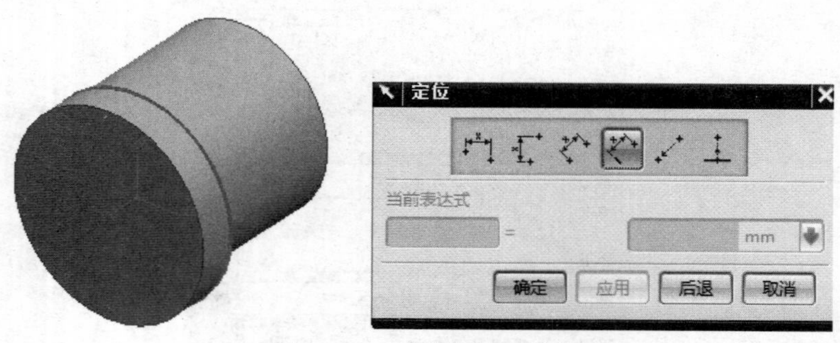

图 3－30 【定位】对话框

（4）在【定位】对话框中单击【点到点】选项，弹出【点到点】对话框，如图 3－31 所示；

（5）左键单击选择与凸台接触的圆柱体端面的边界线作为目标对象，如图 3－31 所示，会弹出【设置圆弧位置】对话框，如图 3－32 所示；

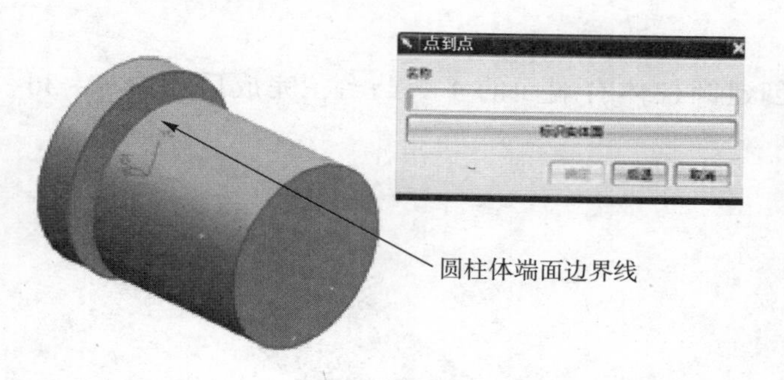

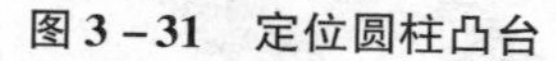

图 3－31　定位圆柱凸台

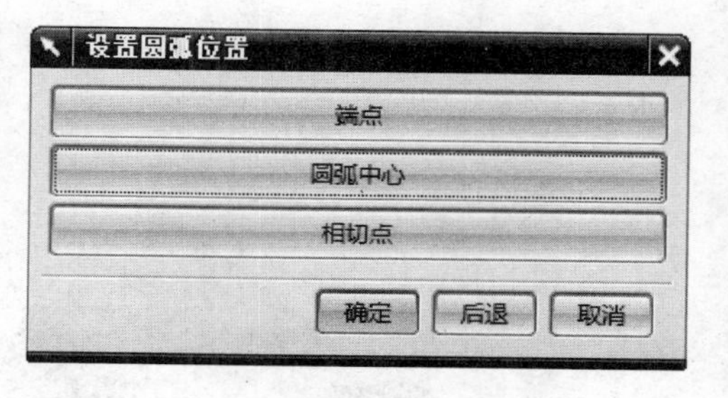

图 3－32　【设置圆弧位置】对话框

（6）单击【圆弧中心】选项，完成目标对象选择，此时凸台会在目标对象圆弧中心的约束下自动对正，从而完成该凸台的位置调整，结果如图 3－33 所示。

图 3－33　完成凸台创建

3. 创建 ϕ65 凸台

（1）依次单击下拉菜单中的【插入】—【设计特征】—【凸台】命令 凸台(B)...，弹出如图 3－34 所示的【凸台】对话框，在【凸台】对话框中的过滤器下拉列表中选择【面】选项；

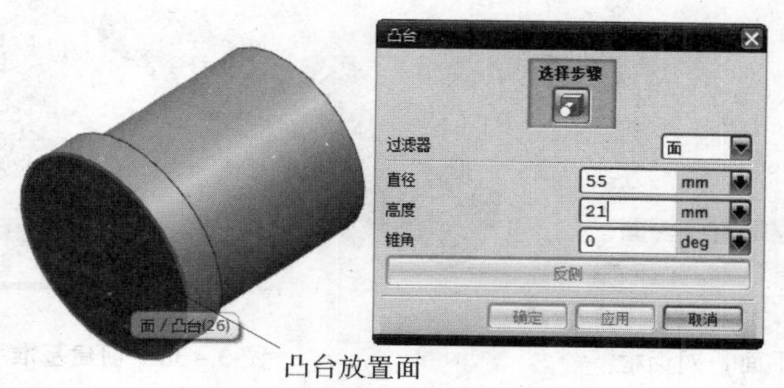

图 3－34　设定凸台参数

（2）输入【直径】【高度】和【锥角】分别为 55、21、0，然后用鼠标左键单击第 2 步所创建圆柱体的左端面，作为凸台的放置面，如图3－34所示；

（3）重复步骤2的（3）~（6）创建出第二个凸台，如图3－35所示。

4. 创建其余凸台

根据已知尺寸，参考步骤2和3创建圆柱体右端面的4个凸台，完成后如图3－36所示。

图3－35　创建ϕ65凸台

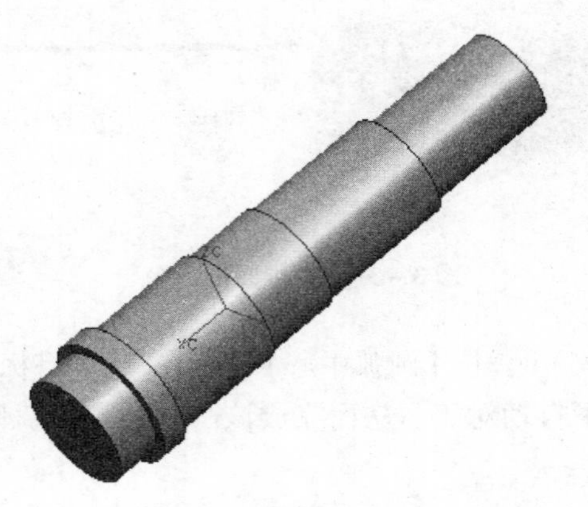

图3－36　创建其余凸台

5. 创建基准平面

1）创建基准平面1

（1）依次单击下拉菜单中的【插入】—【基准/点】—【基准平面】命令 基准平面(D)，弹出如图3－37所示的【基准平面】对话框，在对话框中的【类型】下拉列表中选择XC－YC平面；

（2）单击【确定】按钮 确定 ，完成基准平面1的创建，如图3－38所示。

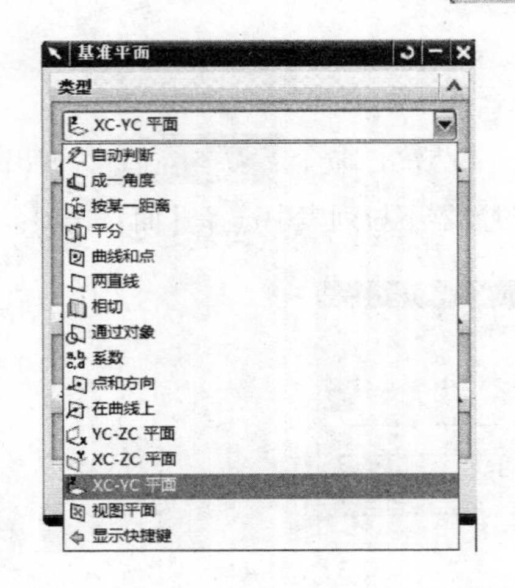

图3－37　【基准平面】对话框

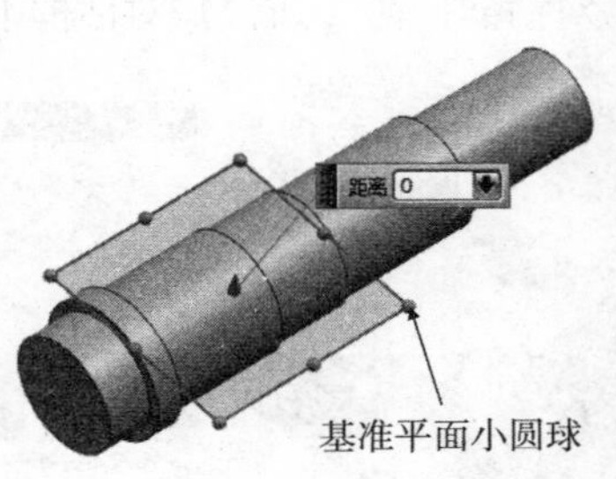

图3－38　创建基准平面1

要点提示：调整基准平面的大小可以通过鼠标左键拖动小圆球来实现。

2）创建基准平面 2

（1）再次单击下拉菜单中的【插入】—【基准/点】—【基准平面】命令 基准平面(D)，弹出如图 3－39 所示的【基准平面】对话框，在对话框中的【类型】下拉列表中选择【按某一距离】选项；

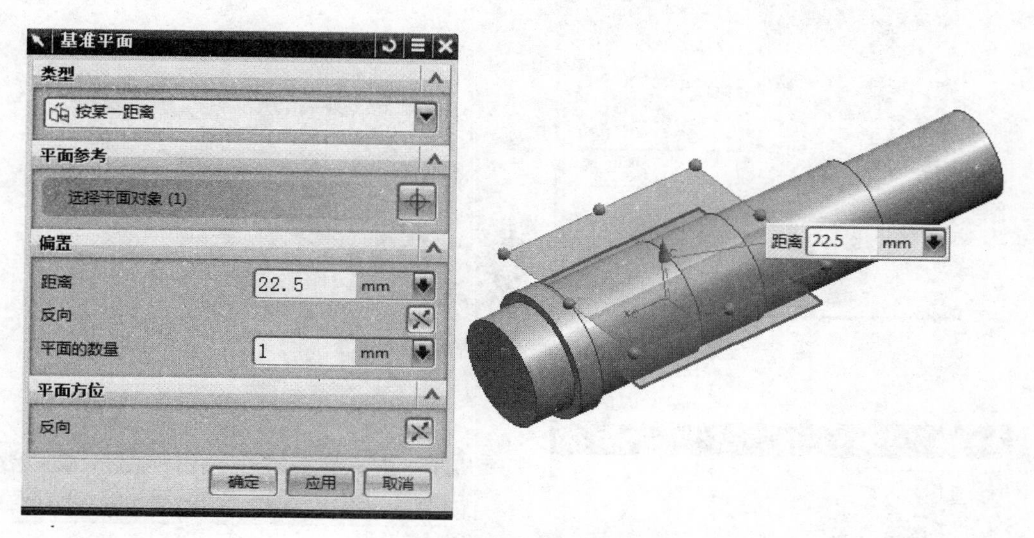

图 3－39　创建基准平面 2

（2）选中基准平面 1 作为【平面参考】，并在【偏置】区域中输入【距离】值为 22.5；

（3）单击【应用】按钮 应用 ，完成基准平面 2 的创建，如图 3－39 所示。

> **要点提示：** 单击【应用】按钮 应用 ，会完成命令但不退出当前对话框，可重复执行该对话框的命令；单击【确定】按钮 确定 ，会完成命令且退出当前对话框，如想再执行该对话框命令，则需要重新调用。

3）创建基准平面 3

（1）在基准平面对话框条件下，且【类型】下拉列表中选择【按某一距离】选项，选中基准平面 1 作为【平面参考】，并在【偏置】区域中输入【距离】值为 29；

（2）单击【确定】按钮 确定 ，完成基准平面 3 的创建，如图 3－40 所示。

6. 创建键槽

1）创建键槽 1

（1）依次单击下拉菜单中的【插入】—【设计特征】—【键槽】命令 键槽(L)，弹出如图 3－41 所示的【键槽】对话框，选择类型为【矩形槽】，然后单击【确定】按钮 确定 ；

（2）单击【确定】按钮 确定 ，弹出【矩形键槽】对话框，如图 3－42 所示；

（3）单击【基准平面】选项，弹出【选择对象】对话框，如图 3－43 所示；

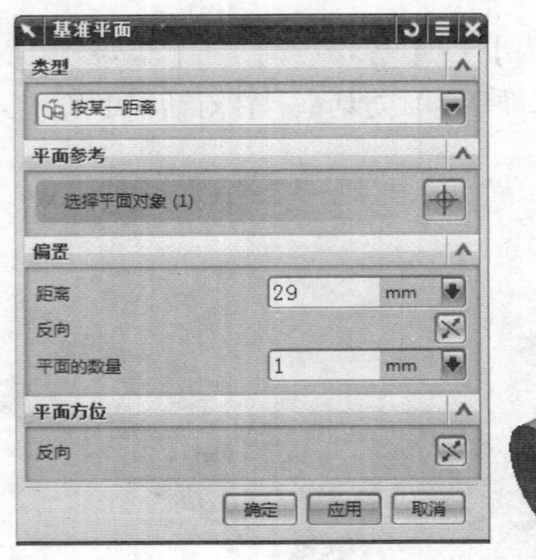

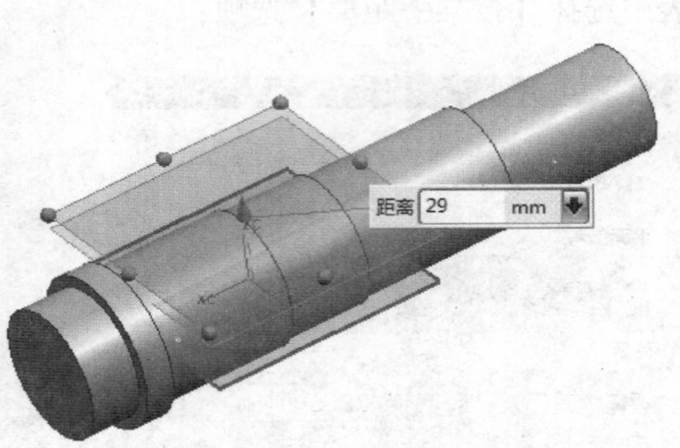

图 3-40 创建基准平面 3

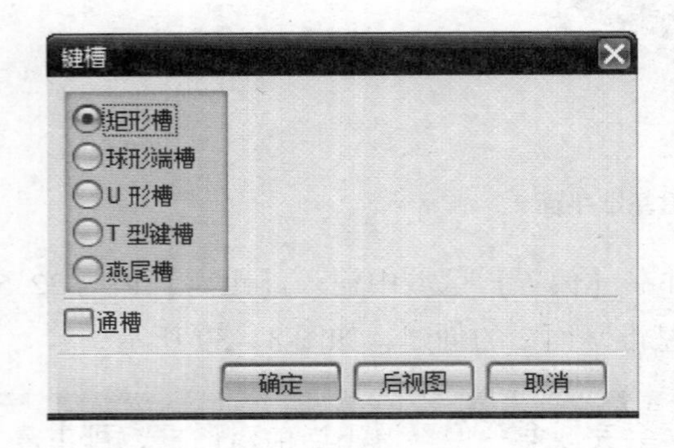

图 3-41 【键槽】对话框

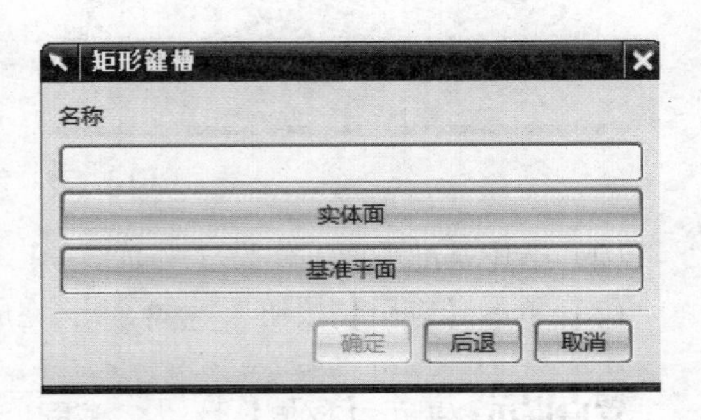

图 3-42 【矩形键槽】对话框

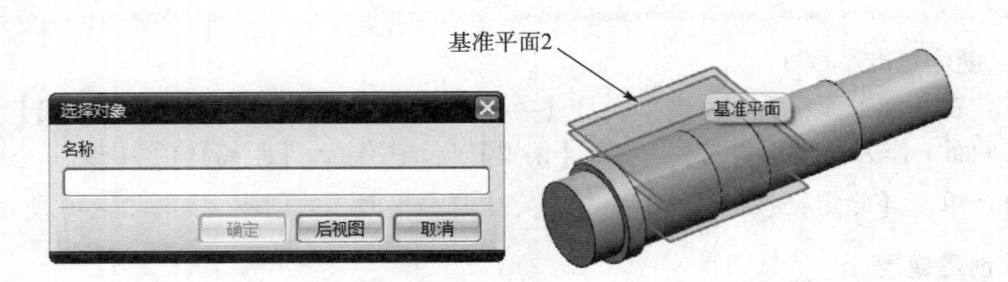

图 3-43 选择基准平面 2

（4）选中基准平面 2，此时【选择对象】对话框中的【确定】按钮 确定 会被点亮，单击【确定】按钮 确定 ，将弹出一个新的对话框；

（5）在弹出的对话框中选择【接受默认边】选项，然后单击【确定】按钮 确定 。如图 3-44 所示。之后会弹出【水平参考】对话框；

（6）在弹出【水平参考】对话框的条件下，单击如图 3-45 所示圆柱面（注意：此时系统将自动以该圆柱面的轴线作为键槽生成的水平参考，这是为了方便后面对键槽进行水平定位)，弹出如图 3-46 所示的【矩形键槽】对话框。

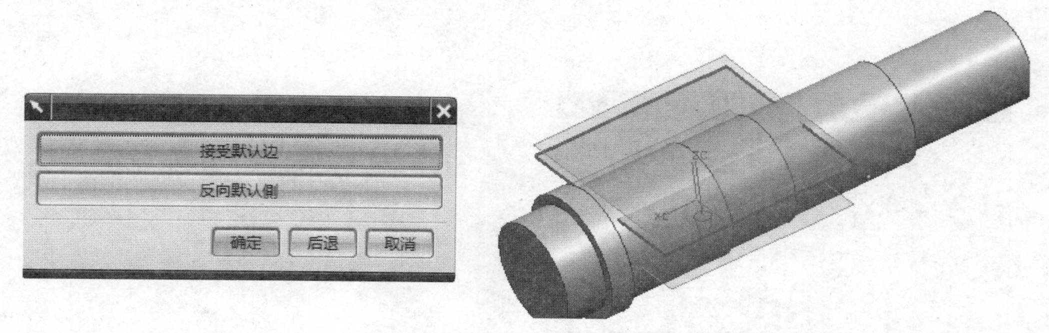

图 3-44 接受默认边

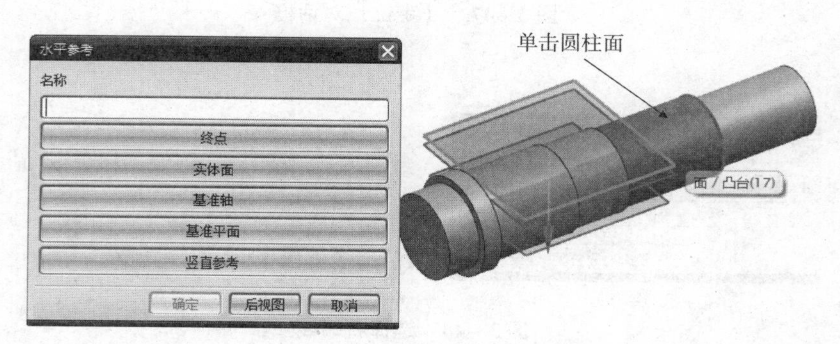

图 3-45 【水平参考】对话框

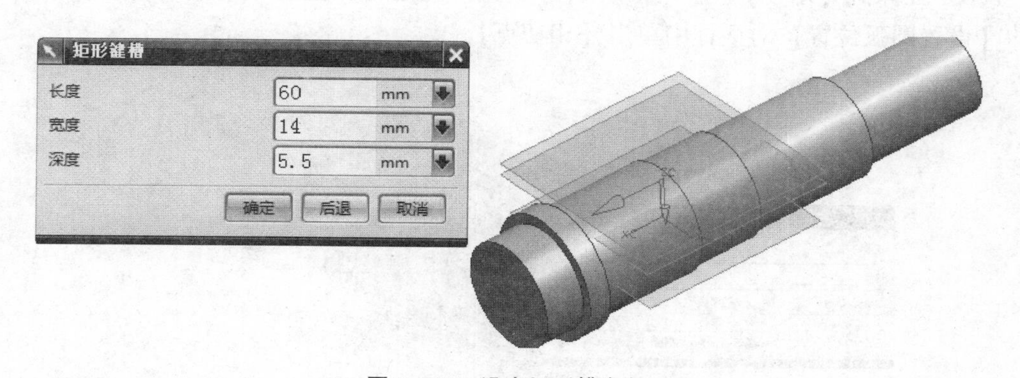

图 3-46 设定矩形槽参数

（7）在弹出的【矩形键槽】对话框中，按图纸给定数据输入参数，本例为长度 60，宽度 14，深度 5.5，如图 3-46 所示，单击【确定】按钮 确定 ，将会弹出如图 3-47 所示的【定位】对话框；（注意：系统此时已自动生成一个键槽，可以通过改变视图显示方式为【静态线框】 静态线框(W) 进行观察。）

（8）在弹出的【定位】对话框中，单击【水平】图标 ，弹出如图 3-48 所示的【水平】对话框；

(9) 在弹出【水平】对话框的条件下，选择右端圆柱的右端线，如图 3－48 所示，在随后弹出的【设置圆弧位置】对话框中单击【相切点】。

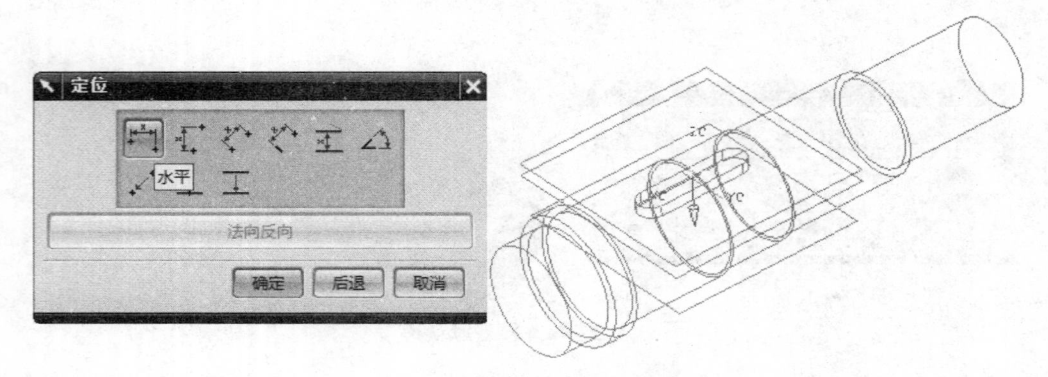

图 3－47　【定位】对话框

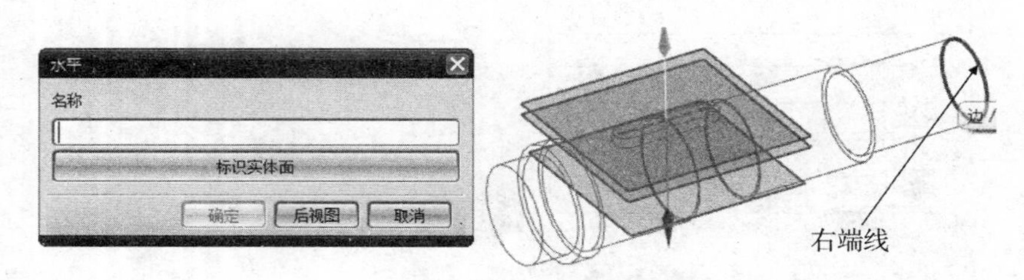

图 3－48　选择右端线

(10) 在保持【水平】对话框的条件下，选择键槽的右边界线，如图 3－49 所示，在弹出的【设置圆弧位置】对话框中单击【相切点】。

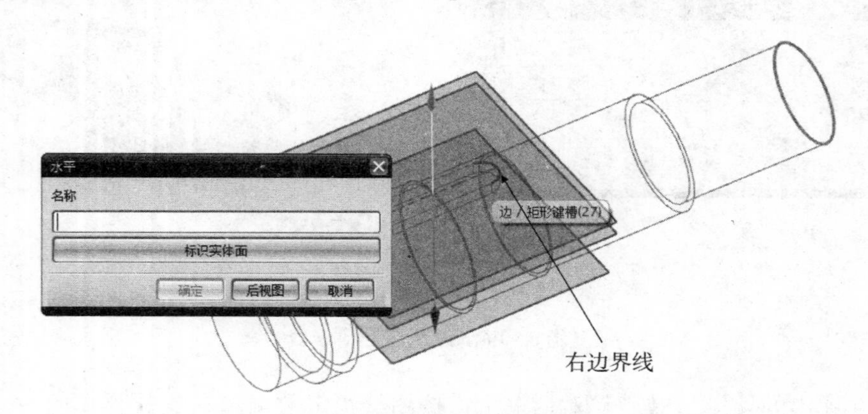

图 3－49　选择右边界线

(11) 此时会弹出【创建表达式】对话框，修改其值为 3，如图 3－50 所示，单击【确定】按钮 确定 ，系统会退回到【定位】对话框界面，此时仍然单击【确定】按钮 确定 ，即可完成键槽 1 的创建。

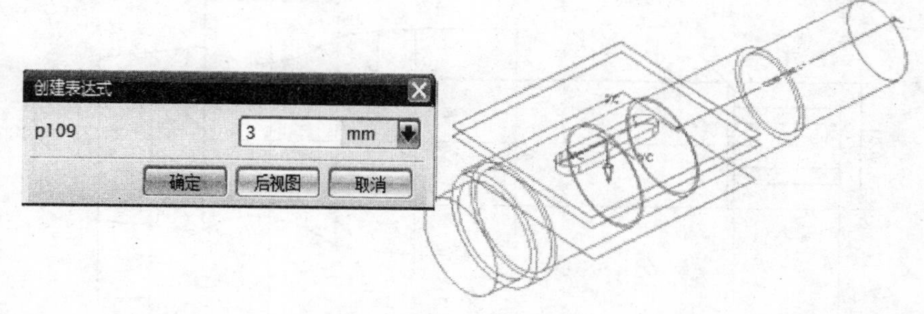

图 3-50　设定参数

2）创建键槽 2

（1）利用相同的方法创建键槽 2。结果如图 3-51 所示。（注意：此时应该选择基准平面 3 作为键槽 2 生成的基础。）

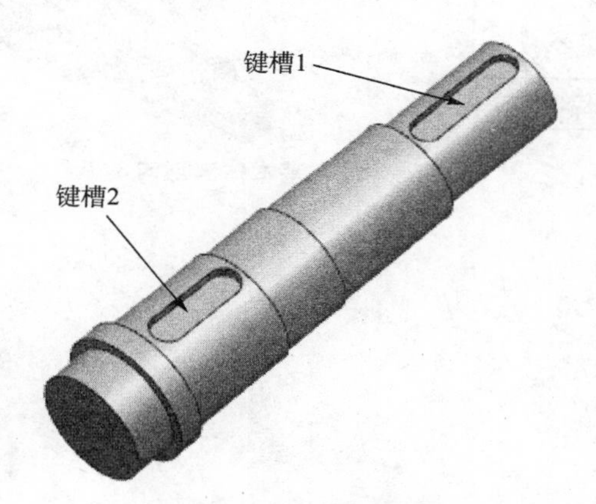

图 3-51　创建键槽 2

7. 保存模型文件

项目 3　课后练习

利用基本体素相关命令，建立如图 3-52 所示的模型。

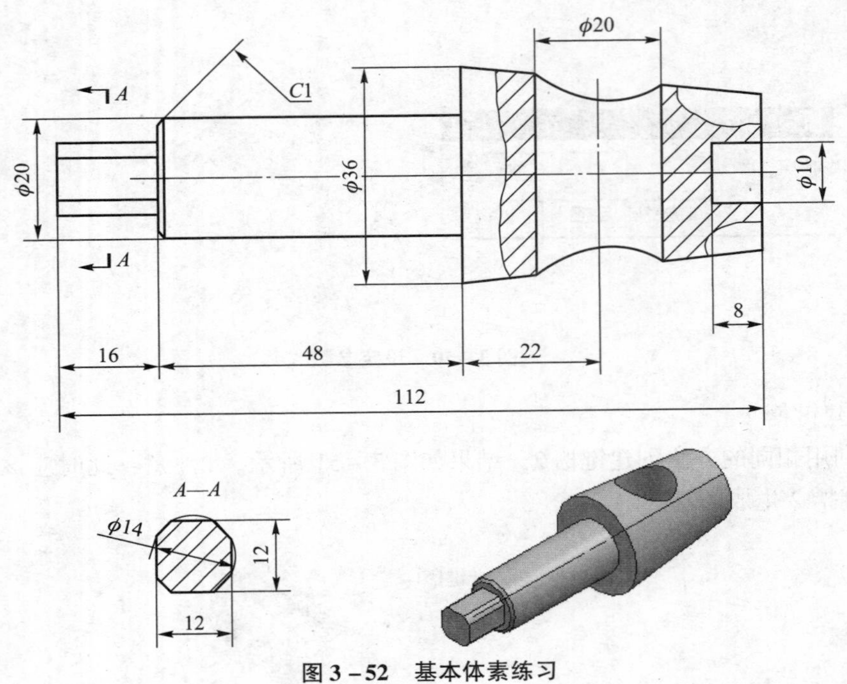

图 3－52　基本体素练习

第四章

实体建模

实体建模是利用 UG NX8.0 中的特征操作命令（如拉伸、旋转、扫掠等）来建立复杂实体模型的一种方法。因为现实模型千变万化，不可能都是规则形状，所以利用基本体素无法完成复杂模型的创建，只能够通过特征操作命令来建模，另外，特征命令还可以实现多个特征一次成型，与基本体素相比，可以提高效率。因此学习了本章后，使学生能够理解并掌握实体建模的基本流程和方法，在此基础上，能独立进行一些复杂模型的创建。

（1）实体建模中的常用命令如表 4－1 所示：

表 4－1　实体建模中常用命令

序号	图标	命令	功能
1	拉伸(E)...	拉伸	通过指定截面，方向和拉伸长度来生产实体
2	回转(R)...	回转	通过指定截面，旋转轴和角度来生产实体
3	扫掠(S)...	扫掠	通过指定截面和引导线来生产实体或曲面
4	沿引导线扫掠(G).	沿引导线扫掠	通过沿引导线扫掠截面来生产实体
5	管道(T)..	管道	通过沿曲线扫掠圆形横截面创建实体

（2）特征命令的调用方法，以插入【拉伸】命令 拉伸(E). 为例：

方法①：单击下拉菜单【插入】—【设计特征】—【拉伸】命令 拉伸(E)...，即可调用；

方法②：单击特征工具条上的【拉伸】命令图标 。

（3）特征命令的运用：

为了使读者能更好地理解实体建模的基本流程和方法，下面将用几个具体的项目来对实体建模的常用命令及建模方法进行说明。

项目1　灯座零件

【任务】

根据如图4－1所示的灯座零件图纸，完成灯座零件的建模。

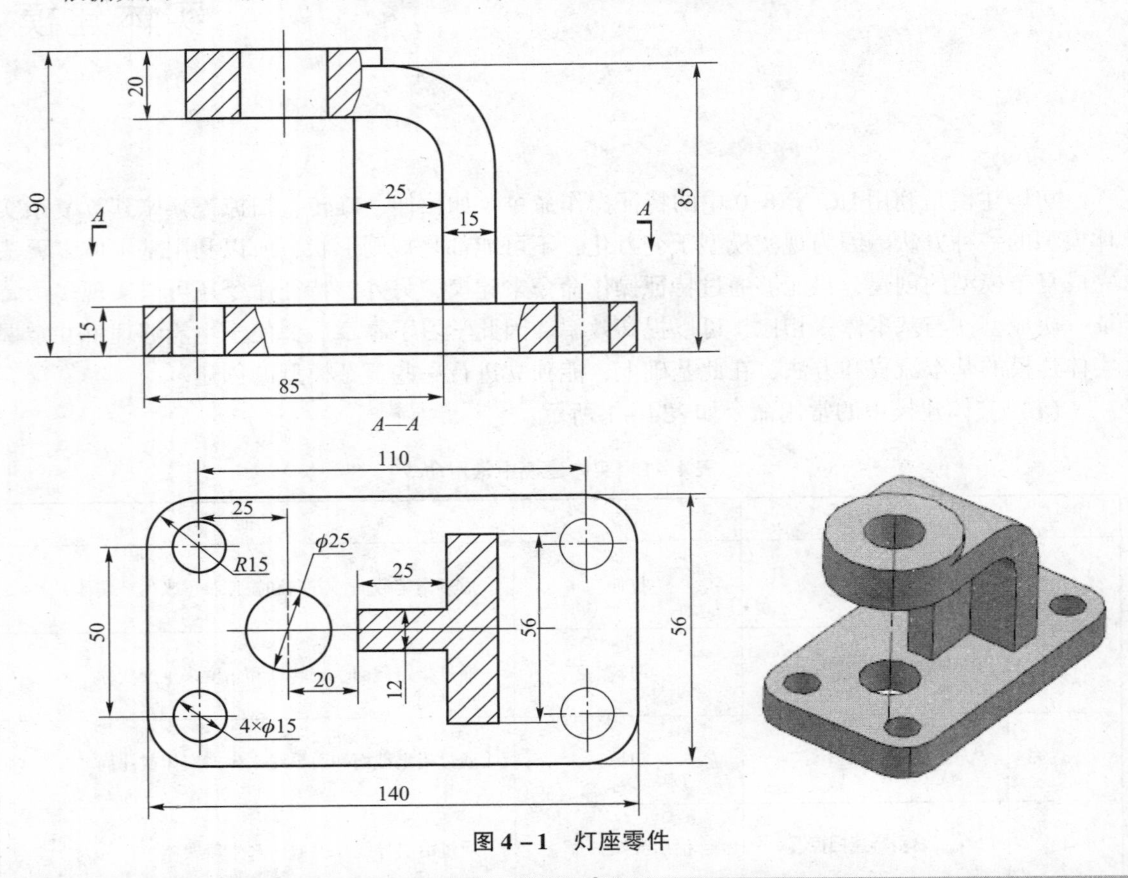

图4－1　灯座零件

相关知识点

1. 进入建模界面
2. 创建草图
3. 拉伸
4. 布尔运算
5. 保存文件

【知识目标】

▼ 掌握进入建模界面的方法
▼ 掌握进入草图界面，绘制草图的方法
▼ 掌握创建拉伸特征的方法

▼ 掌握布尔运算方法
▼ 掌握保存模型文件方法

【能力目标】

▲ 具有合理选择草图平面，进入草图绘制草图的能力。

▲ 具有应用【拉伸】命令 拉伸(E)...，创建拉伸实体的能力。

▲ 具有应用【布尔操作】命令，对所创建的实体进行相加、相减、求交的能力。

▲ 具有应用【保存】命令 保存(S)，或者【另存为】命令 另存为(A)...，对已建好的模型文件进行保存的能力。

【图形分析】

该零件为普通灯座零件，模型和基本体素模型相比，形状比较复杂且不规则，无法直接运用现有的基本体素模型来创建，需要利用特征命令来进行建模，本例中零件特征多是直壁，因此主要应用【拉伸】命令 拉伸(E)... 来进行建模。

参考建模步骤如图 4－2 所示。

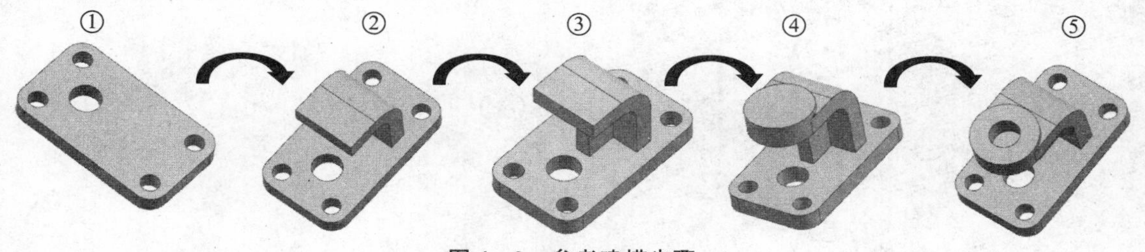

图 4－2　参考建模步骤

详细建模步骤如下所示。

1. 创建底座

1）绘制草图

（1）打开软件，进入建模界面，切换到【角色－具有完整菜单基本功能】，依次单击【插入】—【任务环境中的草图】命令 任务环境中的草图(S)...，弹出如图 4－3 所示的【创建草图】对话框；

（2）直接单击【确定】按钮 确定，进入草图界面；

（3）在草图界面中利用草图命令和约束命令，绘制如图 4－4 所示图形。完成后单击【草图生成器】工具条上的【完成草图】按钮 完成草图，退出草图环境。

2）创建拉伸特征

（1）依次单击【插入】—【设计特征】—【拉伸】命令 拉伸(E)...，弹出如图 4－5 所示的【拉伸】对话框。选择前面第（3）步草绘的曲线为截面曲线，系统会自动在绘图区域生成该曲线的拉伸预览图，如图 4－5 所示；

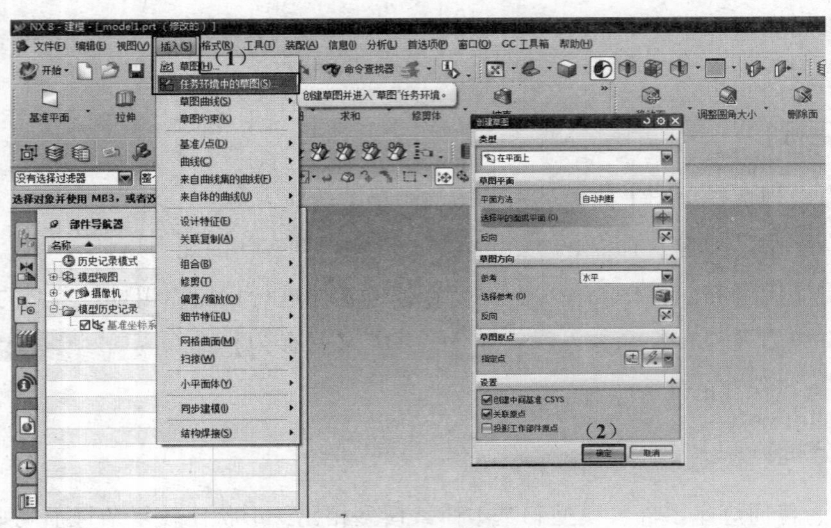

图 4-3　进入草图界面

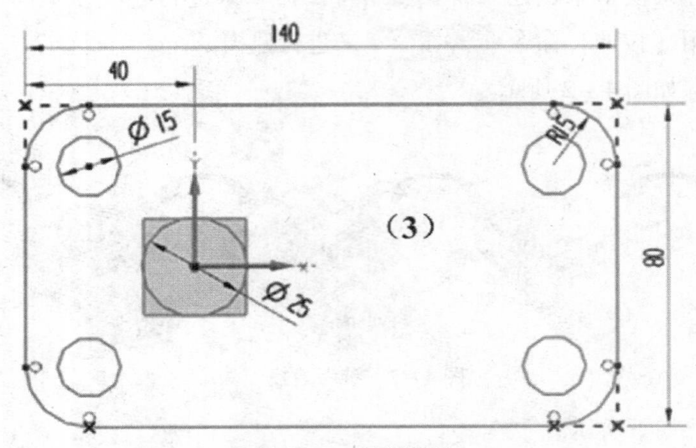

图 4-4　创建草图

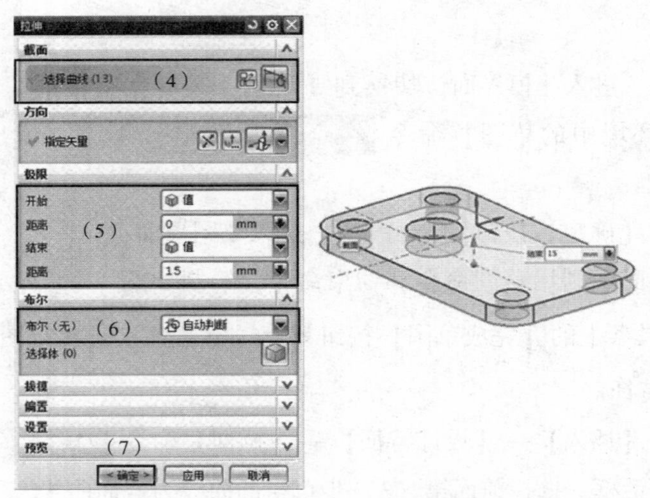

图 4-5　【拉伸】对话框

（2）在【极限】区域中，将【结束距离值】更改为15；

（3）在【布尔】区域中，将布尔运算选项设置为【无】；

（4）单击【确定】按钮 确定 ，完成拉伸特征创建，拉伸结果如图4－6所示。

图4－6　拉伸结果

2. 创建中间支撑部分

1）显示基准坐标系

（1）将鼠标移动到建模界面左侧的【部件导航器】，右键单击【基准坐标系】图标 基准坐标系 (0) ，弹出如图4－7所示的菜单；

（2）在弹出的菜单中利用鼠标左键单击【显示】命令 显示(S) ，此时，基准坐标系会在模型界面中显示出来，便于基准平面的选择，如图4－8所示；

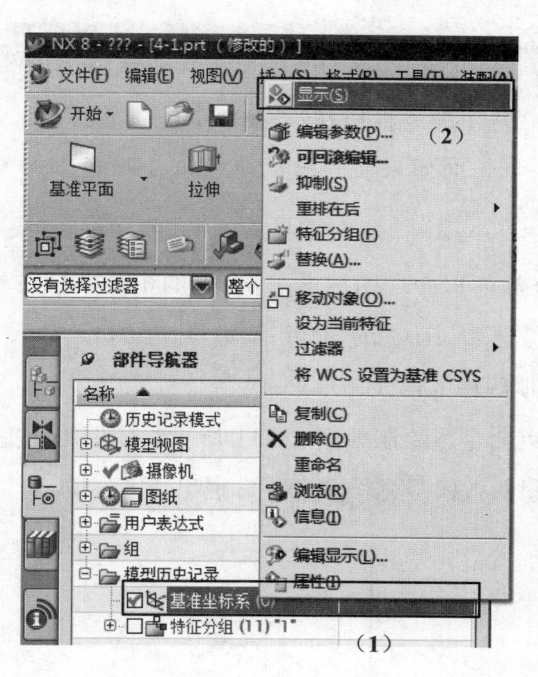

图4－7　显示基准坐标系

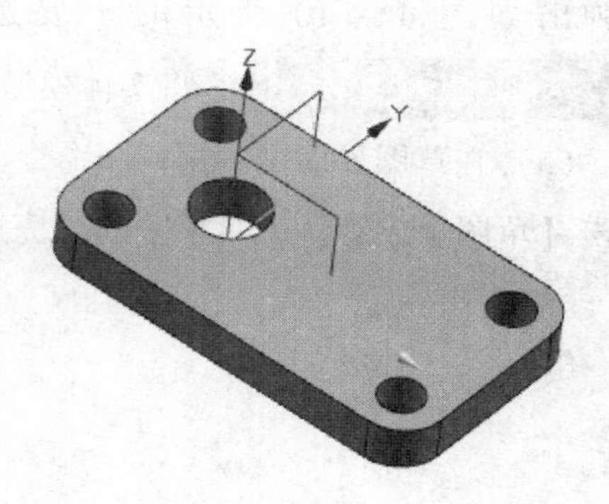

图4－8　坐标系显示

2）绘制草图

（1）依次单击【插入】—【任务环境中的草图】命令 任务环境中的草图(S)... ，弹出如图4－9所示的【创建草图】对话框；

（2）手动用鼠标左键单击选中XZ平面作为草图绘制平面，如图4－9所示；

（3）单击【确定】按钮 确定 ，进入草图绘制界面。

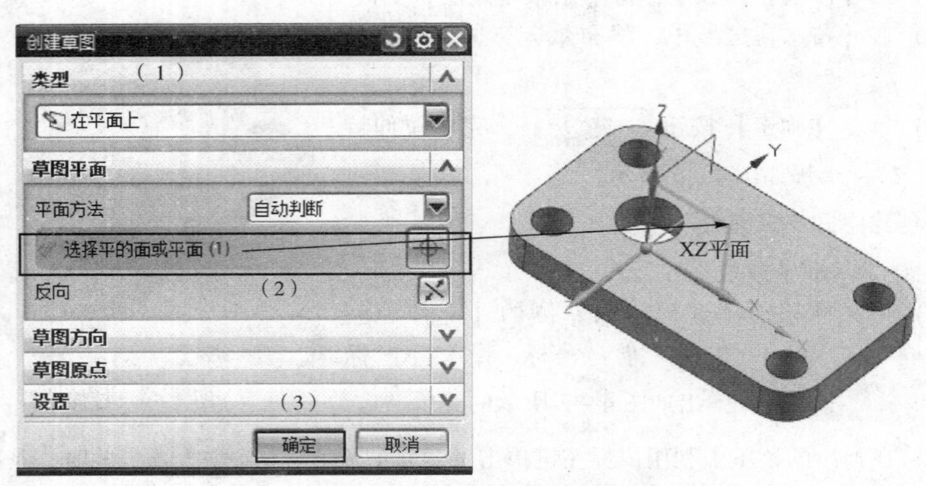

图 4-9 指定 XZ 平面为草图平面

要点提示：在调用草图命令 任务环境中的草图(S)... 的时候，系统会弹出【创建草图】对话框，此时如果直接单击对话框中的【确定】按钮 确定 ，系统将默认以 XY 平面（俯视图平面）作为草图绘制平面，而如果需要在其他平面（如前视图 XZ，或左视图 YZ）上绘制草图时，就必须手动选择。

（4）单击【视图】工具条上的【带边着色】命令图标 右侧的扩展菜单按钮 ，会弹出如图 4-10 所示的扩展选项，选择其中的【带有隐藏边的线框】选项 带有隐藏边的线框(H)，将实体模型以透明线框的形式显示出来。

（5）在草图界面中利用草图命令和约束命令，绘制如图 4-11 所示封闭图形。完成后单击【草图生成器】工具条上的【完成草图】按钮 完成草图，退出草图环境。

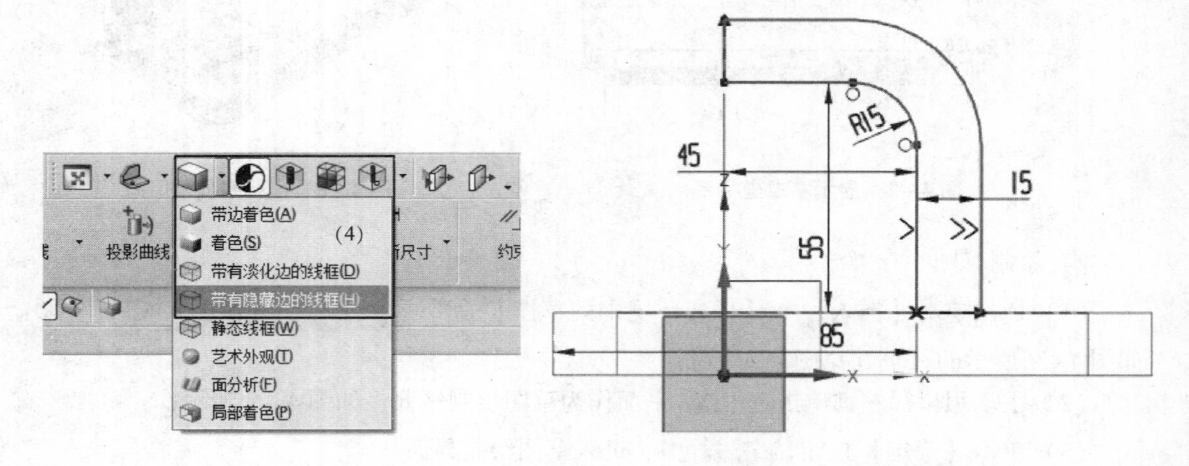

图 4-10 改变视图显示　　图 4-11 绘制草图轮廓

3）创建拉伸特征

（1）依次单击【插入】—【设计特征】—【拉伸】命令 拉伸(E)...，弹出如图4－12所示的【拉伸】对话框。选择上一步在草图中绘制的曲线为截面曲线；

（2）在【极限】区域中，选择【结束】选项为【对称值】；

（3）在【极限】区域中，将【距离值】更改为28；

（4）在【布尔】区域中，将布尔运算选项设置为【求和】，系统将自动选择求和对象；

（5）单击【确定】按钮 确定 ，完成拉伸特征创建，如图4－13所示。

图4－12 【拉伸】对话框

图4－13 对称拉伸结果

3. 创建中间筋板

（1）插入草图，以XZ为草图平面进入草图界面。将【视图】选项更改为【带有隐藏边的线框】选项，在草图界面中利用草图命令和约束命令，绘制如图4－14所示封闭图形。完成后退出草图环境；

（2）依次单击【插入】—【设计特征】—【拉伸】命令 拉伸(E)...，弹出如图4－15所示的【拉伸】对话框，选择如图4－14所示的草绘曲线为截面曲线；

（3）在【极限】区域中，选择【结束】选项为【对称值】，将【距离值】更

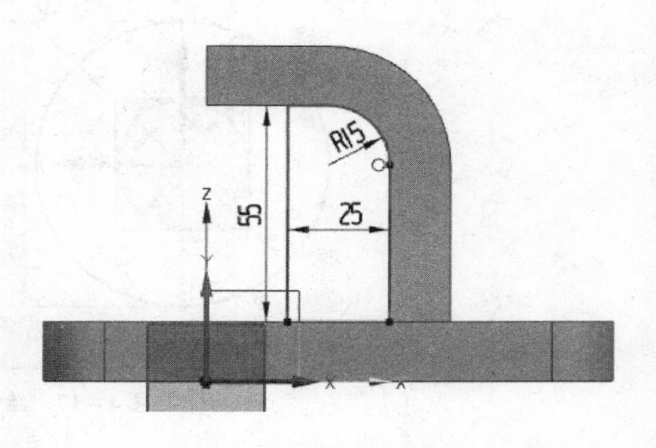

图4－14 筋板草图

改为6；

（4）在【布尔】区域中，将布尔运算选项设置为【求和】，系统将自动选择求和对象；

（5）单击【确定】按钮 确定 ，完成拉伸特征创建，如图4－16所示。

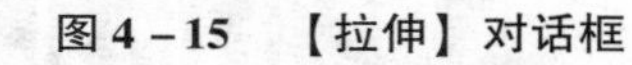
图4－15 【拉伸】对话框

图4－16 对称拉伸结果

4. 创建顶部空心圆柱体

（1）依次单击【插入】—【任务环境中的草图】命令 任务环境中的草图(S)... ，弹出【创建草图】对话框；直接单击【确定】按钮 确定 ，进入草图界面；在草图界面中利用草图命令和约束命令，绘制如图4－17所示图形。完成后退出草图环境；

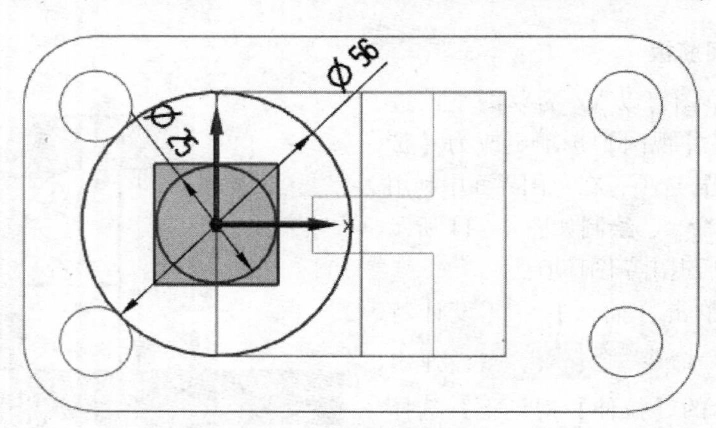

图4－17 绘制大小圆

（2）依次单击【插入】—【设计特征】—【拉伸】命令 拉伸(E)... ，弹出如图4－18所示的【拉伸】对话框，选择如图4－17所示的草绘图形中的大圆 φ56 作为【截面】曲线；

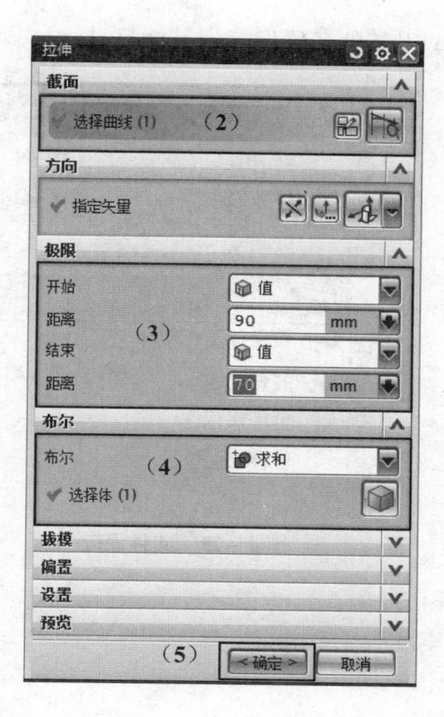

图 4－18　【拉伸】对话框

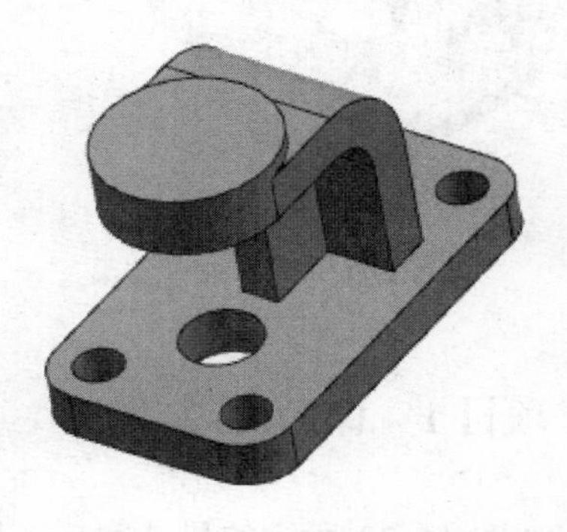

图 4－19　拉伸求和结果

(3) 在【极限】区域中，输入【开始—距离】值为 90，【结束—距离】值为 70；

(4) 在【布尔】区域中，将布尔运算选项设置为【求和】，系统将自动选择求和对象；

(5) 单击【确定】按钮 确定 ，完成拉伸特征创建，如图 4－19 所示。

(6) 再次单击【插入】—【设计特征】—【拉伸】命令

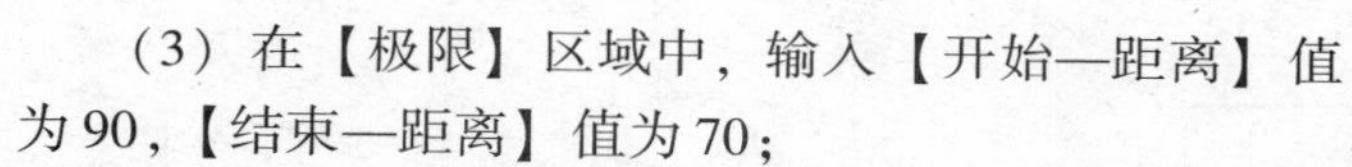

拉伸(E)... ，弹出如图 4－20 所示的【拉伸】对话框，选择如图 4－20 所示的草绘图形中的小圆 φ25 作为【截面】曲线；

(7) 在【极限】区域中，输入【开始—距离】值为 90，【结束—距离】值为 70；

(8) 在【布尔】区域中，将布尔运算选项设置为【求差】，系统将自动选择求差对象；

(9) 单击【确定】按钮 确定 ，完成拉伸特征创建，如图 4－21 所示。

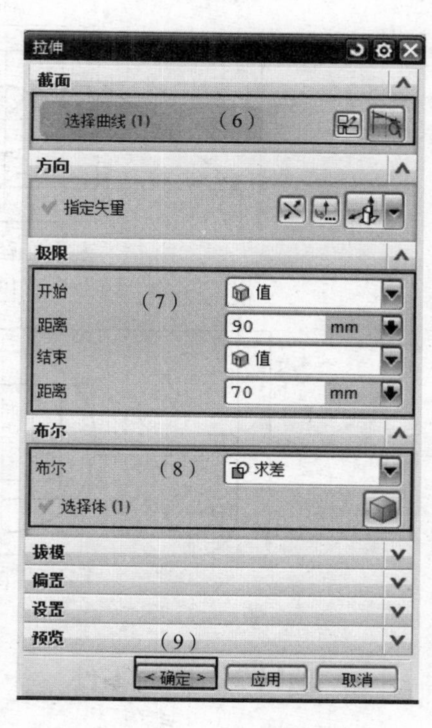

图 4－20　【拉伸】对话框

5. 保存文件

(1) 依次单击下拉菜单【文件】—【保存】命令

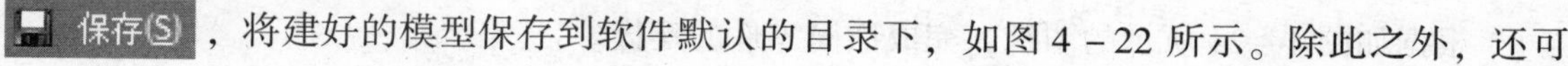

保存(S) ，将建好的模型保存到软件默认的目录下，如图 4－22 所示。除此之外，还可

以选择【另存为】命令 另存为(A)...，将模型以其他名称保存到其他目录。

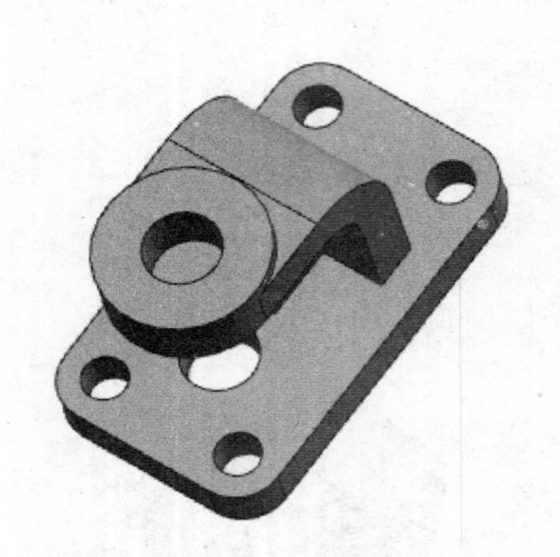

图 4-21　拉伸求差结果

图 4-22　文件保存

项目 1　课后练习

根据如图 4-23 所示的尺寸完成实体建模。

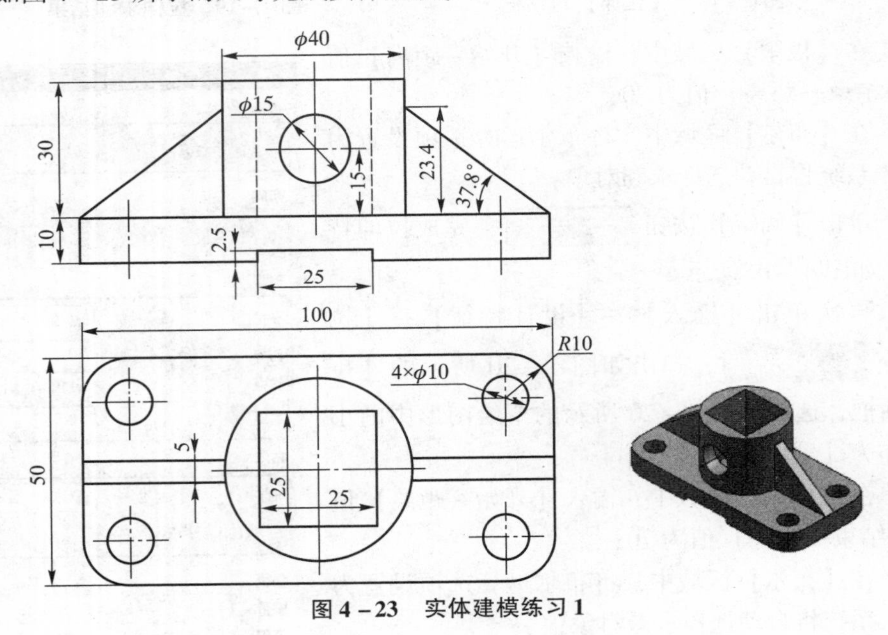

图 4-23　实体建模练习 1

项目 2　话筒零件

【任务】

根据如图 4-24 所示的图纸，完成话筒零件的建模。

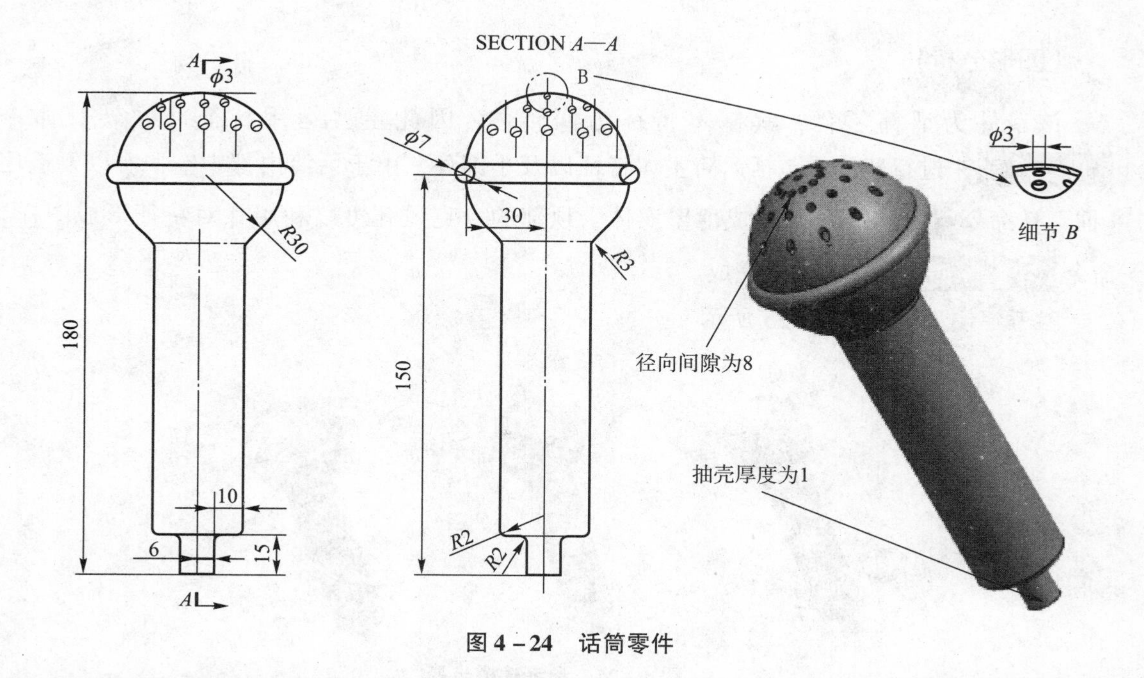

图 4-24　话筒零件

相关知识点

1. 创建草图
2. 回转体
3. 倒圆角
4. 抽壳
5. 拉伸
6. 图样特征

【知识目标】

▼ 掌握进入草图界面，绘制草图的方法

▼ 掌握创建回转体特征的方法

▼ 掌握创建倒圆角特征的方法

▼ 掌握创建拉伸特征的方法

▼ 掌握对特征形成图样的方法

【能力目标】

▲ 具有合理选择草图平面，进入草图绘制草图的能力。

▲ 具有应用【回转】命令 回转(R)...，创建回转实体的能力。

▲ 具有应用【边倒圆】命令 边倒圆(E)...，创建倒圆角的能力。

▲ 具有应用【拉伸】命令 拉伸(E)...，创建拉伸实体的能力。

▲ 具有应用【对特征形成图样】命令 对特征形成图样(A)...，对所创建的实体进行移动、复制的能力。

【图形分析】

该零件为话筒零件，其基本特征为回转体，因此主要运用特征【回转】命令 回转(R)... 来进行建模，包括话筒主体特征以及小圆环，由于话筒内部中空，所以要运用【抽壳】命令 抽壳(H)... 来生成薄壁实体，顶部的麦克风孔可以利用【对特征形成图样】命令 对特征形成图样(A)... 来完成。

参考建模步骤如图 4 - 25 所示。

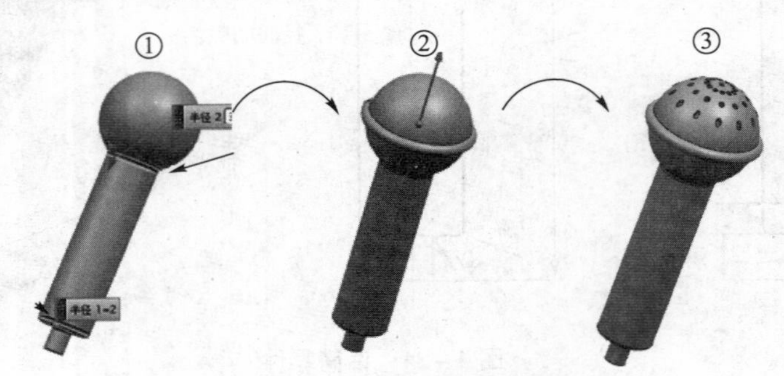

图 4 - 25　参考建模步骤

详细建模步骤如下所示。

1. 创建话筒轮廓

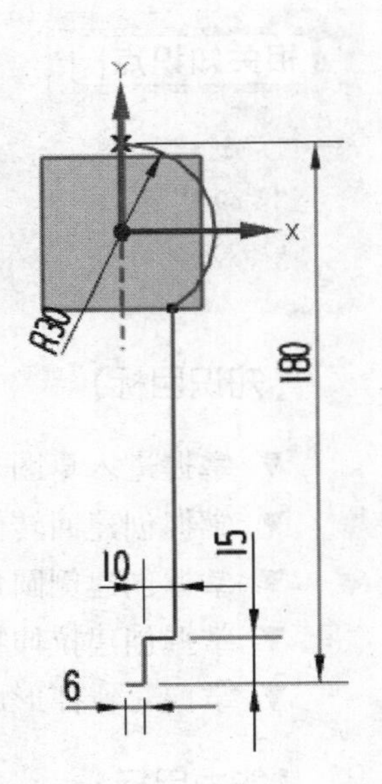

图 4 - 26　话筒轮廓

（1）打开软件，进入建模界面，切换到【角色 - 具有完整菜单基本功能】，将鼠标移动到建模界面左侧的【部件导航器】，右键单击【基准坐标系】图标 基准坐标系 (0)，在弹出的菜单中利用鼠标左键单击【显示】命令 显示(S)，此时，基准坐标系会在模型界面中显示出来，便于基准平面的选择，如图 4 - 26 所示；

（2）插入草图，以 XZ 为草图平面进入草图界面，在草图界面中利用草图命令和约束命令，绘制如图 4 - 26 所示图形，完成后退出草图环境；

（3）依次单击【插入】—【设计特征】—【回转】命令 回转(R)...，弹出如图 4 - 27 所示的【回转】对话框，选择如图 4 - 26 所示的草图曲线为【截面】曲线；

（4）鼠标左键手动点击 Z 轴，作为回转轴线【指定矢量】；

（5）在【极限】栏中输入【开始】值 0，【结束】值 360，选择【布尔】运算为无；

（6）单击【确定】按钮 确定，完成回转体创建。

2. 倒圆角

（1）依次单击【插入】—【细节特征】—【边倒圆】命令 边倒圆(E)...，弹出如图 4 - 28 所示的【边倒圆】对话框，选择话筒底部两条边作为【要倒圆的边】，然后选择【形状】为圆形，输入【半径 1】值为 2；

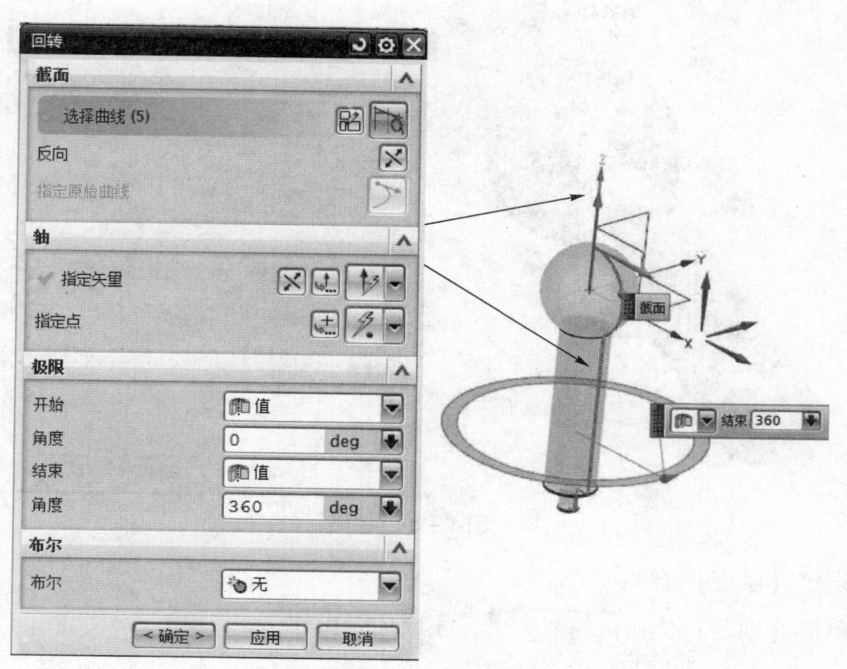

图 4－27　设定回转参数

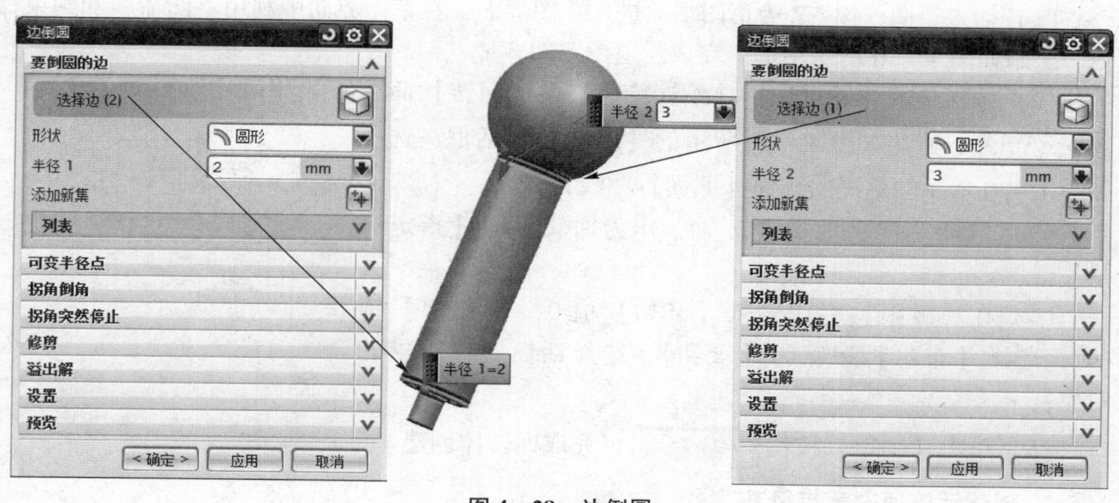

图 4－28　边倒圆

（2）单击【添加新集】按钮，此时【半径 1】变为【半径 2】；

（3）选择话筒颈部 1 条边作为【要倒圆的边】，形状不变，输入【半径 2】值为 3，点击鼠标中键确认；

（4）单击【确定】按钮 确定 ，完成两处倒圆角创建。

3. 抽壳

（1）依次单击【插入】—【偏置/缩放】—【抽壳】命令，弹出如图 4－29 所示的【抽壳】对话框，选择【类型】为【移除面，然后抽壳】选项；

（2）选择话筒底面为【要穿透的面】；

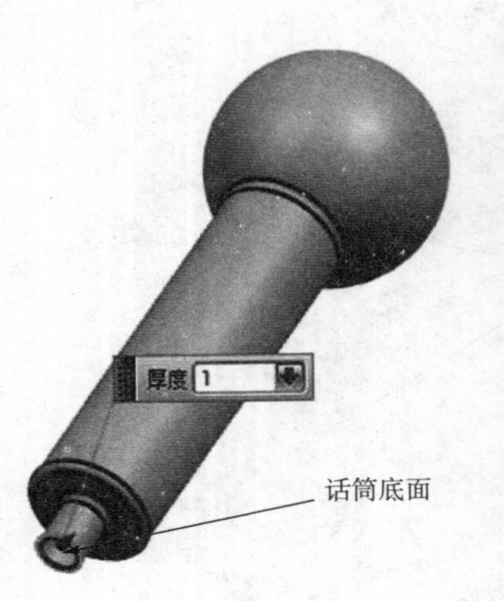

图 4－29　抽壳

（3）设定【厚度】值 1；

（4）单击【确定】按钮 确定 ，完成抽壳操作。

4. 创建回转环

（1）插入草图，以 XZ 为草图平面进入草图界面，在草图界面中利用草图命令和约束命令，绘制如图 4－30 所示图形。完成后退出草图环境；

（2）依次单击【插入】—【设计特征】—【回转】命令 回转(R)，弹出如图 4－31 所示的【回转】对话框，选择如图 4－30 所示的草图曲线为【截面】曲线；

（3）鼠标左键手动点击 Z 轴，作为回转轴线【指定矢量】；

（4）在【极限】栏中输入【开始】值 0，【结束】值 360，选择【布尔】运算为【求和】，选择话筒实体为求和对象；

（5）单击【确定】按钮 确定 ，完成回转体创建。

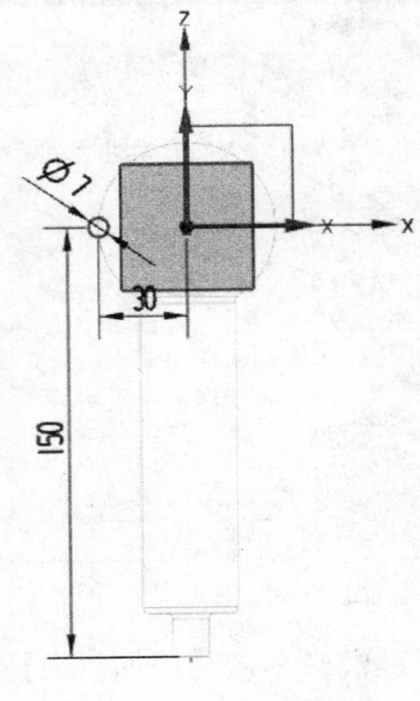

图 4－30　创建圆

5. 创建话筒顶部麦克风孔

（1）依次单击下拉菜单【插入】—【设计特征】—【圆柱体】命令 圆柱体(C)...，弹出如图 4－32 所示的【圆柱】对话框，在【类型】下拉列表中选择【轴、直径和高度】；

（2）利用【轴】区域中的【矢量构造器】 ZC ，将圆柱体的轴的方向设定为【ZC】方向；

（3）在【尺寸】区域中，输入圆柱体的直径和高度分别为 3 和 50；

（4）选择布尔运算为【求差】，以话筒主体为求差对象；

（5）单击【确定】按钮 确定 ，完成中心孔创建，结果如图 4－32 所示。

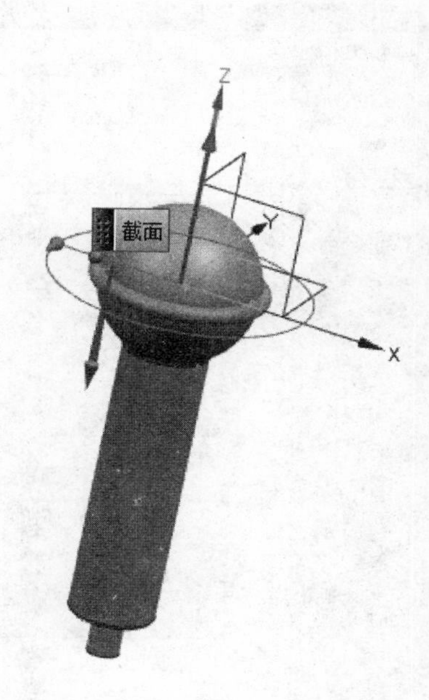

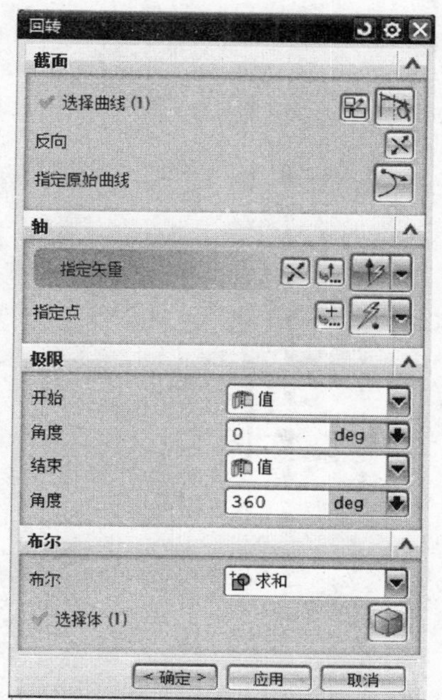

图 4－31　生成圆环

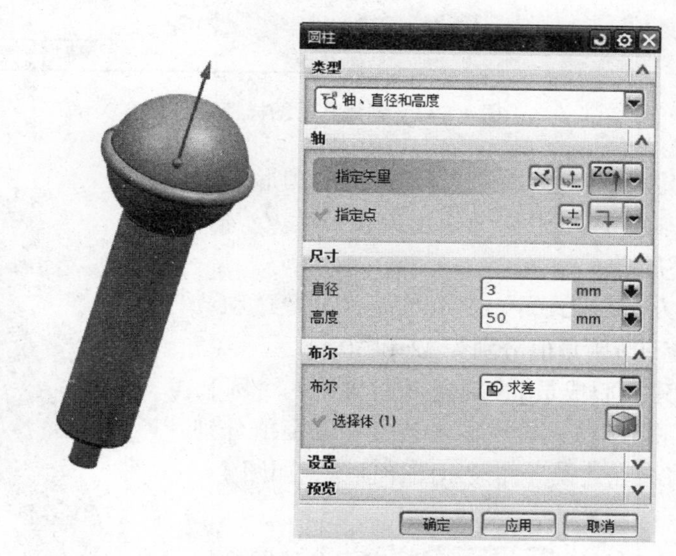

图 4－32　创建中心孔

6. 圆孔的图样特征

（1）依次单击下拉菜单【插入】—【关联复制】—【对特征形成图样】命令 对特征形成图样(A)...，弹出如图 4－33 所示的【对特征形成图样】对话框，选择话筒顶部中心孔特征作为【要形成图样的特征】；

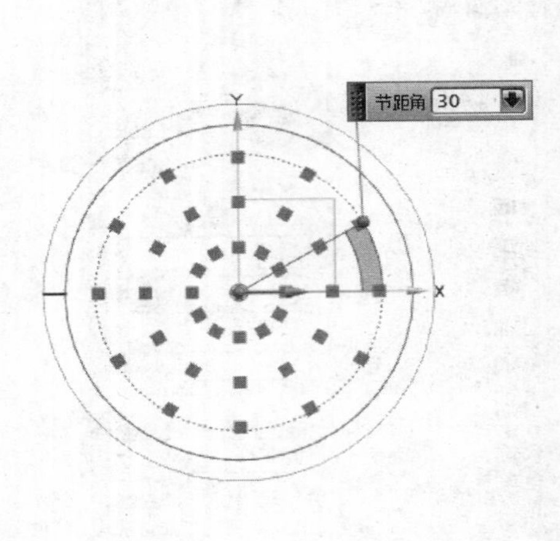

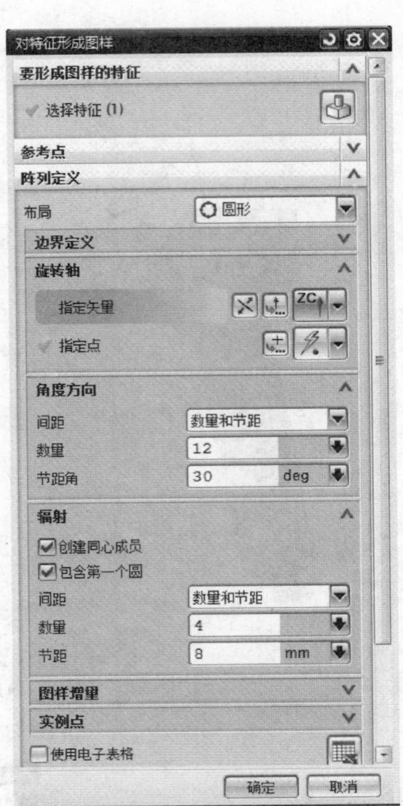

图 4-33　创建孔的图样特征

（2）在【阵列定义】区域中，选择布局为【圆形】；

（3）在【旋转轴】区域中，【指定矢量】为 ZC 轴，【指定点】为坐标系原点；

（4）在【角度方向】区域中，选择间距为【数量和节距】，然后输入数量和节距角值分别为 12 和 30；

（5）勾选【创建同心成员】，勾选【包含第一个圆】，选择间距为【数量和节距】，然后输入数量和节距值分别为 4 和 8。此时，将会在建模界面显示图样预览，如图 4-33 所示；

（6）单击【确定】按钮 确定，完成孔的图样特征创建。最终结果如图 4-34 所示。

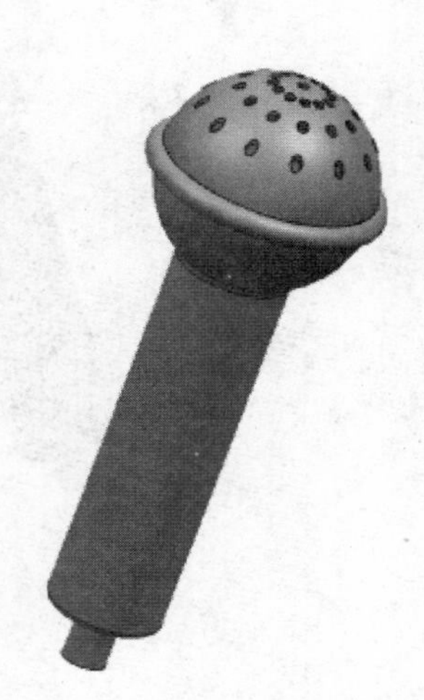

图 4-34　话筒完成图

7. 保存文件

项目 2　课后练习

根据如图 4-35 所示的尺寸完成实体建模。

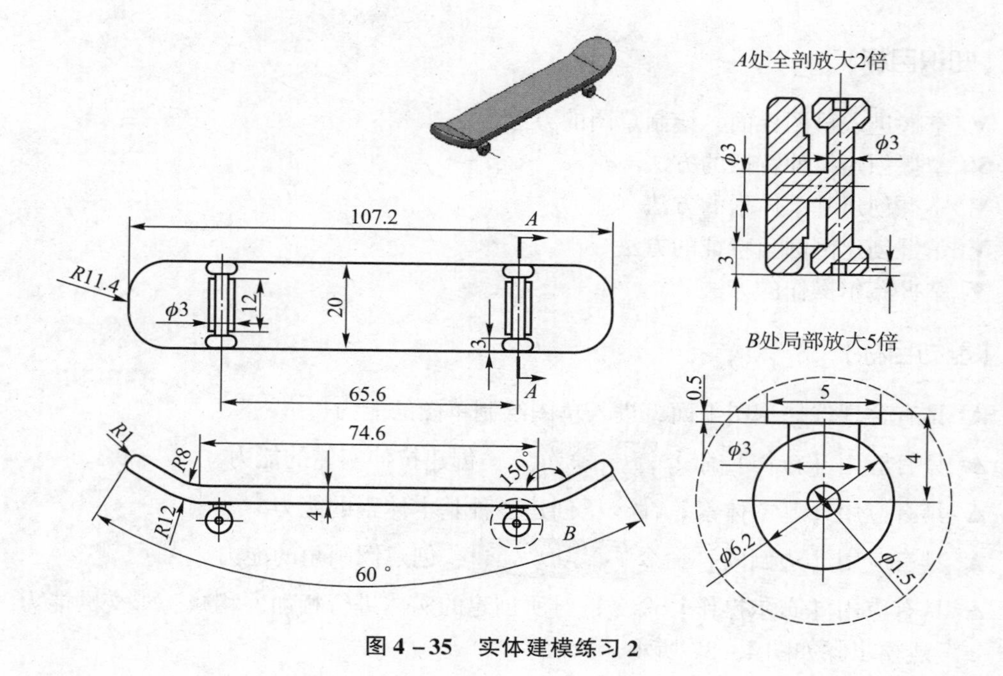

图 4-35　实体建模练习 2

项目 3　箱体零件

【任务】

根据如图 4-36 所示的图纸，完成箱体零件的建模。

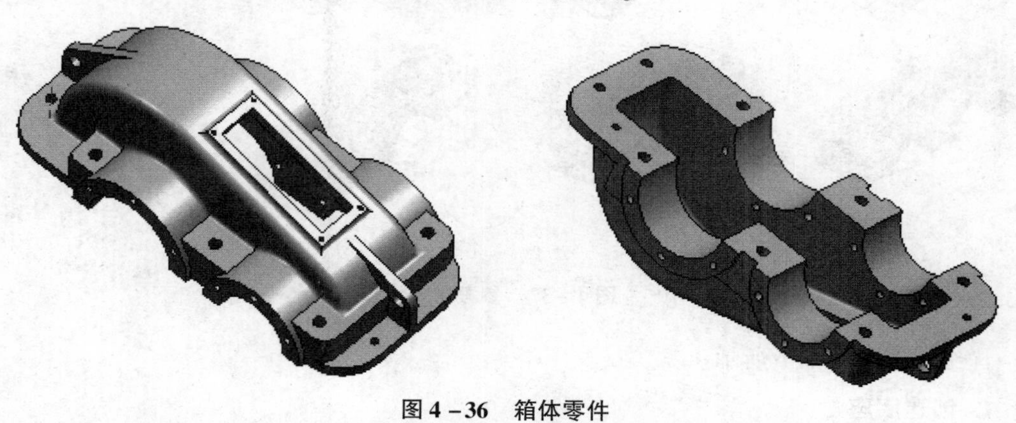

图 4-36　箱体零件

相关知识点

1. 创建草图
2. 拉伸
3. 基本体素
4. 倒圆角
5. 布尔操作

【知识目标】

▼ 掌握进入草图界面，绘制草图的方法
▼ 掌握创建拉伸特征的方法
▼ 掌握创建基本体素的方法
▼ 掌握创建倒圆角特征的方法
▼ 掌握布尔操作的方法

【能力目标】

▲ 具有合理选择草图平面，进入草图绘制草图的能力。
▲ 具有应用【拉伸】命令 拉伸(E)...，创建拉伸实体的能力。
▲ 具有应用【基本体素】命令，创建各种基本体素的能力。
▲ 具有应用【边倒圆】命令 边倒圆(E)...，创建倒圆角的能力。
▲ 具有应用【布尔操作】命令，对所创建的实体进行相加、相减、求交的能力。

参考建模步骤如图 4－37 所示。

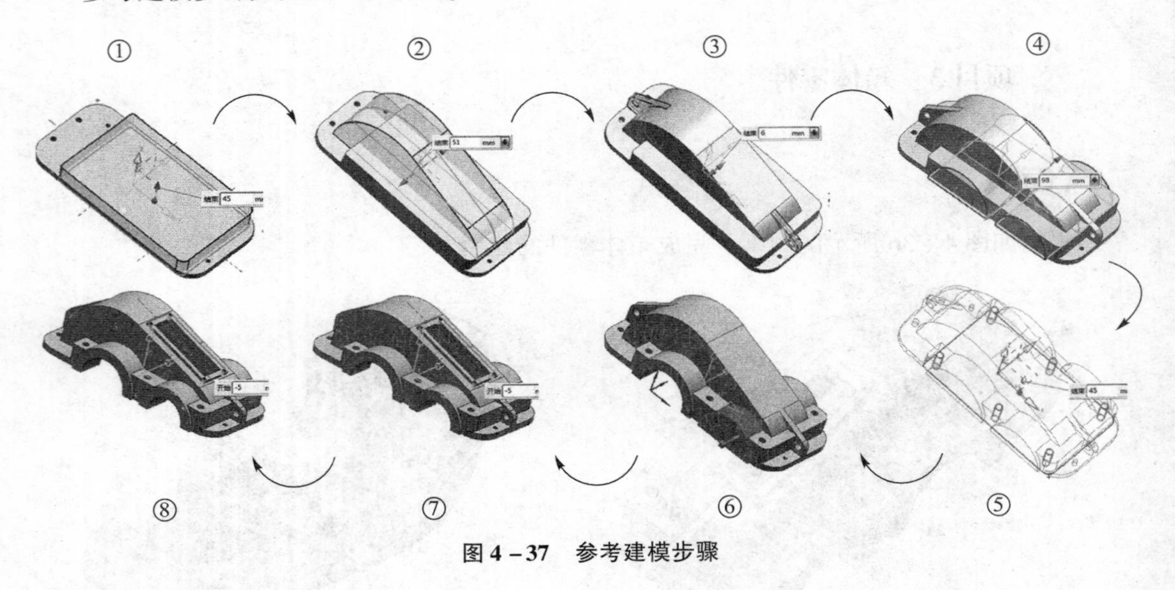

图 4－37　参考建模步骤

详细建模步骤如下所示。

1. 创建底座 1

(1) 新建 Part 文件，单击【插入】—【任务环境中的草图】命令 任务环境中的草图(S)...，弹出如图 4－38 所示的【创建草图】对话框，不改变任何选项，直接单击【确定】按钮 确定，进入草图界面；

(2) 在该草图界面中利用草图绘制命令和约束命令，绘制如图 4－39 所示图形；

(3) 单击【草图生成器】工具条上的【完成草图】图标 完成草图，退出草图环境；

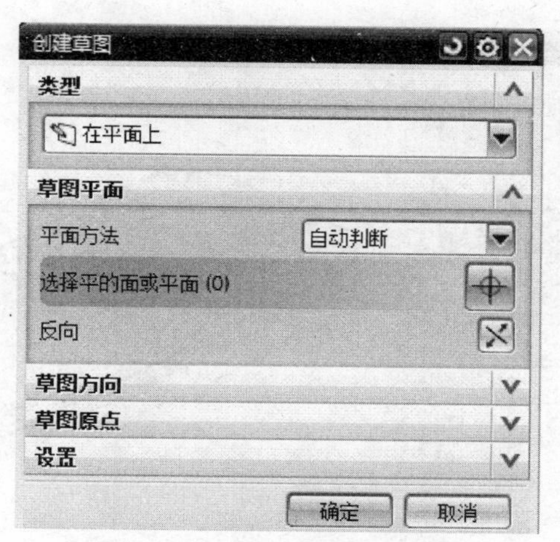

图 4-38 【创建草图】对话框

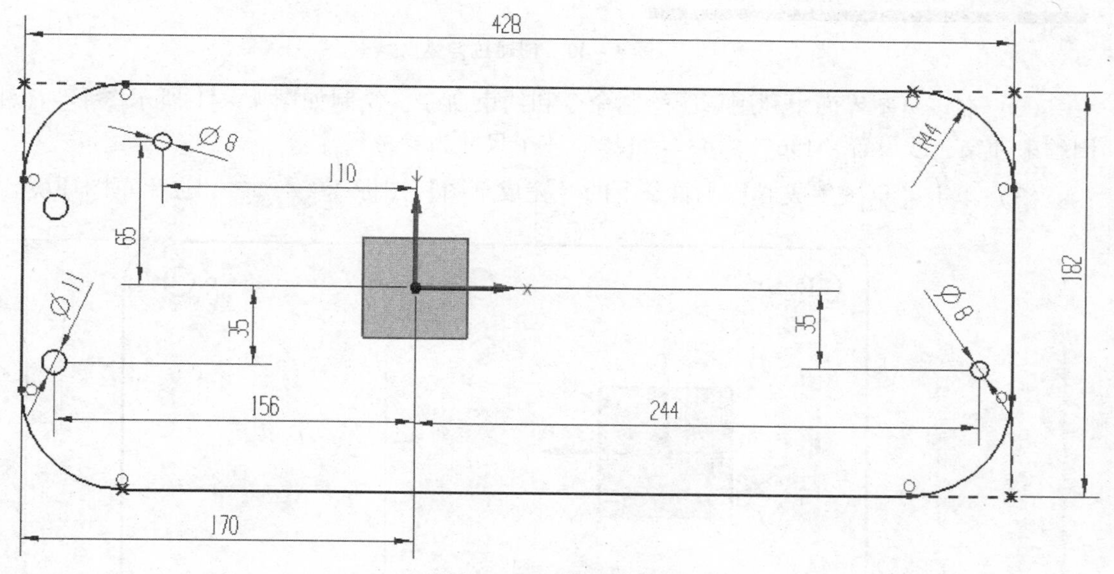

图 4-39 创建草图轮廓

（4）依次单击下拉菜单【插入】—【设计特征】—【拉伸】命令 拉伸(E)...，弹出如图 4-40 所示的【拉伸】对话框，选择刚才草绘的图形作为【截面】曲线；

（5）系统会自动选择与该图形垂直的方向矢量作为草图拉伸的【方向】或者手动选择 ZC 轴为拉伸方向；

（6）修改【拉伸】对话框中【极限】一栏的【结束】距离为 12；

（7）选择【布尔】运算为无；

（8）然后单击【确定】按钮 确定 ，即可完成底座的创建。

2. 创建底座 2

（1）单击【插入】—【任务环境中的草图】命令 任务环境中的草图(S)...，弹出【创建草图】对话框，不改变任何选项，单击【确定】按钮 确定 ，进入草图界面。

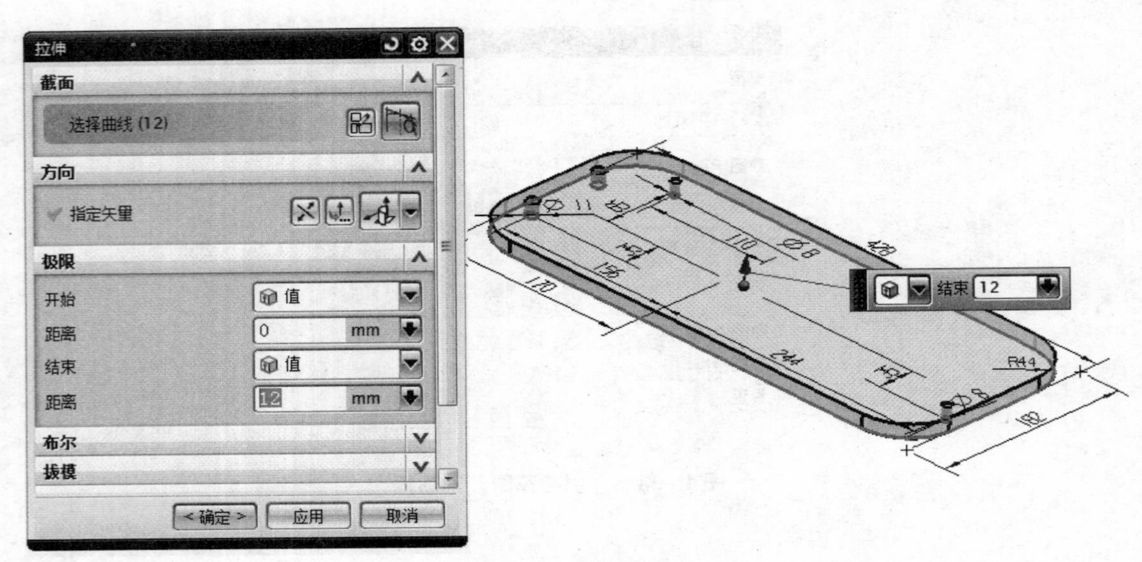

图 4－40　创建拉伸体

（2）在该草图界面中利用草图绘制命令和约束命令，绘制如图 4－41 所示图形。（注：因约束冲突，故设置“146”“148”“128”三个尺寸为参考尺寸。）

（3）单击【草图生成器】工具条上的【完成草图】图标 完成草图，退出草图环境。

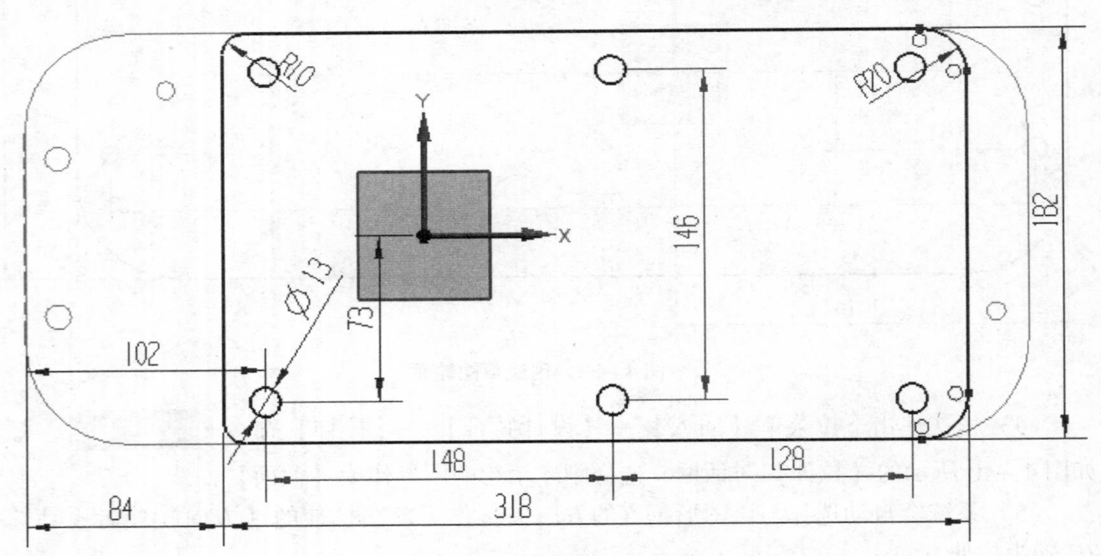

图 4－41　创建草图轮廓

（4）依次单击下拉菜单【插入】—【设计特征】—【拉伸】命令 拉伸(E)...，弹出如图 4－42 所示的【拉伸】对话框，选择刚才草绘的图形的矩形外框作为【截面】曲线；

（5）系统会自动选择与该图形垂直的方向矢量作为草图拉伸的【方向】或者手动选择 ZC 轴为拉伸方向；

（6）修改【拉伸】对话框中【极限】一栏的【结束】距离为45；

（7）选择【布尔】运算为求和，选择之前创建的底座 1 为求和对象；

（8）然后单击【确定】按钮 确定 ，如图 4－42 所示。

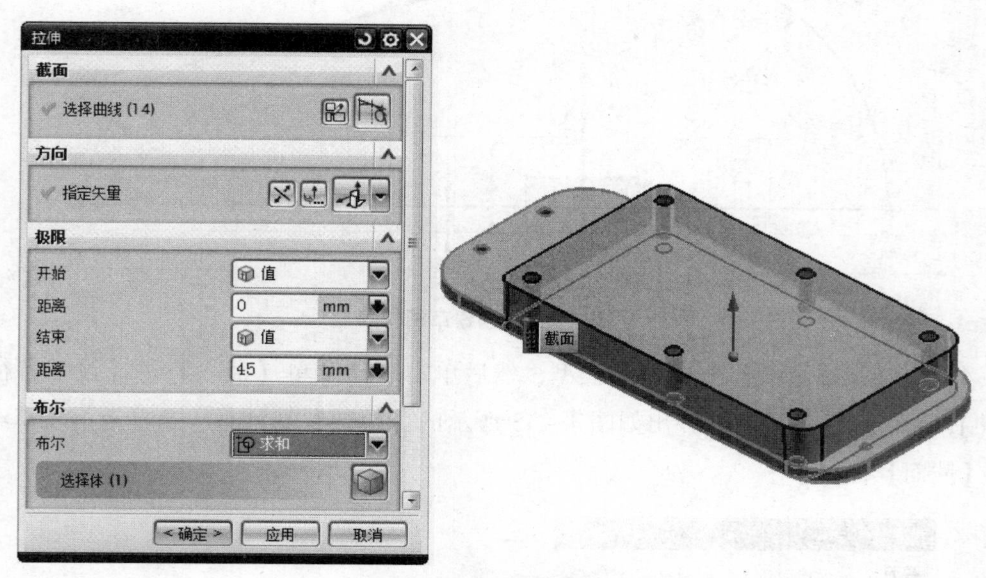

图 4－42　创建拉伸体

3. 创建弧形盖

（1）将基准坐标系显示出来，将模型显示方式由【带边着色】改为【静态线框】，然后单击【插入】—【任务环境中的草图】命令 任务环境中的草图(S)...，弹出如图 4－43 所示的【创建草图】对话框，用鼠标手动选择 XZ 平面为【草图平面】，单击【确定】按钮 确定 ，进入草图界面；

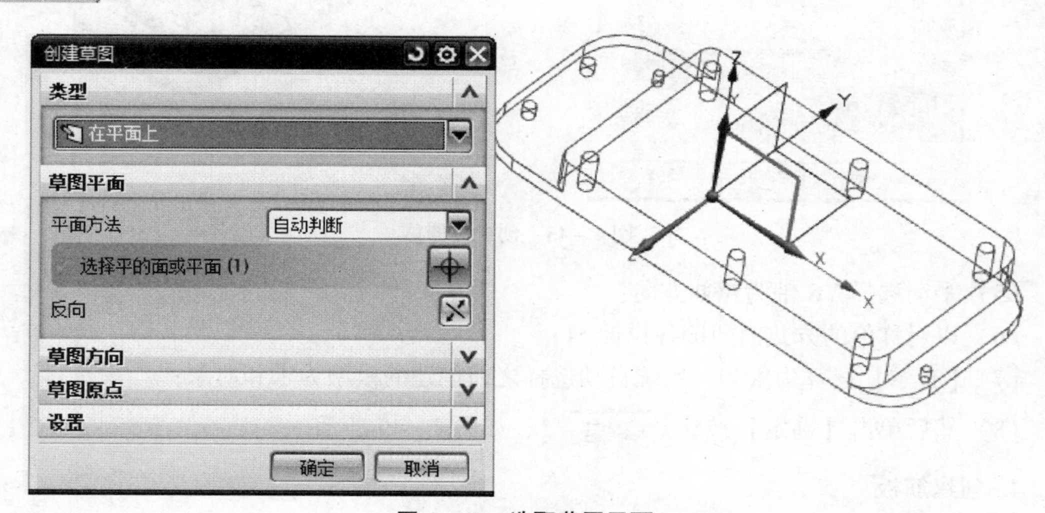

图 4－43　选取草图平面

（2）在该草图界面中利用草图绘制命令和约束命令，绘制如图 4－44 所示图形；

（3）单击【草图生成器】工具条上的【完成草图】图标 完成草图 ，退出草图环境；

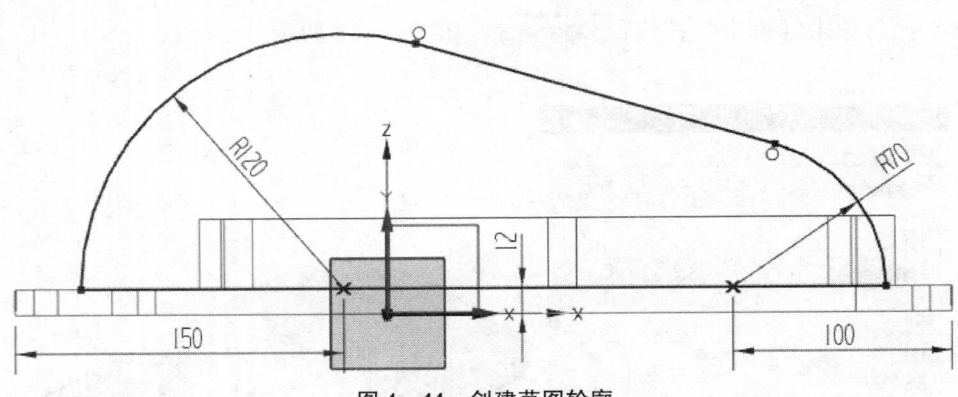

图 4-44 创建草图轮廓

(4) 以【带边着色】方式显示模型，然后单击下拉菜单【插入】—【设计特征】—【拉伸】命令 拉伸(E)...，弹出如图 4-45 所示的【拉伸】对话框，选择上一步草绘图形作为【截面】曲线；

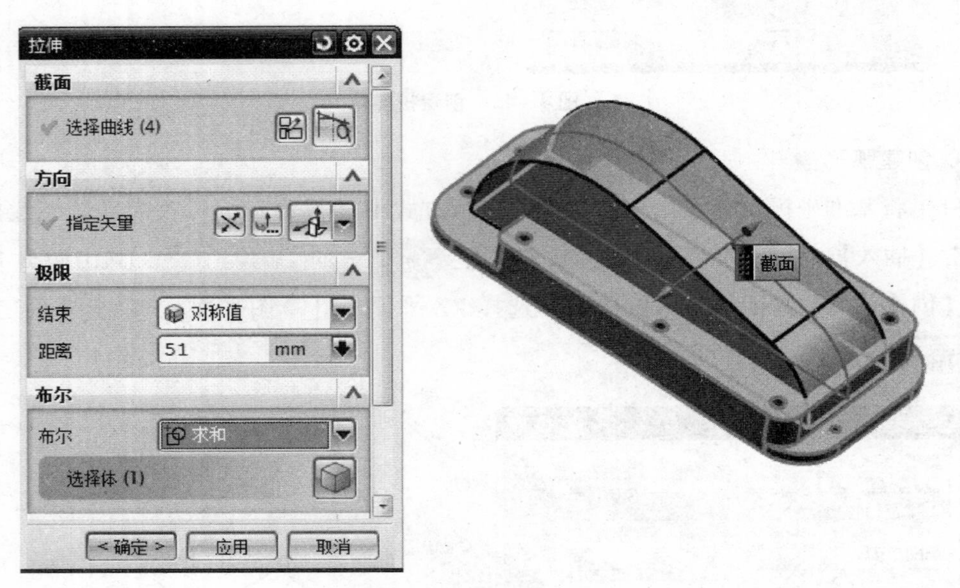

图 4-45 创建拉伸体

(5) 手动选择 YC 轴为拉伸方向；

(6) 以对称值的方式向两侧各拉伸 51；

(7)【布尔】运算为求和，系统自动选择之前创建的模型为求和对象；

(8) 然后单击【确定】按钮 确定，如图 4-45 所示。

4. 创建筋板

(1) 以【静态线框】方式显示模型，然后单击【插入】—【任务环境中的草图】命令 任务环境中的草图(S)...，弹出【创建草图】对话框，用鼠标手动选择 XZ 平面为【草图平面】，单击【确定】按钮 确定，进入草图界面；

（2）在该草图界面中利用草图绘制命令和约束命令，绘制如图 4－46 所示图形；

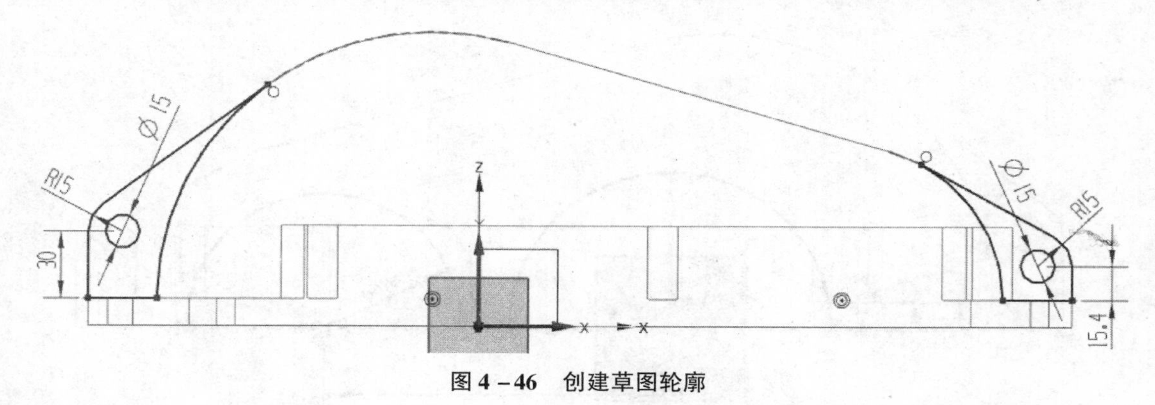

图 4－46　创建草图轮廓

（3）单击【草图生成器】工具条上的【完成草图】图标 完成草图，退出草图环境；

（4）依次单击下拉菜单【插入】—【设计特征】—【拉伸】命令 拉伸(E)...，弹出如图 4－47 所示的【拉伸】对话框，选择上一步的草绘图形作为【截面】曲线；

（5）手动选择 YC 轴为拉伸方向；

（6）以对称值的方式向两侧各拉伸 6；

（7）【布尔】运算为求和，系统自动选择之前创建的模型为求和对象；

（8）然后单击【确定】按钮 确定，如图 4－47 所示。

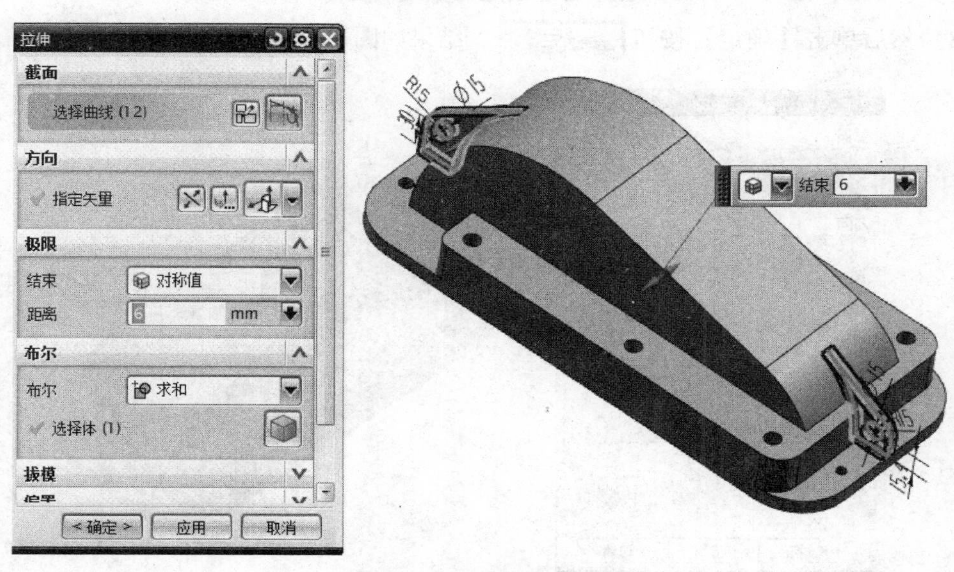

图 4－47　创建拉伸体

5. 创建实心半圆柱

（1）单击【插入】—【任务环境中的草图】命令 任务环境中的草图(S)...，弹出【创建草图】对话框，用鼠标手动选择 XZ 平面为【草图平面】，选择 XC 轴为【草图方位】参考，单击【确定】按钮 确定，进入草图界面；

（2）在该草图界面中利用草图绘制命令和约束命令，绘制如图 4－48 所示图形；

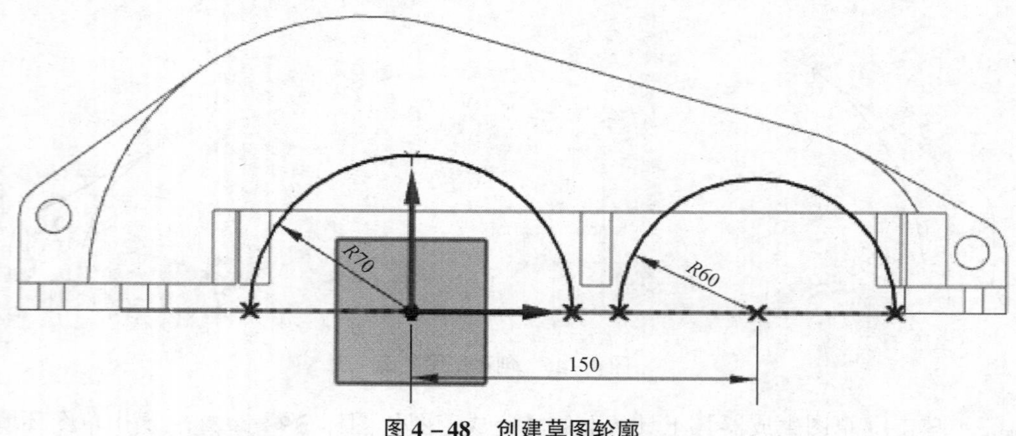

图 4－48　创建草图轮廓

（3）单击【草图生成器】工具条上的【完成草图】图标 完成草图，退出草图环境；

（4）依次单击下拉菜单【插入】—【设计特征】—【拉伸】命令 拉伸(E)...，弹出如图 4－49 所示的【拉伸】对话框，选择上一步的草绘图形作为【截面】曲线；

（5）手动选择 YC 轴为拉伸方向；

（6）以对称值的方式向两侧各拉伸 98；

（7）【布尔】运算为求和，选择之前创建的所有模型为求和对象；

（8）然后单击【确定】按钮 确定，结果如图 4－49 所示。

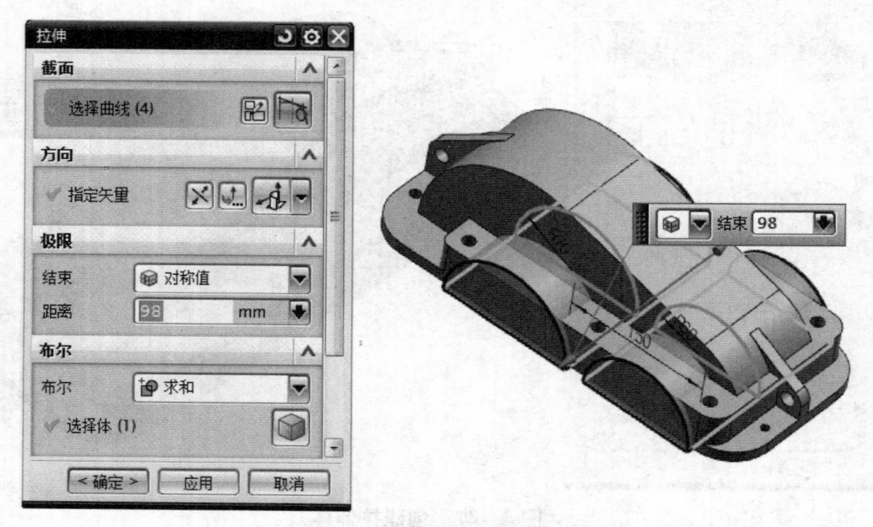

图 4－49　创建拉伸体

6. 创建通孔

1）创建 6 个螺纹孔

（1）依次单击下拉菜单【插入】—【设计特征】—【拉伸】命令 拉伸(E)...，弹出如图 4－50 所示的【拉伸】对话框，更改【曲线规则】为【单条曲线】，然后选择第 2 步中草绘图形的6个小圆作为【截面】曲线；

（2）系统会自动选择与该图形垂直的方向矢量作为草图拉伸的【方向】或者手动选择ZC轴为拉伸方向；

（3）修改【拉伸】对话框中【极限】一栏的【结束】距离为45；

（4）【布尔】运算为【求差】，系统自动选择之前创建的模型为求差对象；

（5）然后单击【确定】按钮 确定 ，即可完成创建，如图4－50所示。

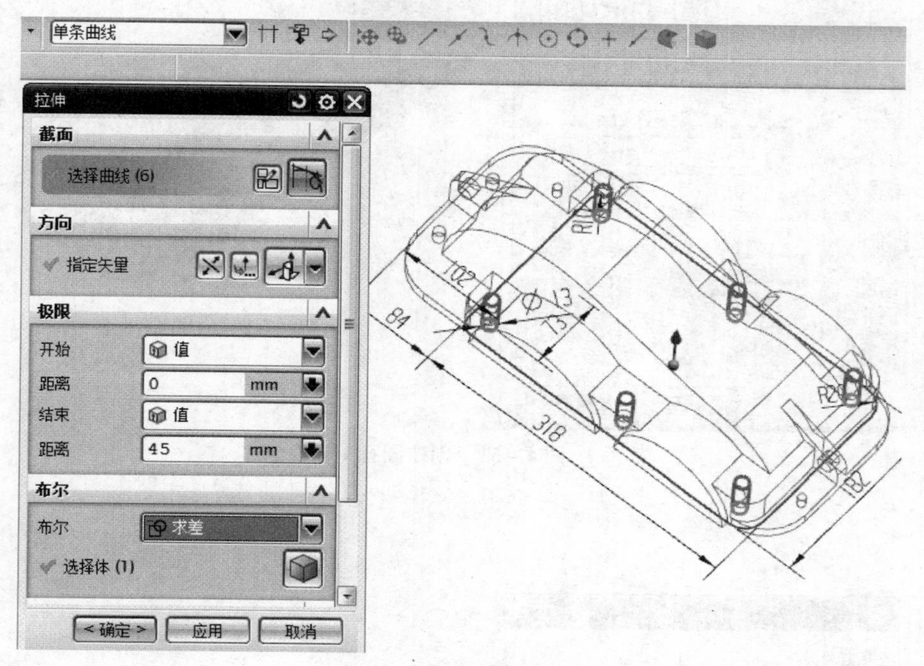

图4－50 创建孔

2）创建侧面空心圆孔

（1）依次单击下拉菜单【插入】—【设计特征】—【圆柱体】命令 圆柱体(C)... ，弹出如图4－51所示的【圆柱】对话框。在【类型】下拉列表中选择【轴、直径和高度】；

（2）单击如图所示的圆柱面，系统将自动以该圆柱面的中心轴作为新圆柱的轴的方向，单击圆心点作为新圆柱生成的起点，如图4－51所示；

（3）在【尺寸】区域中，输入圆柱体的【直径】和【高度】分别为100和200；

（4）布尔运算选择为【求差】，系统自动选择之前创建的所有模型为求差对象；

（5）单击【确定】按钮 确定 ，完成创建；

（6）用同样的方法创建另一侧的空心圆孔，【直径】和【高度】分别为80和200，如图4－52所示。

7. 创建中间空心部分

（1）单击【插入】—【任务环境中的草图】命令 任务环境中的草图(S)... ，弹出【创建草图】对话框，用鼠标手动选择XZ平面为【草图平面】，选择XC轴为【草图方位】参考，如图4－53所示，单击【确定】按钮 确定 ，进入草图界面；

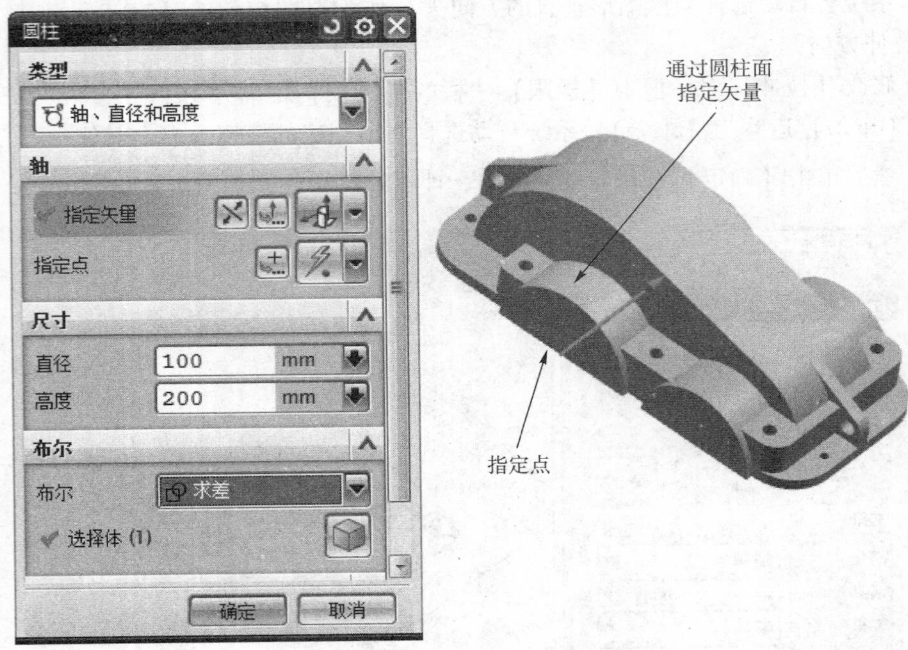

图 4－51　创建圆孔 1

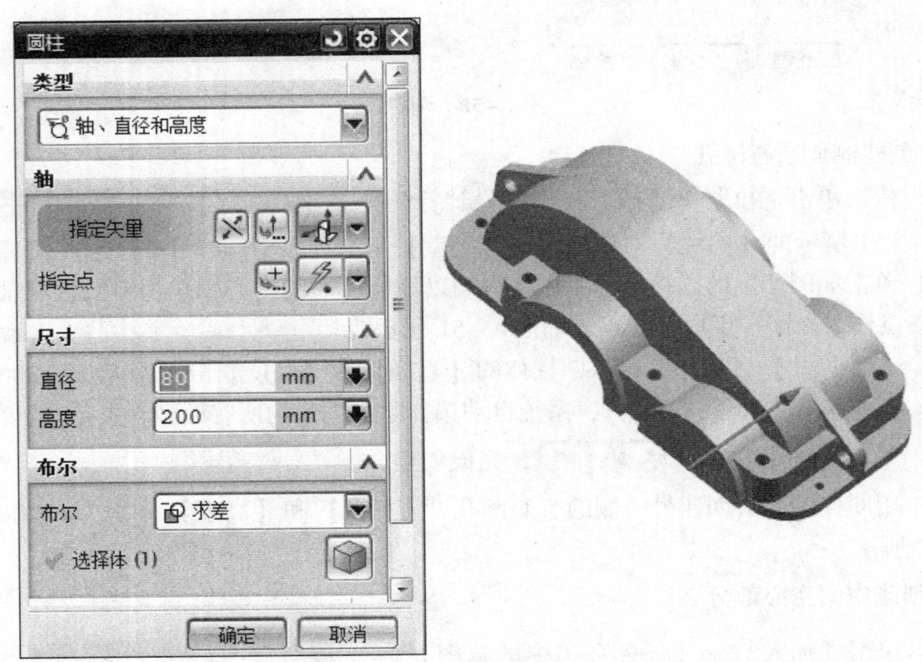

图 4－52　创建圆孔 2

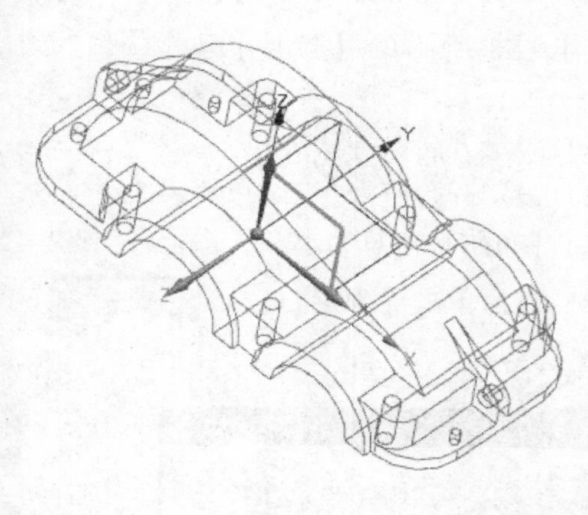

图 4－53　选择草图平面

（2）在该草图界面中利用草图绘制命令和【约束】命令，绘制如图 4－54 所示图形；

（3）单击【草图生成器】工具条上的【完成草图】图标 完成草图，退出草图环境；

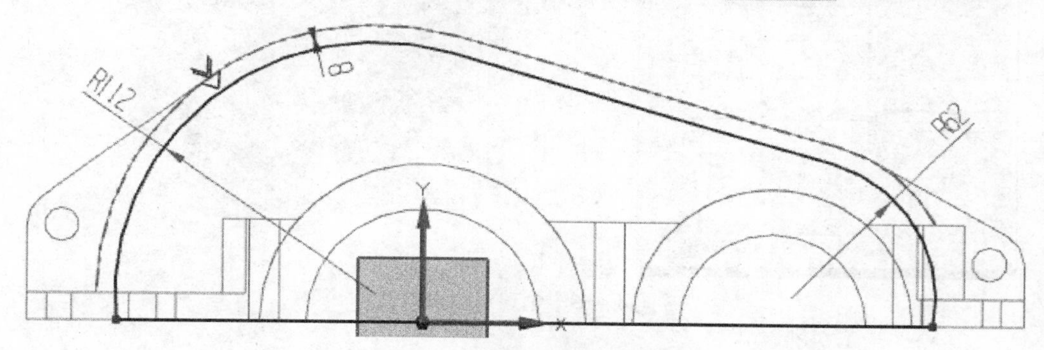

图 4－54　创建草图轮廓

（4）依次单击下拉菜单【插入】—【设计特征】—【拉伸】命令 拉伸(E)...，弹出如图 4－55 所示的【拉伸】对话框，选择上一步的草绘图形为【截面】曲线；

（5）手动选择 YC 轴为拉伸方向；

（6）以对称值的方式向两侧各拉伸 43；

（7）【布尔】运算为求差，系统自动选择之前创建的模型为求差对象；

（8）然后单击【确定】按钮 确定，如图 4－55 所示。

8. 创建观察孔

（1）单击【插入】—【任务环境中的草图】命令 任务环境中的草图(S)...，弹出如图 4－56 所示的【创建草图】对话框，选取弧形拱的斜平面为【草图平面】，如图 4－56 所示，单击【确定】按钮 确定，进入草图界面；

（2）在该草图界面中利用草图绘制命令和约束命令，绘制如图 4－57 所示图形；

（3）单击【草图生成器】工具条上的【完成草图】图标 完成草图，退出草图环境；

(4) 依次单击下拉菜单【插入】—【设计特征】—【拉伸】命令 拉伸(E)...，弹出如图4－58所示的【拉伸】对话框，选择上一步草绘图形的矩形外框作为【截面】曲线；

(5) 矢量方向保持默认；

(6) 设定开始值为0，结束值为5；

(7)【布尔】运算为求和，系统自动选择之前创建的模型为求和对象；

(8) 然后单击【确定】按钮 确定 ，如图4－58所示；

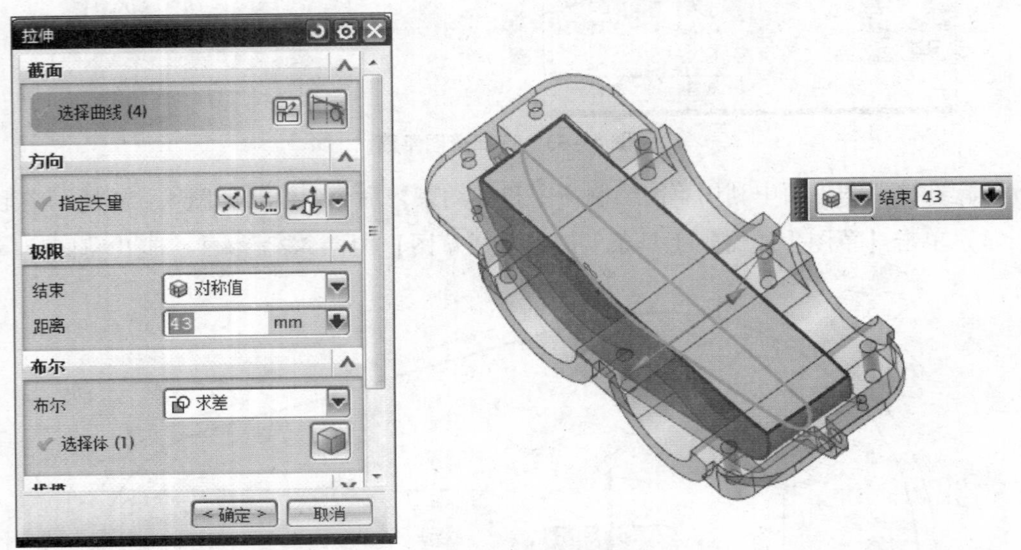

图4－55 创建对称拉伸体

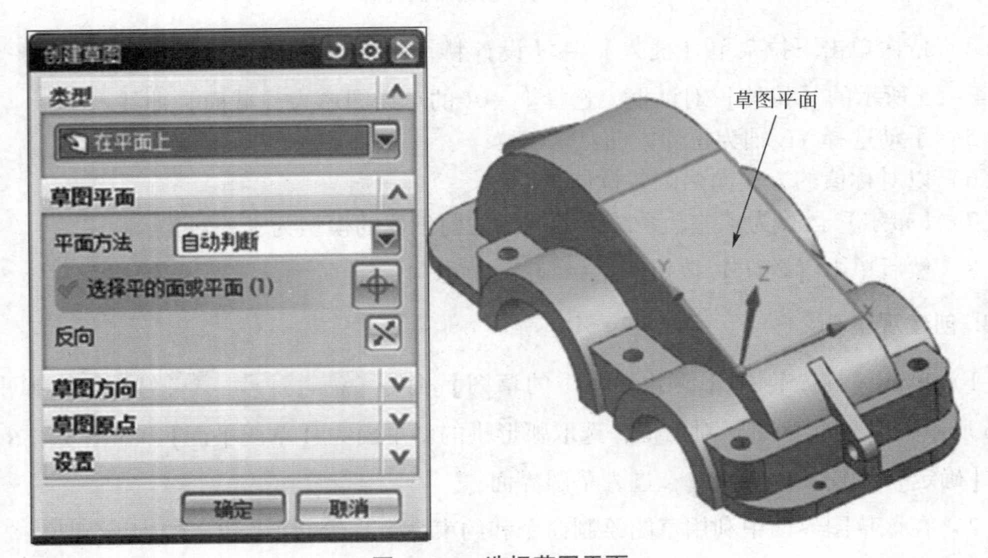

图4－56 选择草图平面

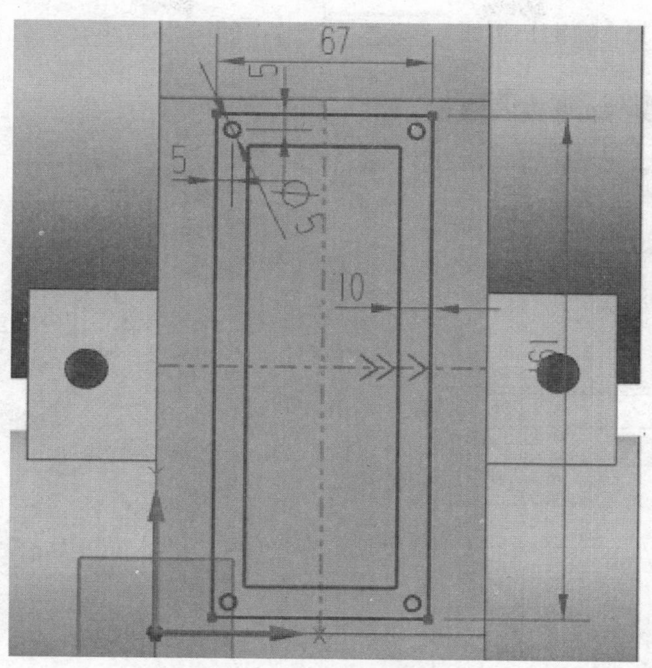

图 4－57　创建草图轮廓

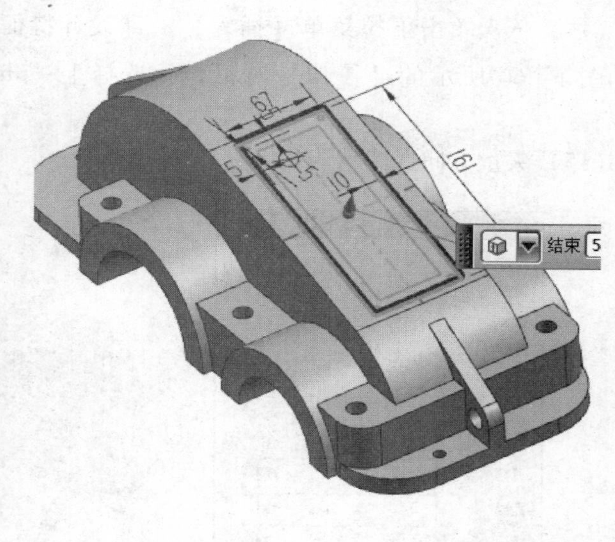

图 4－58　创建拉伸体

(9) 再次单击下拉菜单【插入】—【设计特征】—【拉伸】命令 拉伸(E)... ，弹出如图 4－59 所示的【拉伸】对话框，选择上一步草绘图形的矩形内框作为【截面】曲线；

(10) 矢量方向保持默认；

(11) 设定开始值为 -8，结束值为 5；

(12)【布尔】运算为求差，系统自动选择之前创建的模型为求差对象；

（13）然后单击【确定】按钮 确定 ，如图 4－59 所示；

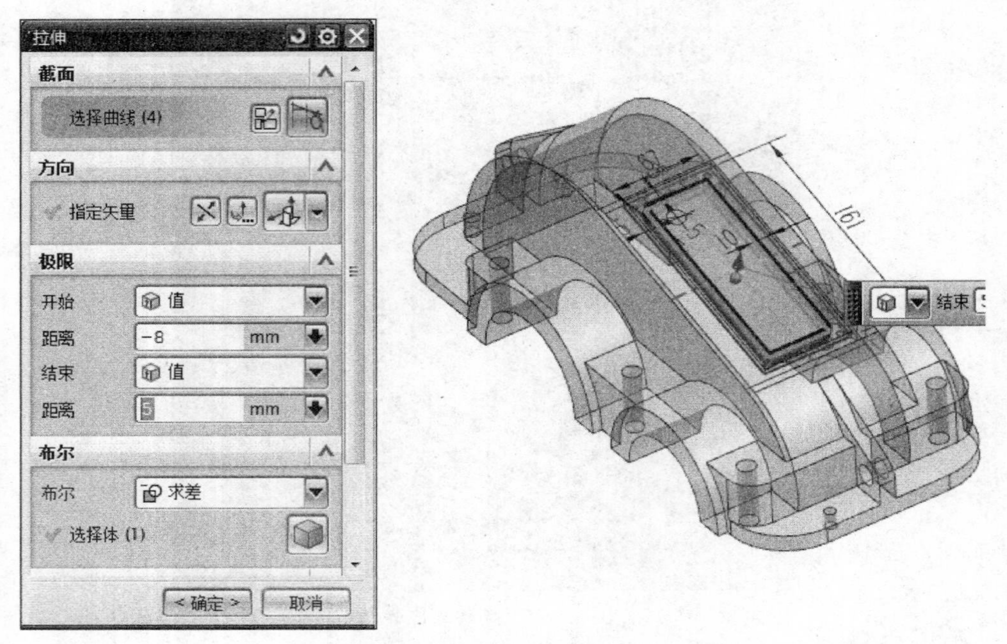

图 4－59　创建拉伸孔

（14）依次单击下拉菜单【插入】—【设计特征】—【拉伸】命令 拉伸(E)... ，弹出如图 4－60 所示的【拉伸】对话框，选择上一步草绘图形的 4 个小圆作为【截面】曲线；

（15）矢量方向保持默认；

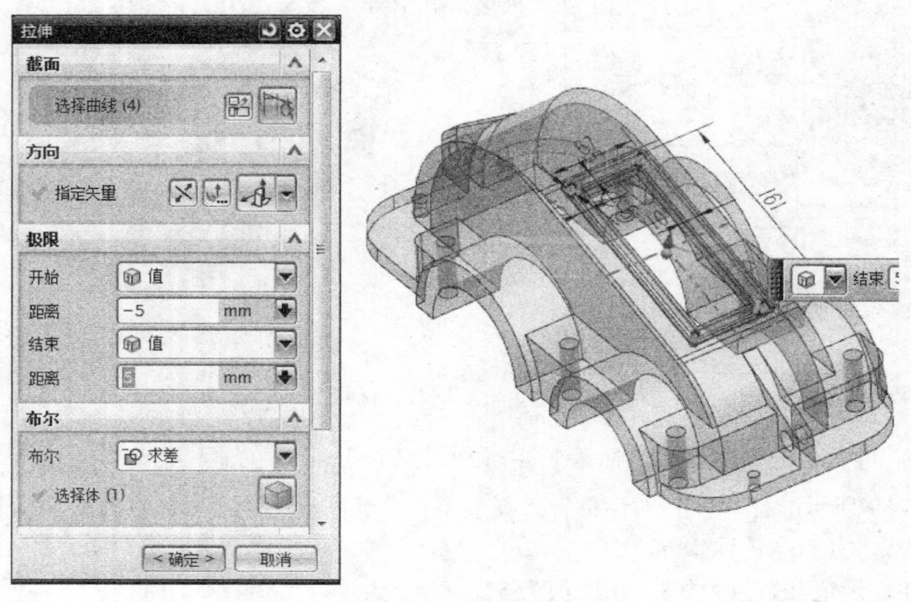

图 4－60　创建孔

（16）设定开始值为 -5，结束值为5；

（17）【布尔】运算为求差，系统自动选择之前创建的模型为求差对象；

（18）然后单击【确定】按钮 确定，如图4-60所示。

9. 创建侧面圆孔

（1）依次单击下拉菜单【插入】—【设计特征】—【孔】命令 孔(H)...，弹出如图4-61所示的【孔】对话框；

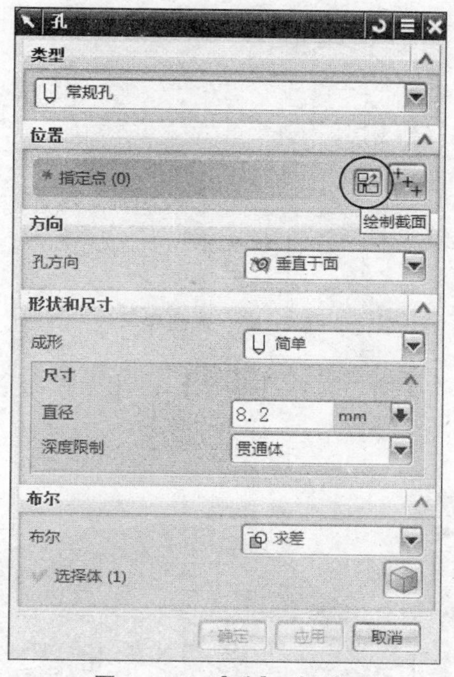

图4-61 【孔】对话框

（2）单击【位置】组中的【绘制截面】命令，弹出【创建草图】对话框；

（3）选择圆柱的侧面为草图平面，如图4-62所示；

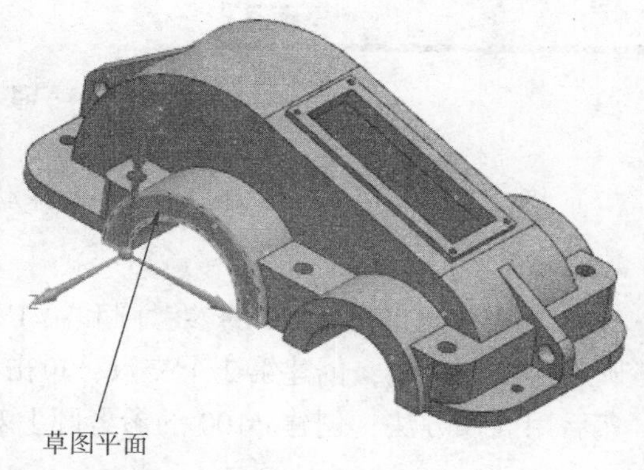

图4-62 选择草图平面

（4）单击【确定】按钮 确定 ，进入草图绘制界面；

（5）在草图界面中绘制如图 4－63 所示的几条参考线；

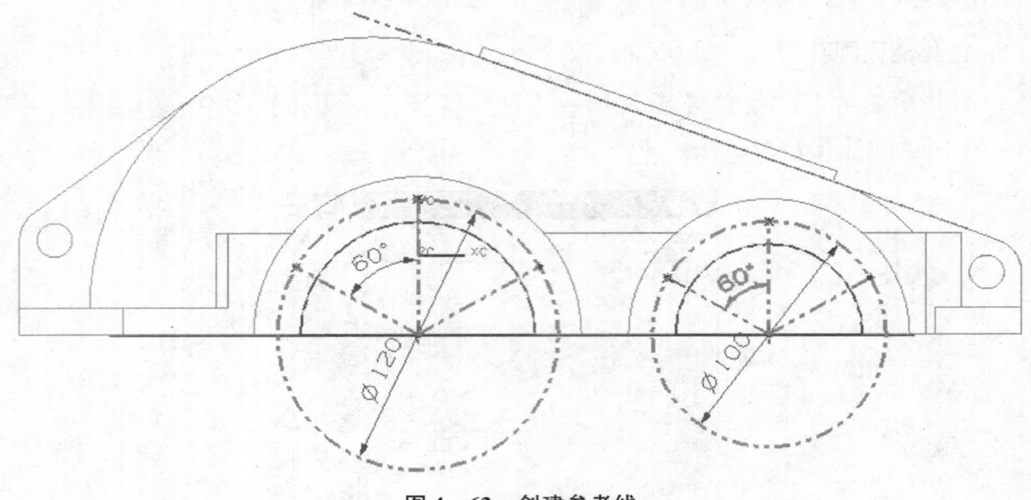

图 4－63 创建参考线

（6）依次单击下拉菜单【插入】—【基准】—【点】命令 点(P)... ，弹出如图 4－64 所示的【草图点】对话框；

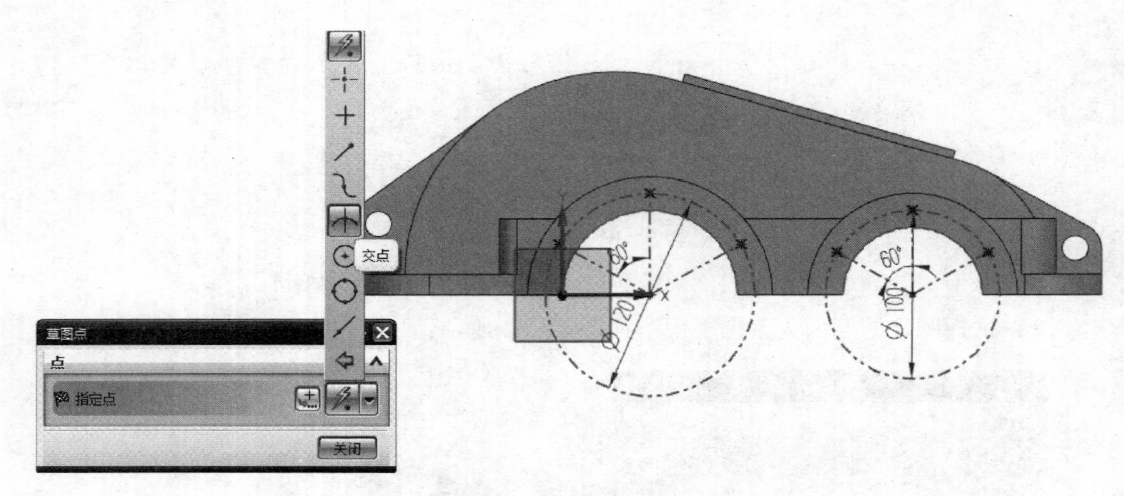

图 4－64 创建点

（7）将【指定点】类型由默认的【自动判断】 改为【交点】选项 ，如图 4－64 所示；

（8）然后依次单击 $\phi120$ 的参考圆和第 1 条斜线，创建第一个交点，再次单击 $\phi120$ 的参考圆和第 2 条斜线，创建第 2 个交点，单击 $\phi120$ 的参考圆和第 3 条斜线，创建第 3 个交点。然后用同样方法，创建 $\phi100$ 的参考圆上对应的 3 个点；

（9）完成后，单击【草图生成器】工具条上的【完成草图】图标 完成草图 ，退出草图环境；

（10）此时，界面自动跳转到建模界面，并回到【点】对话框，此时 6 个点已经处于被选中的状态；

（11）按图 4－65 所示输入参数；

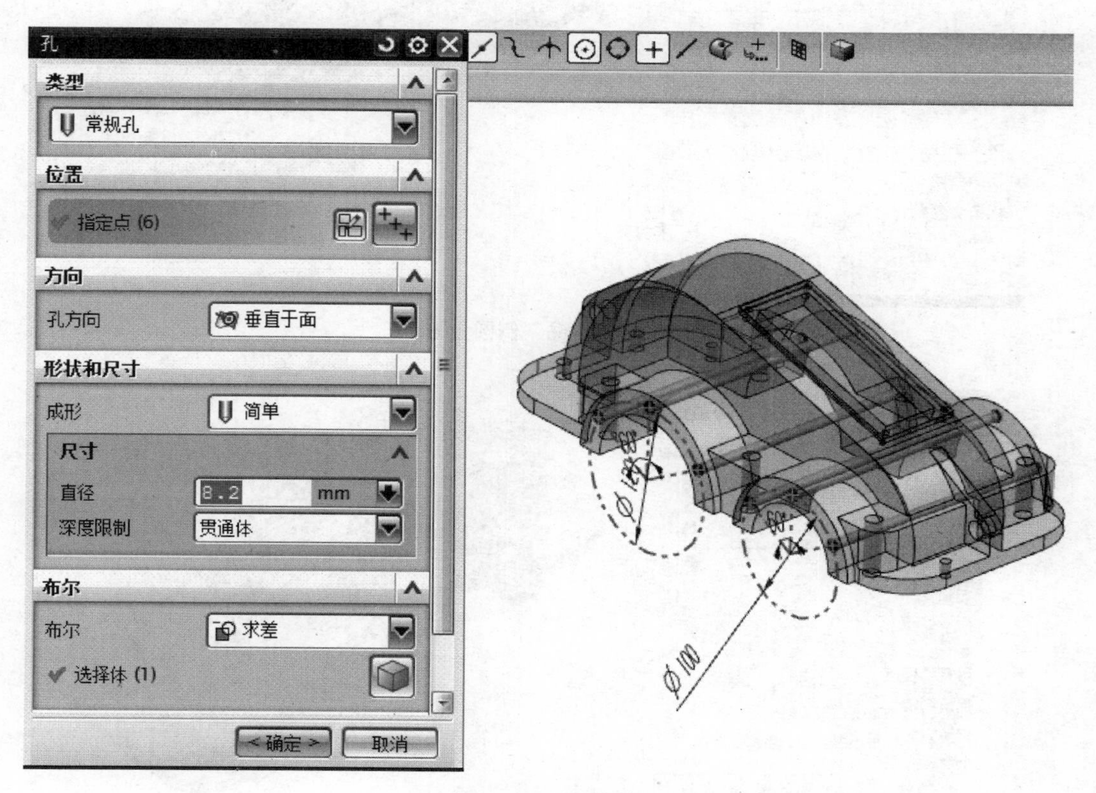

图 4－65　创建孔

（12）布尔运算为【求差】，系统自动选择之前创建的模型为求差对象；

（13）单击【确定】按钮 确定 ，完成孔的创建。

10. 转折处倒圆角

（1）依次单击【插入】—【细节特征】—【边倒圆】命令 边倒圆(E)... ，或直接单击【特征】工具条上的【边倒圆】命令图标 ，弹出如图 4－66 所示的【边倒圆】对话框，对选中的边进行 5 mm 的倒圆角，如图 4－66 所示；

（2）单击【应用】按钮 应用 ，完成圆角创建；

（3）选择其他倒圆角的边，进行 10 mm 的倒圆角，如图 4－67 所示，单击【确定】按钮 确定 ，完成创建；

（4）至此，完成整个箱体零件的创建。最终模型效果如图 4－68 所示。

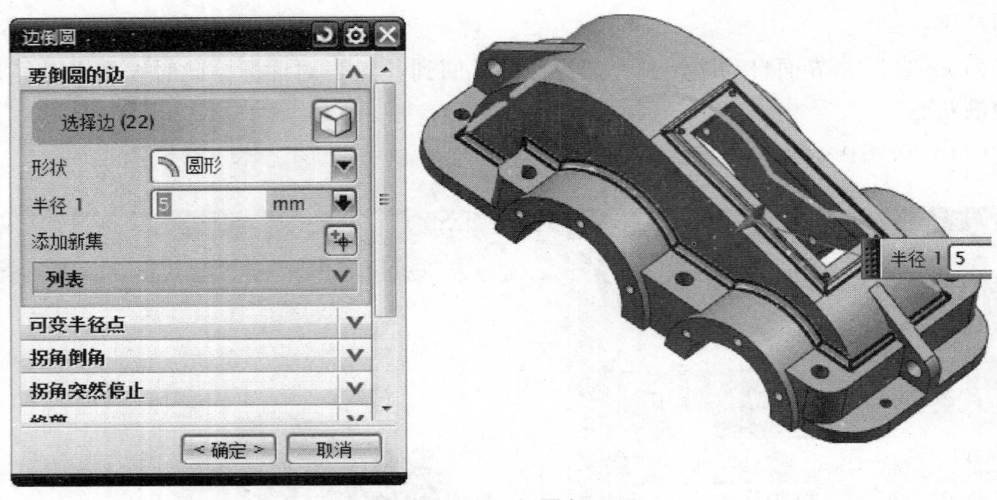

图 4-66 倒圆角 1

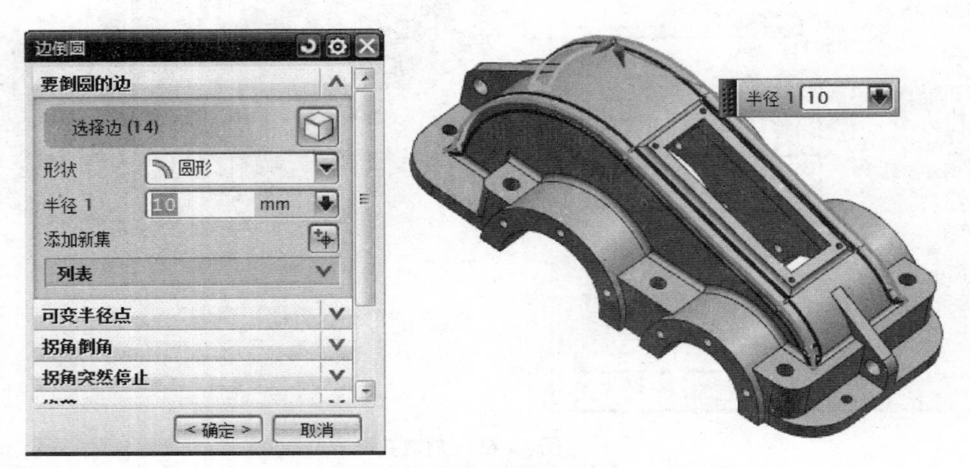

图 4-67 倒圆角 2

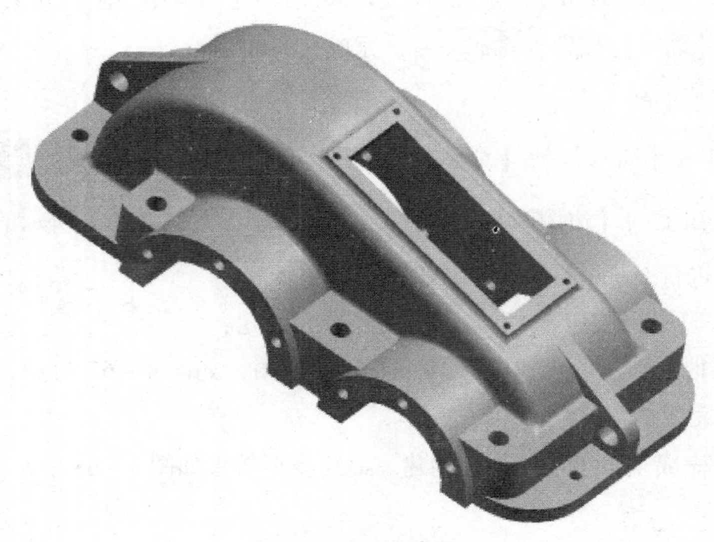

图 4-68 完成图

11. 保存文件

项目3　课后练习

根据如图 4－69 所示的尺寸完成实体建模。

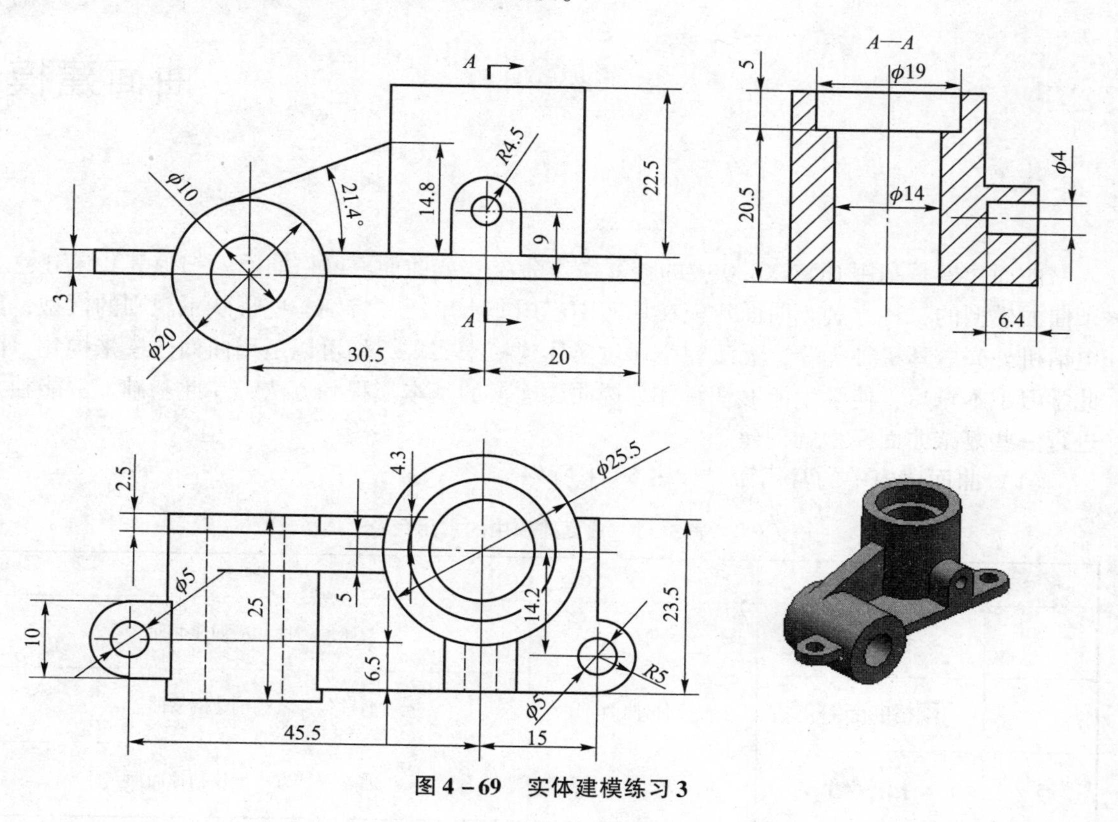

图 4－69　实体建模练习 3

第五章

曲面建模

曲面建模是利用 UG NX8.0 中的特征操作命令（如曲面、网格曲面、扫掠等）来建立复杂曲面模型的一种方法。曲面建模在现实中应用非常广泛，特别一些形状不规则的模型，如电话机外壳、耳机外壳等，无法完全通过实体建模来实现，均可以运用曲面建模来构建。因此学习了本章后，使学生能够理解并掌握曲面建模的基本流程和方法，在此基础上，能独立进行一些复杂曲面模型的创建。

（1）曲面建模中的常用命令如表 5－1 所列。

表 5－1　曲面建模中的常用命令

序号	图标	命令	说明
1	曲面(R)	曲面	通过各种方法创建曲面
2	网格曲面(M)	网格曲面	通过各种方法创建网格曲面
3	扫掠(W)	扫掠	通过各种方法创建扫掠曲面

（2）特征命令的调用方法，以插入【扫掠】命令 扫掠(S)... 为例：

方法①：单击下拉菜单【插入】—【扫掠】—【扫掠】命令 扫掠(S)...，即可调用；

方法②：调出曲面工具条，然后单击工具条上的【扫掠】命令图标 。

（3）特征命令的运用：

为了使读者能更好地理解曲面建模的基本流程和方法，下面将用几个具体的项目来对曲面建模的常用命令及建模方法进行说明。

项目 1　奶瓶

【任务】

根据如图 5－1 所示的曲面模型图及建模步骤，完成奶瓶的建模。

图 5－1　奶瓶

相关知识点

1. 创建草图　　2. 创建曲线网格
3. 镜像曲面　　4. 回转面
5. 边倒圆　　6. 扫掠曲面
7. 修剪几何体　　8. 保存文件

【知识目标】

▼ 掌握进入草图界面，绘制草图的方法
▼ 掌握创建曲线网格的方法
▼ 掌握镜像曲面的方法
▼ 掌握回转面的方法
▼ 掌握边倒圆的方法
▼ 掌握扫掠曲面的方法
▼ 掌握修剪几何体的方法
▼ 掌握保存模型文件方法

【能力目标】

▲ 具有合理选择草图平面，进入草图界面，绘制草图的能力。
▲ 具有应用【通过曲线网格】命令 通过曲线网格(M)...，创建曲面轮廓的能力。
▲ 具有应用【镜像特征】命令 镜像特征(M)...，创建镜像曲面的能力。
▲ 具有应用【回转】命令 回转(R)...，创建回转曲面的能力。

▲ 具有应用【边倒圆】命令 边倒圆(E)，创建曲面倒圆角的能力。

▲ 具有应用【扫掠】命令 扫掠(S)...，创建扫掠曲面的能力。

▲ 具有应用【修剪与延伸】命令 修剪与延伸(N)，编辑曲面的能力。

▲ 具有应用【保存】命令 保存(S)，或者【另存为】命令 另存为(A)，对已建好的模型文件进行保存的能力。

参考建模步骤如图 5-2 所示。

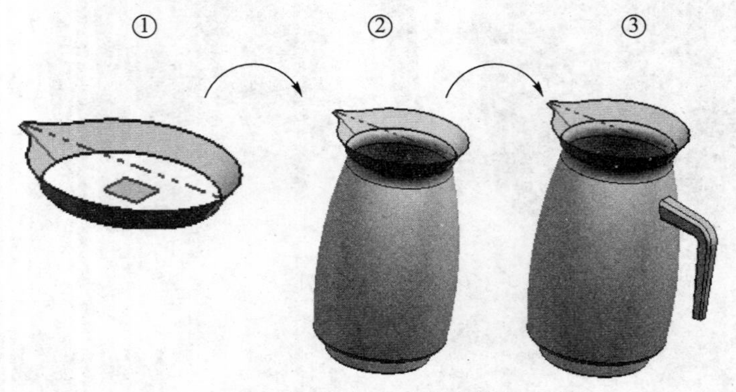

图 5-2　参考建模步骤

详细建模步骤如下所示。

1. 创建草图 1

(1) 单击【插入】—【任务环境中的草图】命令 任务环境中的草图(S)，弹出【创建草图】对话框，直接单击【确定】按钮 确定，系统将自动选择 XY 平面为【草图平面】，进入草图界面；

(2) 在该草图界面中利用草图绘制命令和【约束】命令，绘制如图 5-3 所示图形；(注意：先画一半，然后镜像另一半。)

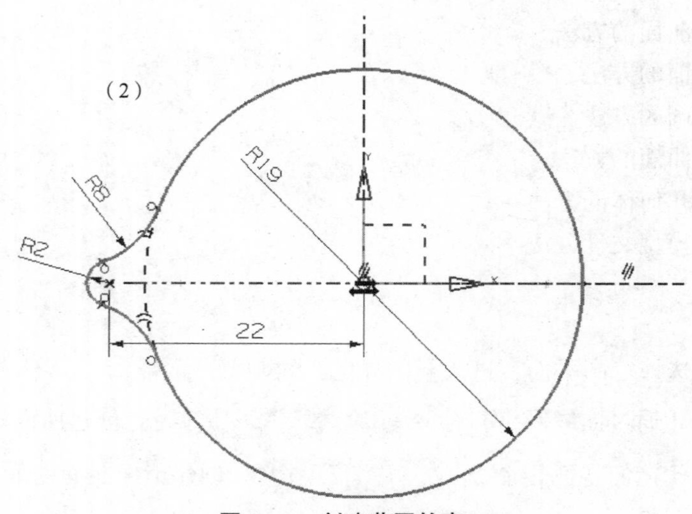

图 5-3　创建草图轮廓 1

（3）单击【草图界面】工具条上的【完成草图】命令图标 完成草图(K)，退出草图环境。

2. 创建基准平面 1

（1）依次单击下拉菜单中的【插入】—【基准/点】—【基准平面】命令 基准平面(D)...，弹出如图 5－4 所示的【基准平面】对话框；

（2）在【类型】下拉列表中选择【按某一距离】选项；

（3）用鼠标手动选择 XC－YC 平面为参考，输入【距离】为 5 mm，方向向下；

（4）单击【确定】按钮 确定 ，完成基准平面创建，如图 5－4 所示。

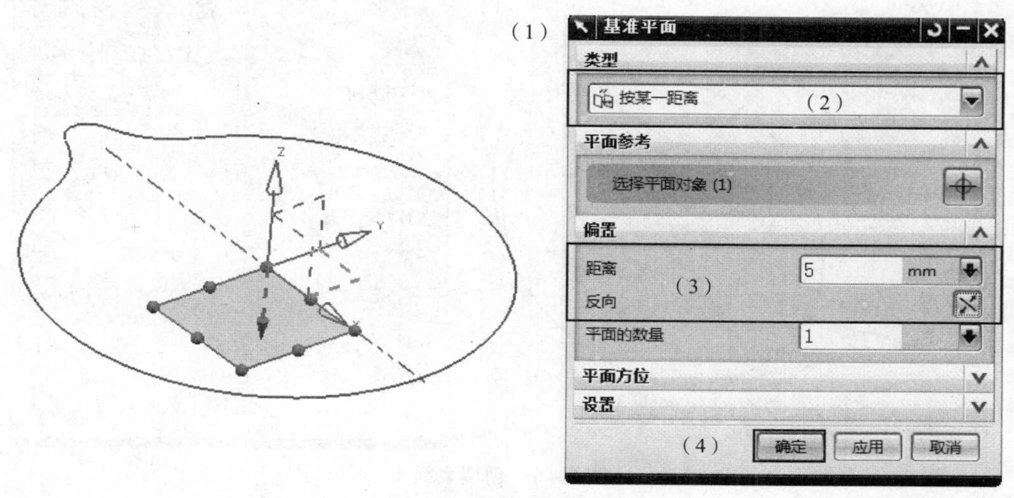

图 5－4　选择草图平面

3. 创建草图 2

（1）单击【插入】—【任务环境中的草图】命令 任务环境中的草图(S)...，弹出【创建草图】对话框，用鼠标手动选择基准平面 1 为【草图平面】，然后单击【确定】按钮 确定 ，进入草图界面；

（2）在该草图界面中利用草图绘制命令和【约束】命令，绘制如图 5－5 所示图形；

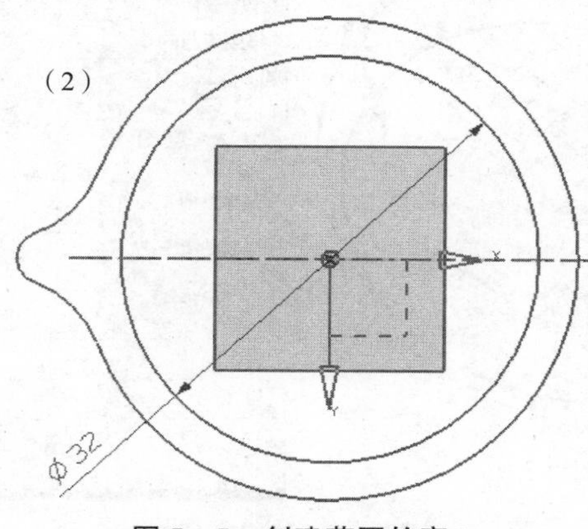

图 5－5　创建草图轮廓 2

(3) 单击【草图界面】工具条上的【完成草图】命令图标 完成草图(K)，退出草图环境。

4. 创建直线

(1) 依次单击下拉菜单【插入】—【曲线】—【直线】命令 直线(L)...，或直接单击【草图工具】工具条中的【直线】命令图标，弹出如图 5-6 所示的【直线】对话框，选择草图 1 中的小圆弧的中点为【起点】；

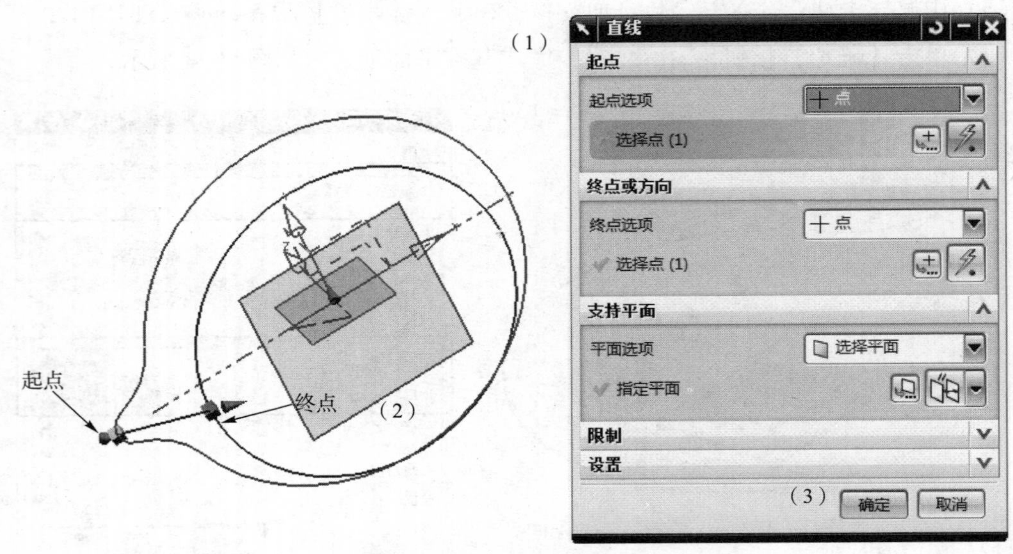

图 5-6 创建直线 1

(2) 选择草图 2 中圆的左象限点为【终点】；

(3) 单击【确定】按钮 确定，创建直线 1；

(4) 用同样的方法创建直线 2，如图 5-7 所示。

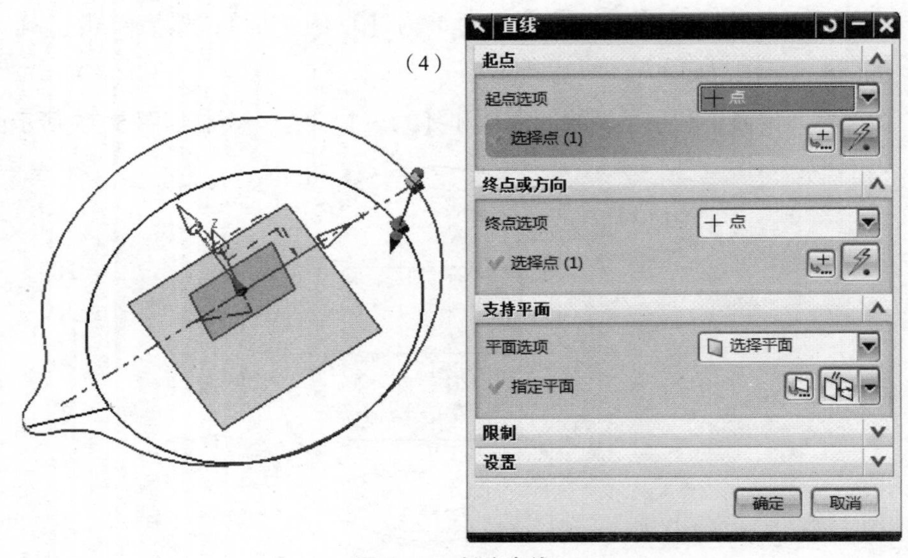

图 5-7 创建直线 2

4. 创建曲线网格

(1) 依次单击下拉菜单【插入】—【网格曲面】—【通过曲线网格】命令 通过曲线网格(M)..，弹出如图5－8所示的【通过曲线网格】对话框，单击【主曲线】组中的【选择曲线】，选择草图1的一半轮廓线作为主曲线1；

(2) 单击鼠标中键或单击添加新集按钮；

(3) 再选择草图2中的轮廓线作为主曲线2；

(4) 单击【交叉曲线】组中的【选择曲线】，选择直线1；

(5) 单击鼠标中键单击添加新集按钮，再选择直线2，此时，图形窗口会自动生成如图5－9所示的曲面图形预览；

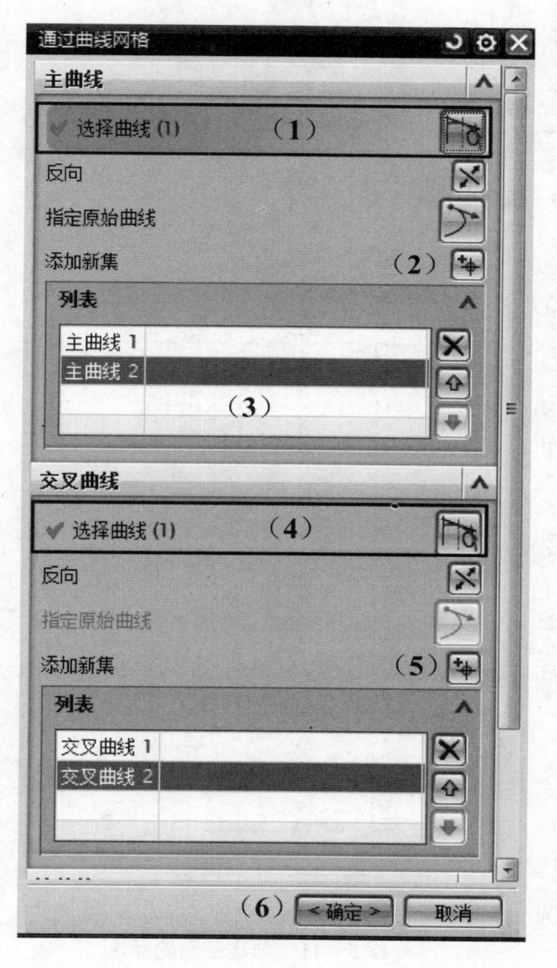

图5－8 【通过曲线网格】对话框

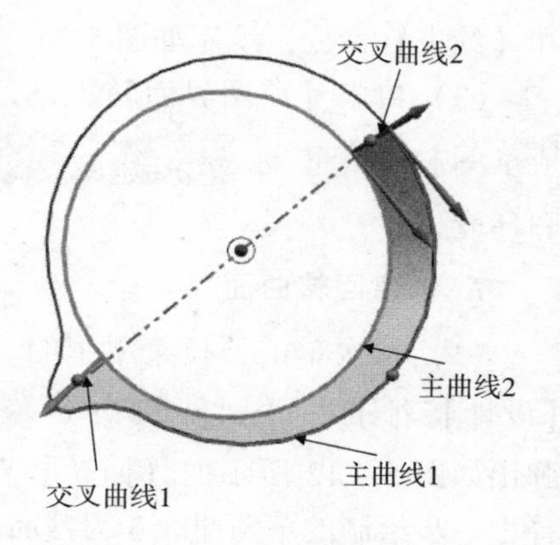

图5－9 主曲线和交叉曲线选取

(6) 单击【确定】按钮 确定 ，完成该曲面创建。

5. 镜像曲面

(1) 依次单击下拉菜单中的【插入】—【关联复制】—【镜像特征】命令

镜像特征(M)...，弹出如图 5－10 所示的【镜像特征】对话框，选择之前创建的曲面为特征对象；

（2）选择 XC－ZC 平面为镜像平面，如图 5－10 所示；

（3）单击【确定】按钮 确定，创建镜像曲面。

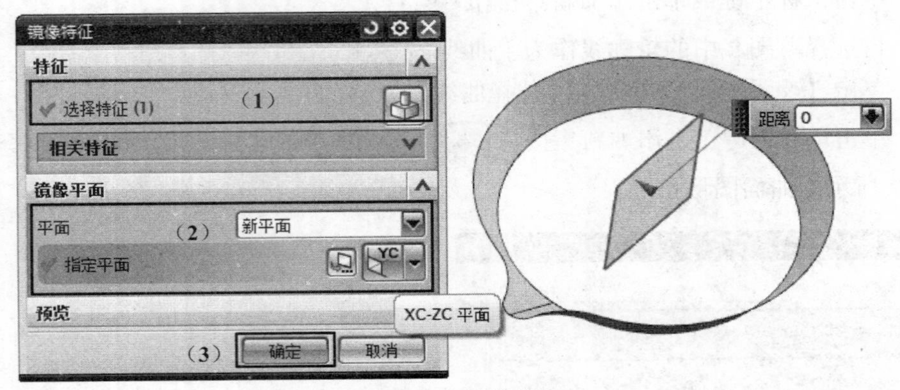

图 5－10　镜像曲面

6. 创建草图 3

（1）单击【插入】—【任务环境中的草图】命令 任务环境中的草图(S)...，弹出【创建草图】对话框，用鼠标手动选择 XZ 平面为【草图平面】，然后单击【确定】按钮 确定，进入草图界面；

（2）在该草图界面中利用草图绘制命令和【约束】命令，绘制如图 5－11 所示图形；

（3）单击【草图界面】工具条上的【完成草图】命令图标 完成草图(K)，退出草图环境。

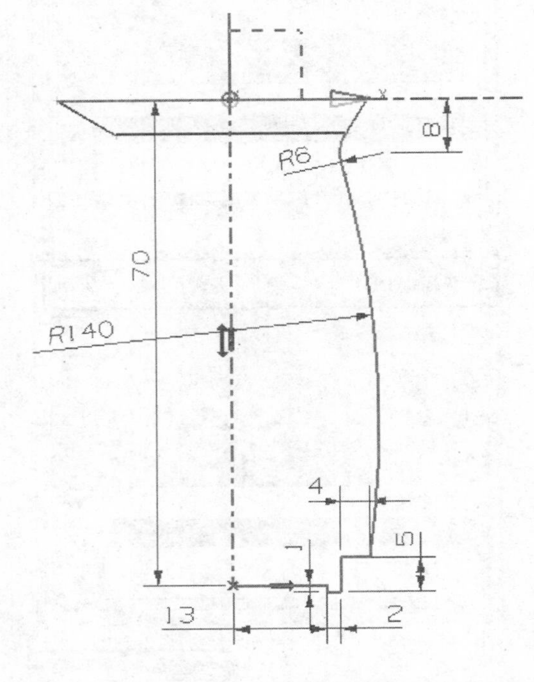

图 5－11　创建草图轮廓 3

7. 创建回转曲面

（1）依次单击下拉菜单中的【插入】—【设计特征】—【回转】命令 回转(R)...，弹出如图 5－12 所示的【回转】对话框，选择上一步绘制的草图曲线 3 为截面曲线；

（2）选择 Z 轴为回转轴线，原点为轴心；

（3）在【限制】栏中输入【开始】值为 0，【结束】值为 360；

（4）选择【布尔】运算为无，如图 5－12 所示；

（5）然后单击【确定】按钮 确定，完成回转曲面创建。

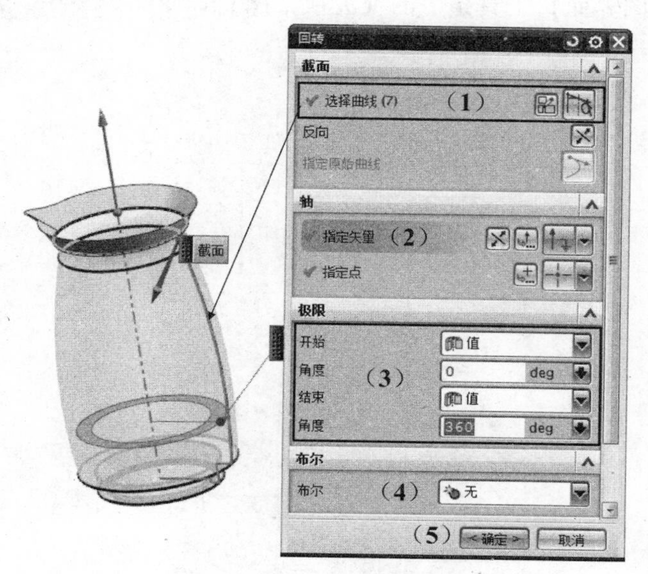

图 5-12　创建回转面

8. 边倒圆

(1) 应用【边倒圆】命令 边倒圆(E)，对底部 3 条选择的边界分别进行 2 mm, 1 mm, 0.5 mm（顺序从上往下）的倒圆角，如图 5-13 所示。

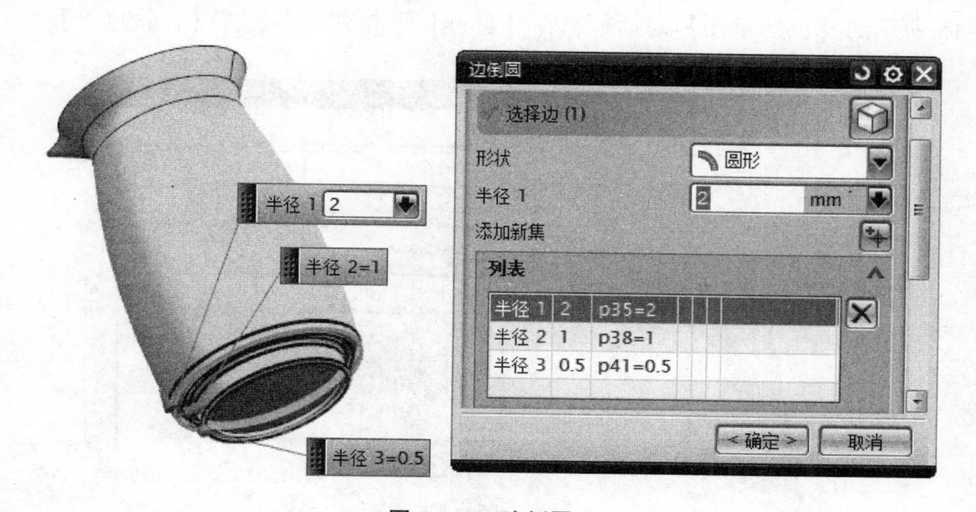

图 5-13　边倒圆

9. 创建草图 4

(1) 单击【插入】—【任务环境中的草图】命令 任务环境中的草图(S)...，弹出【创建草图】对话框，用鼠标手动选择 XZ 平面为【草图平面】，单击【确定】按钮 确定 ，进入草图界面；

(2) 在该草图界面中利用草图绘制命令和【约束】命令，绘制如图 5-14 所示图形。

（3）单击【草图界面】工具条上的【完成草图】命令图标 完成草图(K)，退出草图环境。

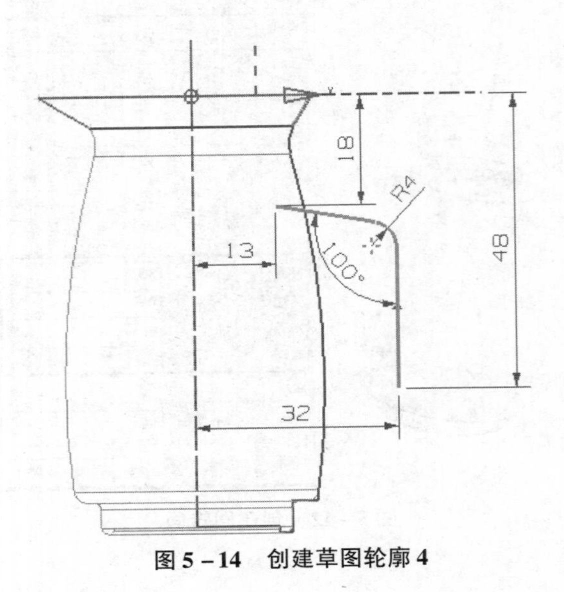

图 5-14　创建草图轮廓 4

10. 创建草图 5

（1）单击【插入】—【任务环境中的草图】命令 任务环境中的草图(S)，弹出如图 5-15 所示的【创建草图】对话框，在【类型】下拉列表中选择【在轨迹上】；

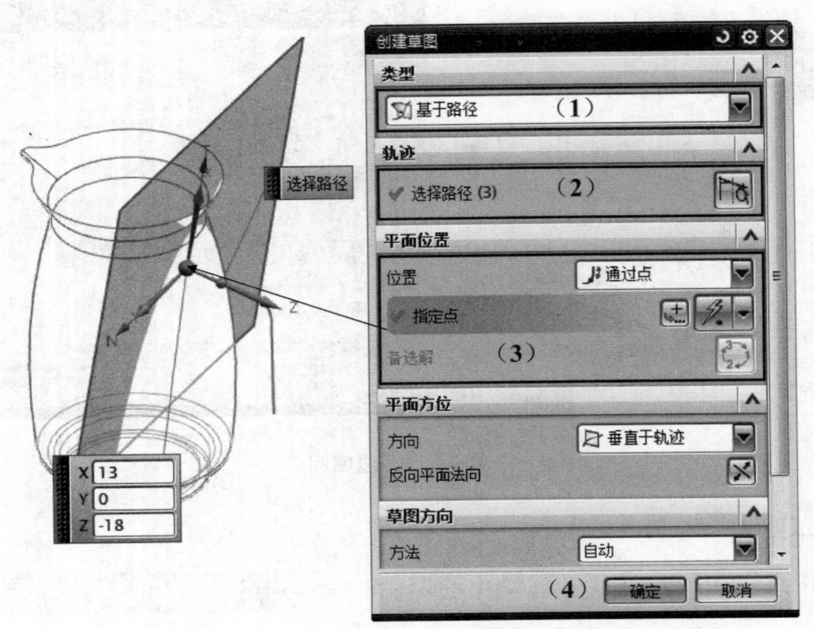

图 5-15　选择草图平面

（2）然后单击上一步绘制的草图 4 作为【选择路径】；

（3）选择【通过点】来控制草图平面的位置，指定上一步绘制的草图 4（把手引导线）

的上端点为草图平面定位点，如图 5 – 15 所示；

（4）单击【确定】按钮 确定 ，进入草图界面；

（5）在该草图界面中利用草图绘制命令和【约束】命令，绘制如图 5 – 16 所示的图形；

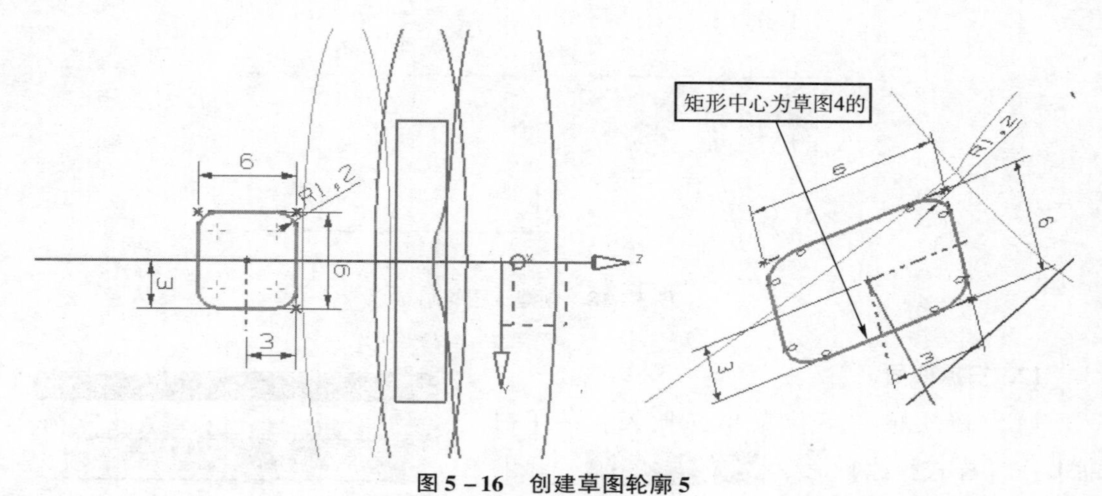

图 5 – 16　创建草图轮廓 5

（6）单击【草图界面】工具条上的【完成草图】命令图标 完成草图(K)，退出草图环境。

11. 创建草图 6

（1）用和步骤 7 同样的方法创建草图 6，如图 5 – 17、图 5 – 18 所示。

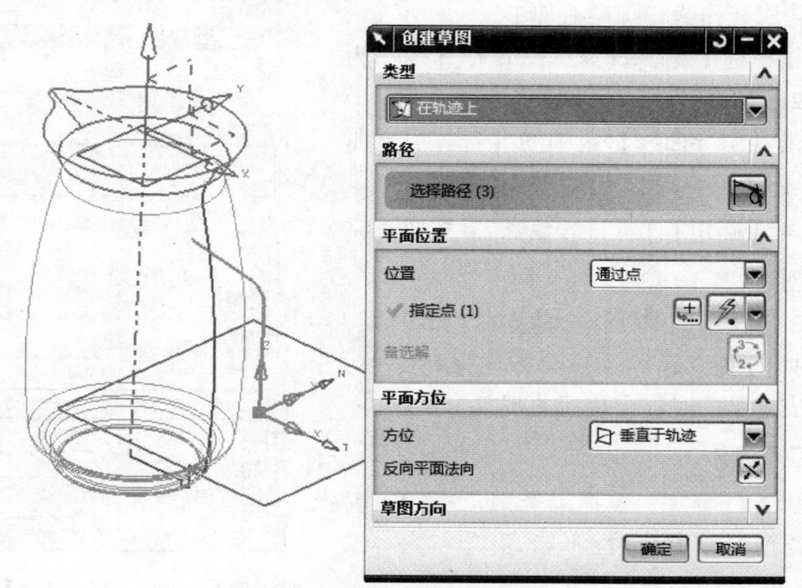

图 5 – 17　选择草图平面

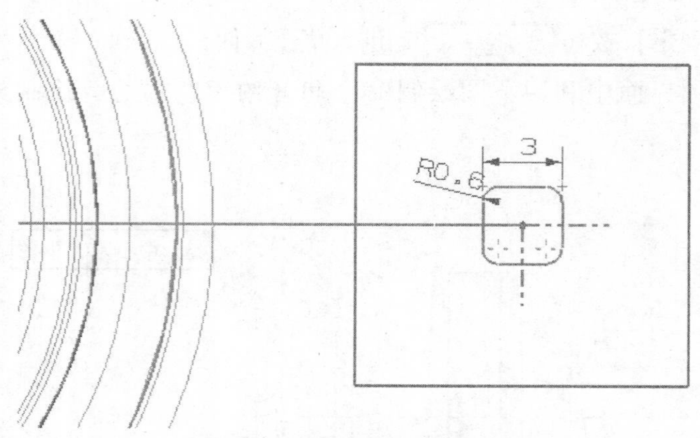

图5－18 创建草图轮廓6

12. 扫掠曲面

（1）依次单击下拉菜单【插入】—【扫掠】—【样式扫掠】命令 样式扫掠(Y)...，弹出如图5－19所示的【样式扫掠】对话框，在【类型】下拉列表中选择【1条引导线串】；

（2）在【扫掠属性】组中的【固定线串】下拉列表中选择【引导线和截面】；

（3）单击【截面曲线】组中的【选择曲线】，选择草图5轮廓线作为扫掠的截面1；

（4）单击鼠标中键，选择草图6轮廓线作为扫掠的截面2；

（5）单击【引导曲线】组中的【选择引导曲线】，选择草图4轮廓线，如图5－20所示；

（6）单击【确定】按钮 确定 按钮，完成扫掠曲面创建。

注意：在选择不同曲线作为截面曲线的时候，必须使所选择的曲线起点及箭头方向保持一致，否则会在生成把手的时候出现扭曲现象。

图5－19 【样式扫掠】对话框

13. 修剪几何体

注意：从瓶口看进去，把手会多出一段，因此必须进行修剪，如图5－21所示。

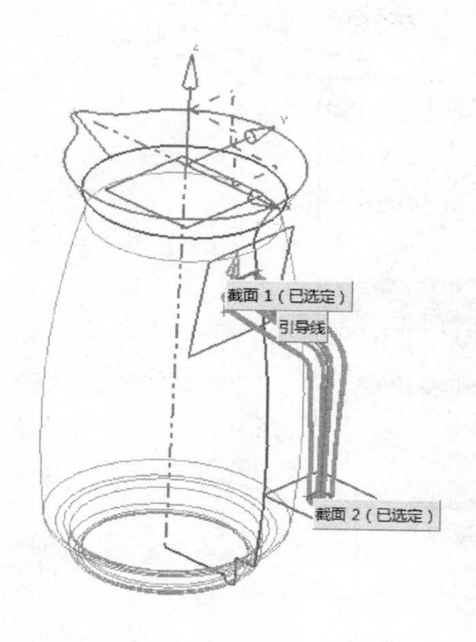

图 5－20　选择截面及引导线

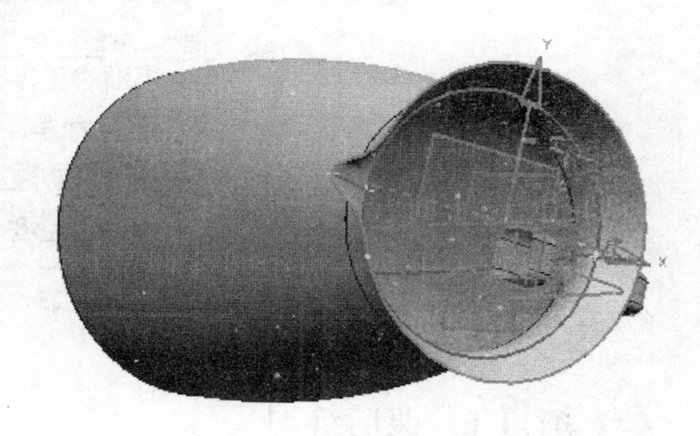

图 5－21　修建前

（1）依次单击下拉菜单【插入】—【修剪】—【修剪与延伸】命令 修剪与延伸(N)...，弹出【修剪和延伸】对话框，在【类型】下拉列表中选择【直至选定对象】；

（2）单击【目标】组中的【选择面或边】，选择把手扫掠面，单击鼠标中键；

（3）单击【工具】组中的【选择面或边】，选择瓶身回转曲面，如图 5－22 所示；

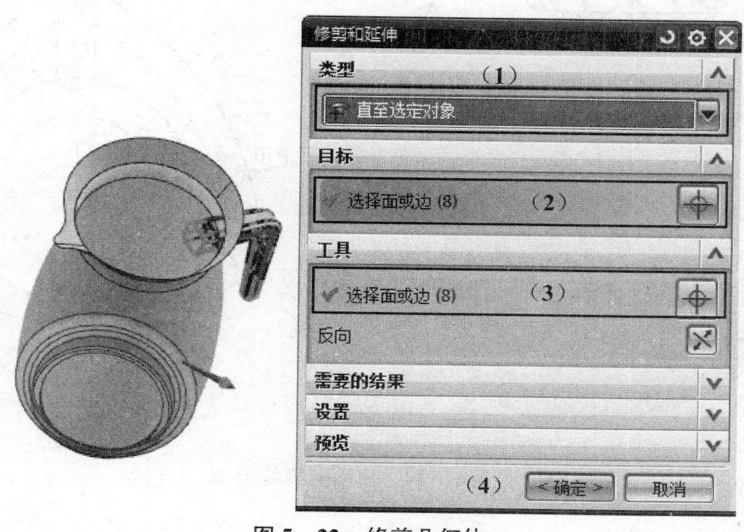

图 5－22　修剪几何体

（4）单击【确定】按钮 确定 ，完成修剪。

14. 保存文件

（1）依次单击下拉菜单【文件】—【保存】命令 保存(S) ，将建好的模型保存到软件默认的目录下，如图 5－23 所示。除此之外，还可以选择【另存为】命令 另存为(A)...，将模型以其他名称保存到其他目录。

图 5-23 文件保存

项目 1 课后练习

根据如图 5-24 所示的尺寸完成曲面建模。

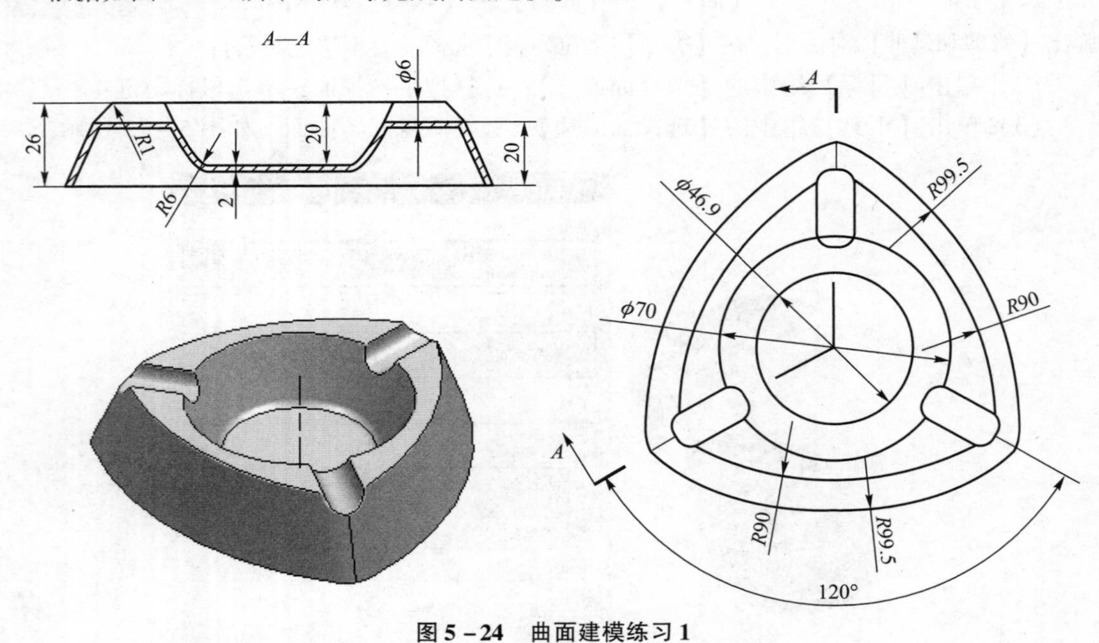

图 5-24 曲面建模练习 1

项目 2 无绳电话

【任务】

根据如图 5-25 所示的曲面模型图及建模步骤，完成无绳电话的建模。

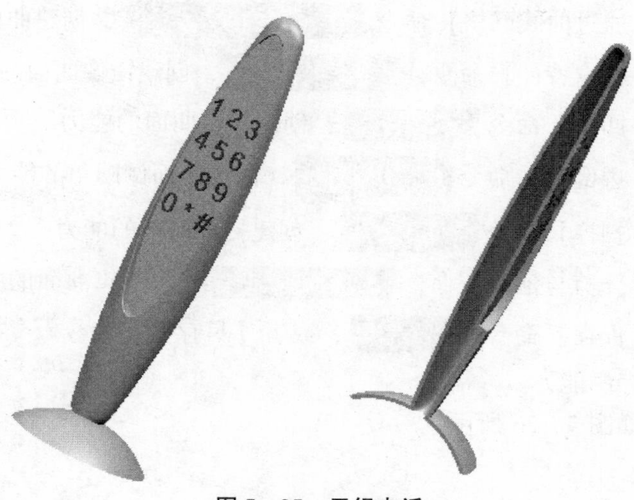

图 5-25　无绳电话

相关知识点

1. 创建椭圆
2. 改变工作坐标系 WCS
3. 创建草图
4. 扫掠
5. 镜像特征
6. 缝合曲面
7. 拉伸体
8. 边倒圆
9. 回转体
10. 抽壳
11. 插入文本
12. 拉伸文本
13. 保存文件

【知识目标】

▼ 掌握创建椭圆曲线的方法
▼ 掌握改变工作坐标系 WCS 的方法
▼ 掌握进入草图界面，绘制草图的方法
▼ 掌握创建扫掠曲面的方法
▼ 掌握镜像曲面的方法
▼ 掌握曲面缝合的方法
▼ 掌握创建拉伸体的方法
▼ 掌握边倒圆的方法
▼ 掌握回转体的方法
▼ 掌握体抽壳的方法
▼ 掌握插入文本的方法

【能力目标】

▲ 具有合理选择草图平面，进入草图界面，绘制草图的能力。

▲ 具有应用【通过曲线网格】命令 通过曲线网格(M)...，创建曲面轮廓的能力。

▲ 具有应用【镜像特征】命令 镜像特征(M)...，创建镜像曲面的能力。

▲ 具有应用【回转】命令 回转(R)...，创建回转曲面的能力。

▲ 具有应用【边倒圆】命令 边倒圆(E)...，创建曲面倒圆角的能力。

▲ 具有应用【扫掠】命令 扫掠(S)...，创建扫掠曲面的能力。

▲ 具有应用【修剪与延伸】命令 修剪与延伸(N)...，编辑曲面的能力。

▲ 具有应用【保存】命令 保存(S)，或者【另存为】命令 另存为(A)...，对已建好的模型文件进行保存的能力。

参考建模步骤如图 5－26 所示。

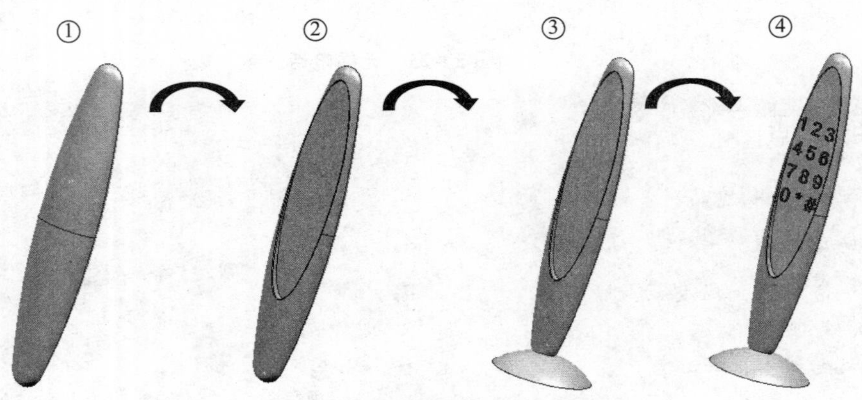

图 5－26　参考建模步骤

详细建模步骤如下所示。

1. 创建椭圆 1

（1）依次单击下拉菜单中的【插入】—【曲线】—【椭圆】命令 椭圆(E)...，弹出如图 5－27 所示的【点】对话框；

（2）单击【确定】按钮 确定 ，弹出如图 5－28 所示的【编辑椭圆】对话框；

（3）输入【长半轴】【短半轴】分别为 23、12，输入【起始角】【终止角】和【高度】分别为 0、90、0；

（4）单击【确定】按钮 确定 ，创建 1/4 段椭圆弧，如图 5－28 所示；

（5）用相同的方法创建第 2 段椭圆弧，如图 5－29 所示；

（6）第 3 段和第 4 段，如图 5－30、图 5－31 所示。

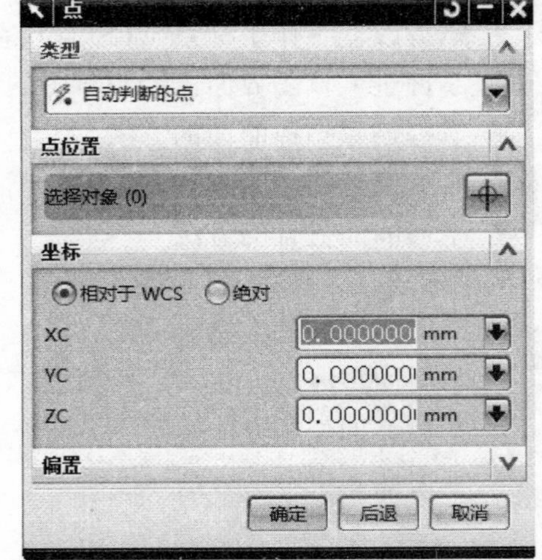

图 5－27　【点】对话框

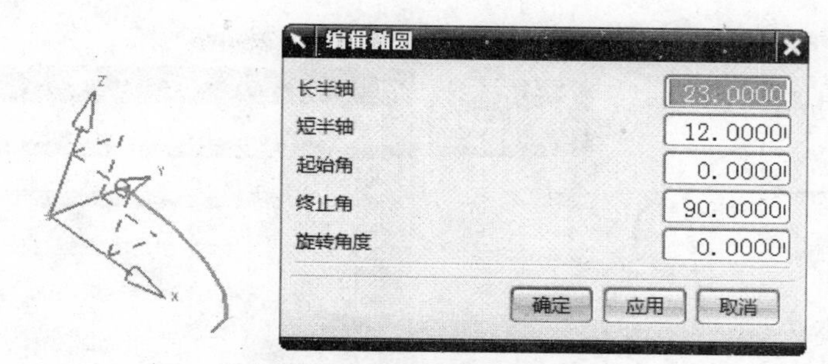

图 5－28　创建 1/4 段椭圆弧 1

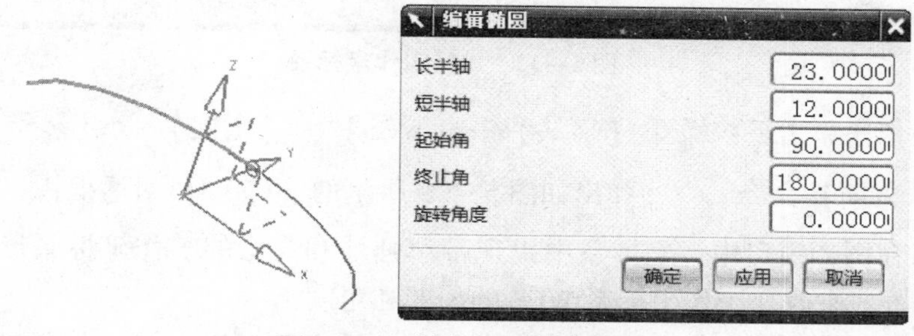

图 5－29　创建 1/4 段椭圆弧 2

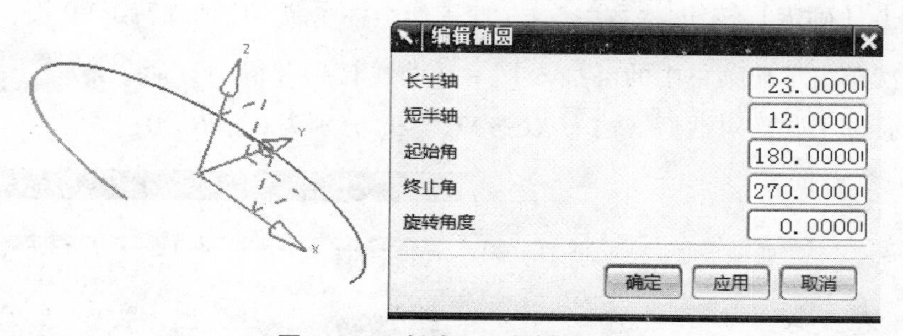

图 5－30　创建 1/4 段椭圆弧 3

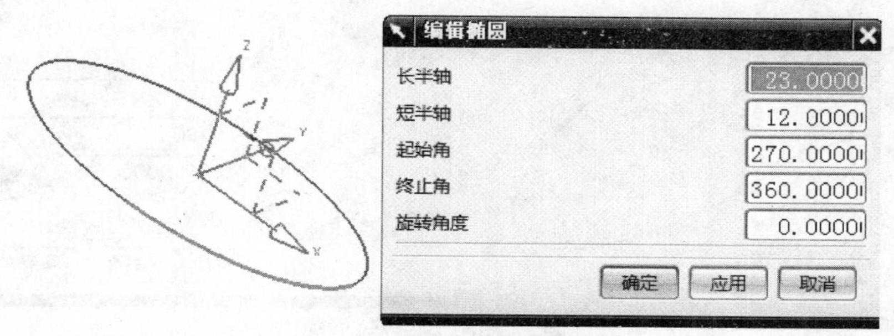

图 5－31　创建 1/4 段椭圆弧 4

2. 创建椭圆 2

（1）依次单击下拉菜单【格式】—【WCS】—【显示】命令 显示(P)，或直接单击【实用工具】工具条中的【显示 WCS】命令，将工作坐标系显示出来，如图 5－32 所示；

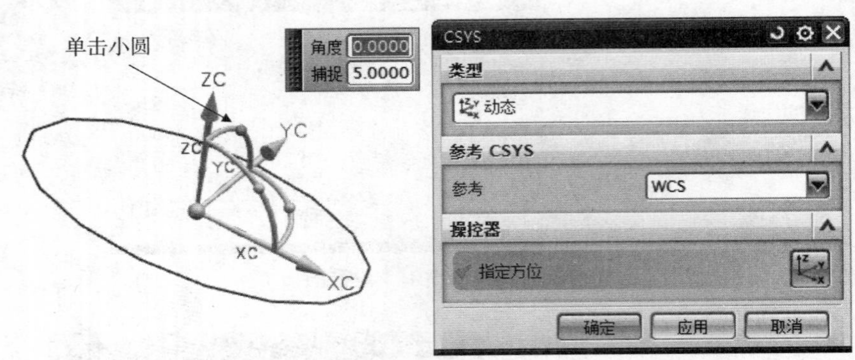

图 5-32　旋转工作坐标系

(2) 然后依次单击下拉菜单【格式】—【WCS】—【定向】命令 定向(N)...，或直接单击【WCS 方向】命令 ，弹出如图 5-32 所示的【CSYS】对话框；

(3) 此时在图形窗口中，坐标系中出现带小圆球和箭头的工作坐标系形态，表明此时可以通过各种方式来改变工作坐标系 WCS 的位置和角度；

(4) 在本例中单击 ZC 和 YC 轴之间的小圆球，输入角度值为 90，如图 5-32 所示；

(5) 单击【确定】按钮 确定 ，使工作坐标系绕 XC 轴旋转了 90 度；

(6) 依次单击下拉菜单中的【插入】—【曲线】—【椭圆】命令 椭圆(E)...，弹出如图 5-33 所示的【点】对话框，输入 XC、YC、ZC 分别为 0、26、0；

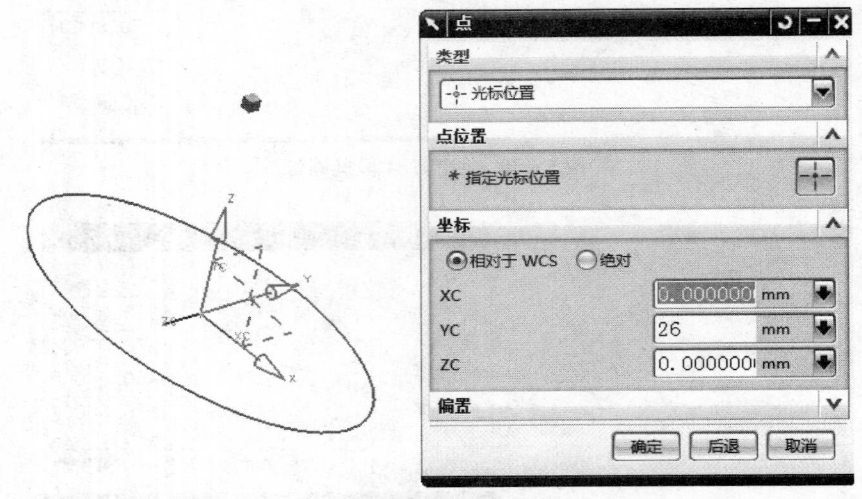

图 5-33　创建定位点

(7) 单击【确定】按钮 确定 ，弹出如图 5-34 所示的【编辑椭圆】对话框；

(8) 输入【长半轴】【短半轴】分别为 18、80，输入【起始角】【终止角】和【高度】分别为 0、360、0；

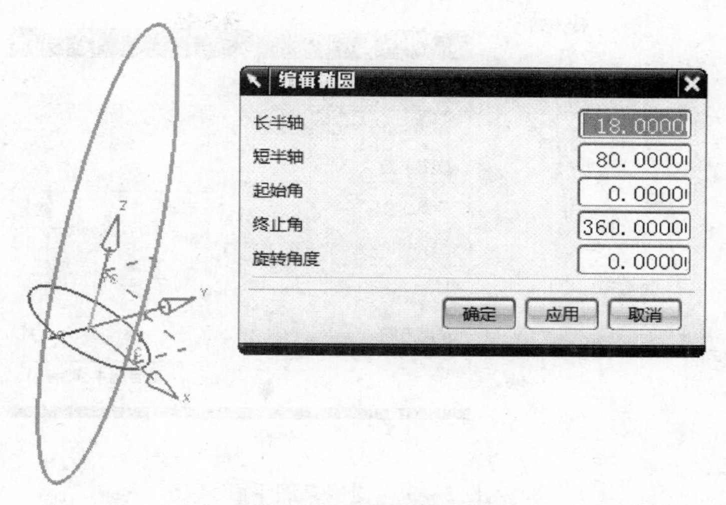

图 5－34　创建椭圆轮廓

（9）单击【确定】按钮 确定 ，完成椭圆 2 的创建；

（10）依次单击下拉菜单【格式】—【WCS】—【定向】命令 定向(N)... ，在弹出的【CSYS】对话框的类型下拉列表中选择【绝对 CSYS】选项，如图 5－35 所示；

（11）然后单击【确定】按钮 确定 ，使发生改变的工作坐标系 WCS 回到原来的位置。

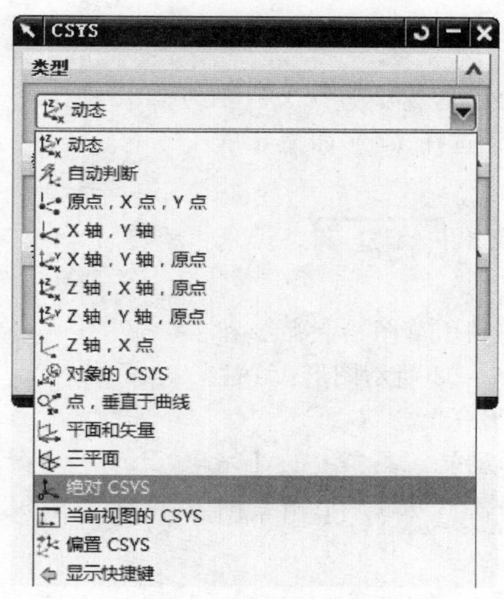

图 5－35　工作坐标系复位

3. 创建草图 1

（1）单击【插入】—【任务环境中的草图】命令 任务环境中的草图(S)... ，弹出如图 5－36 所示的【创建草图】对话框，用鼠标手动选择 XZ 平面为【草图平面】，如图 5－36 所示；

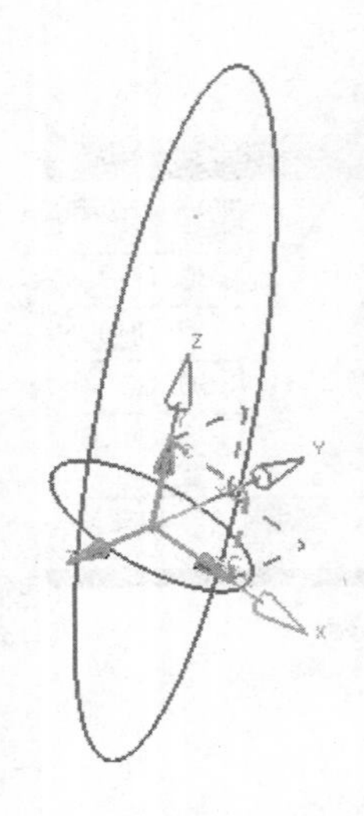

图 5－36 选择草图平面

（2）单击【确定】按钮 确定 ，进入草图界面；

（3）在该草图界面中利用草图绘制命令和【约束】命令，绘制如图 5－37 所示图形；（注意：先画一半，然后镜像另一半。）

（4）单击【草图生成器】工具条上的【完成草图】命令图标 完成草图(K) ，退出草图环境。

4. 创建草图 2

（1）单击【插入】—【任务环境中的草图】命令 任务环境中的草图(S) ，弹出【创建草图】对话框，用鼠标手动选择 YZ 平面为【草图平面】；

（2）单击【确定】按钮 确定 ，进入草图界面；

（3）在该草图界面中利用草图绘制命令和【约束】命令，绘制如图 5－38 所示图形；（注意：先画一半，然后镜像另一半。）

（4）单击【草图生成器】工具条上的【完成草图】命令图标 完成草图(K) ，退出草图环境。

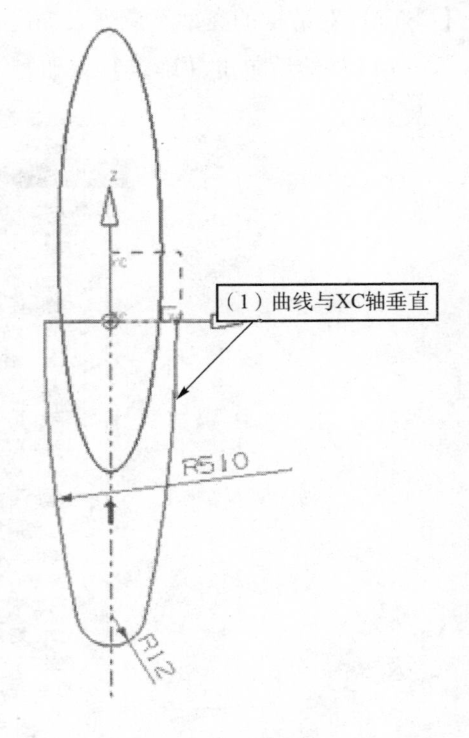

图 5－37 创建草图轮廓 1

5. 扫掠曲面

（1）依次单击【插入】—【扫掠】—【扫掠】命令 扫掠(S) ，或直接单击【曲面】工具条中的【扫掠】命令按钮，弹出如图 5－39 所示的【扫掠】对话框，单击【截面】组中的【选择曲线】，然后选择椭圆 1 的 1/2 圆弧作为扫掠的截面；

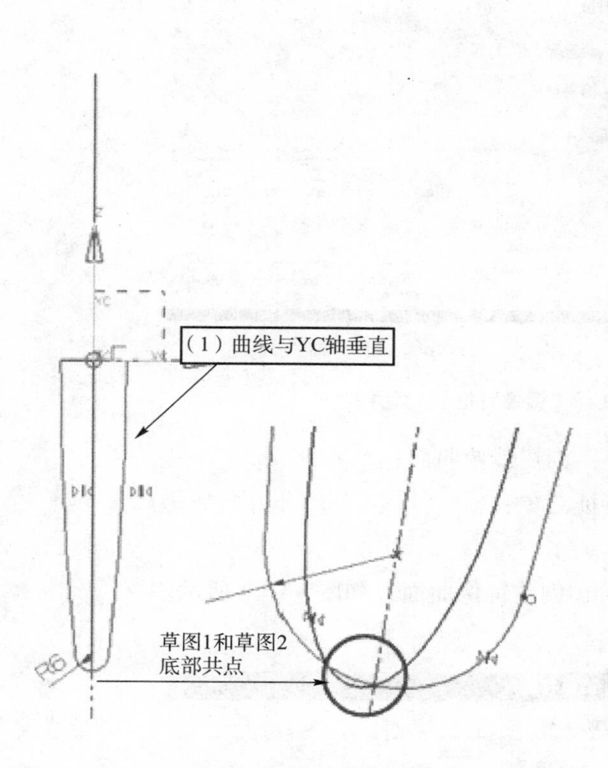

图 5－38　创建草图轮廓 2

图 5－39　【扫掠】对话框

（2）单击【引导线（最多 3 根）】组中的【选择曲线】，依次选择草图 1 的右边界线，单击鼠标中键；

（3）再选择草图 2 中的右边界线，单击鼠标中键；

（4）最后选择草图 1 的左边界线，此时，图形窗口会自动生成如图 5－40 所示的曲面；

（5）单击【确定】按钮 确定 ，完成曲面创建。

注意：选择引导线的时候不要一次选中所有的线条，而是要单条单条的选取，否则无法生成曲面。

6. 镜像曲面

（1）依次单击下拉菜单中的【插入】—【关联复制】—【镜像特征】命令 镜像特征(M)...，弹出【镜像特征】对话框，选择之前创建的曲面为特征对象；

（2）选择 XC－ZC 平面为镜像平面，如图 5－41 所示；

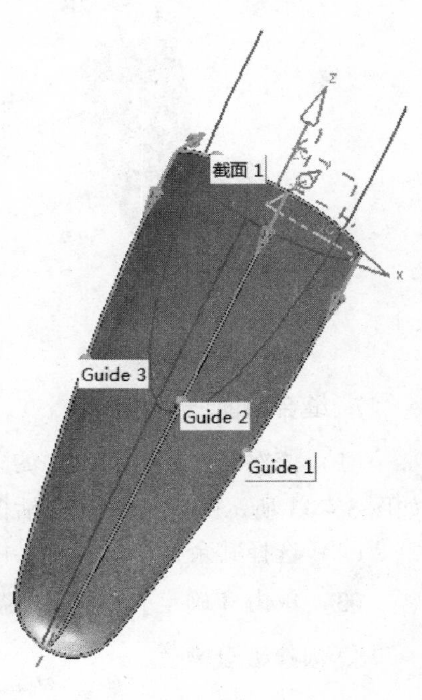

图 5－40　截面及引导线选择

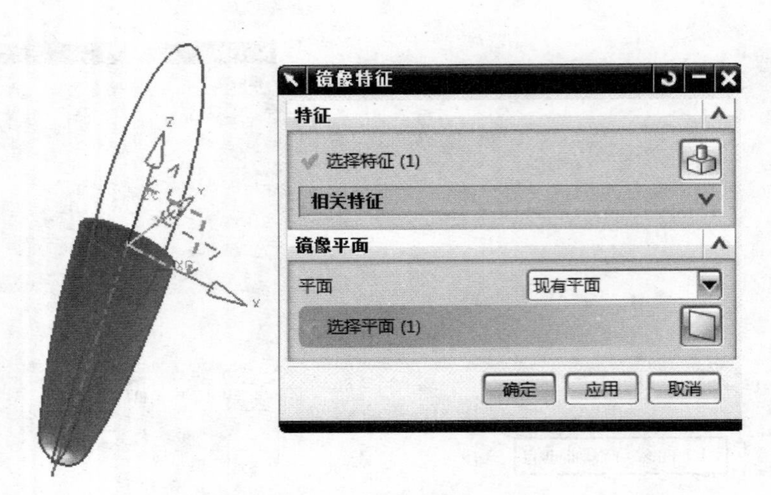

图 5-41 【镜像特征】对话框

(3) 单击【应用】按钮 应用，创建镜像曲面；

(4) 选择之前创建的两个曲面为特征对象；

(5) 选择 XY 平面为镜像平面；

(6) 单击【确定】按钮 确定，创建镜像曲面，如图 5-42 所示。

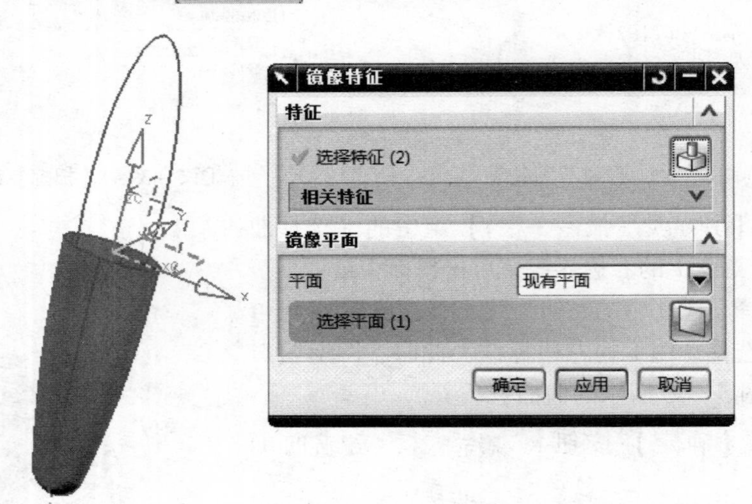

图 5-42 镜像特征

7. 缝合曲面

(1) 依次单击下拉菜单中的【插入】—【组合】—【缝合】命令 缝合(W)...，弹出如图 5-43 所示的【缝合】对话框，选择任意 1 个面作为目标体；

(2) 选择其余 3 个面为刀具体，如图 5-43 所示；

(3) 单击【确定】按钮 确定，完成缝合。

8. 创建键盘槽

(1) 选中椭圆 2，如图 5-44 所示参数，利用【拉伸】命令 拉伸(E)... 和布尔【求差】

命令 求差(S) 去除材料，生成手机按键放置面。

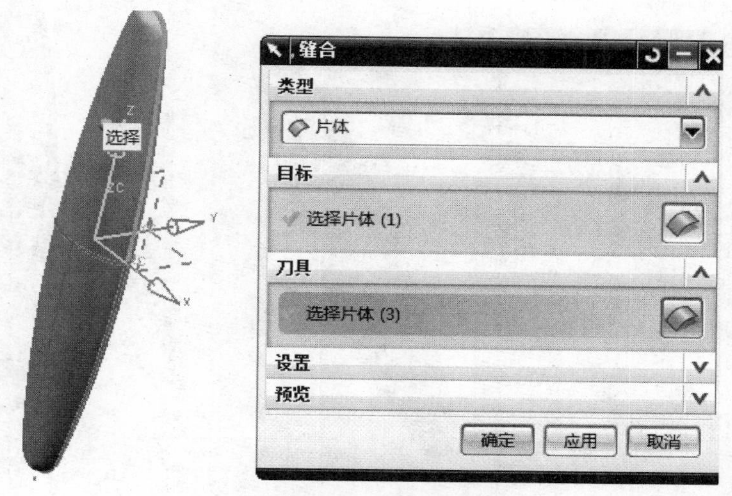

图 5-43　缝合曲面

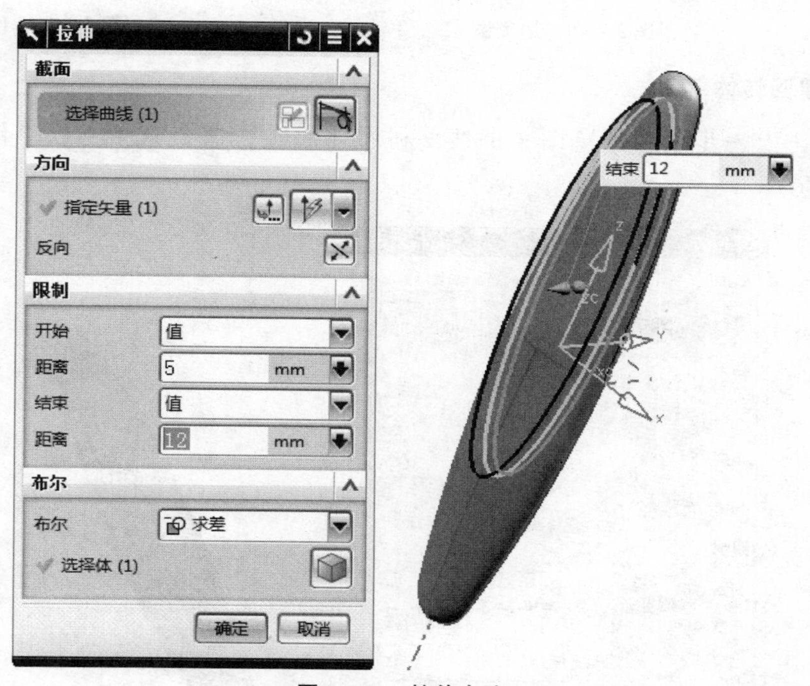

图 5-44　拉伸去除

9. 倒圆角

（1）利用【边倒圆】命令 边倒圆(E)，对选择的边界进行 0.5 mm 倒圆角，如图 5-45 所示。

10. 创建草图 3

（1）以 XZ 平面为草图平面，绘制如图 5-46 所示草图。

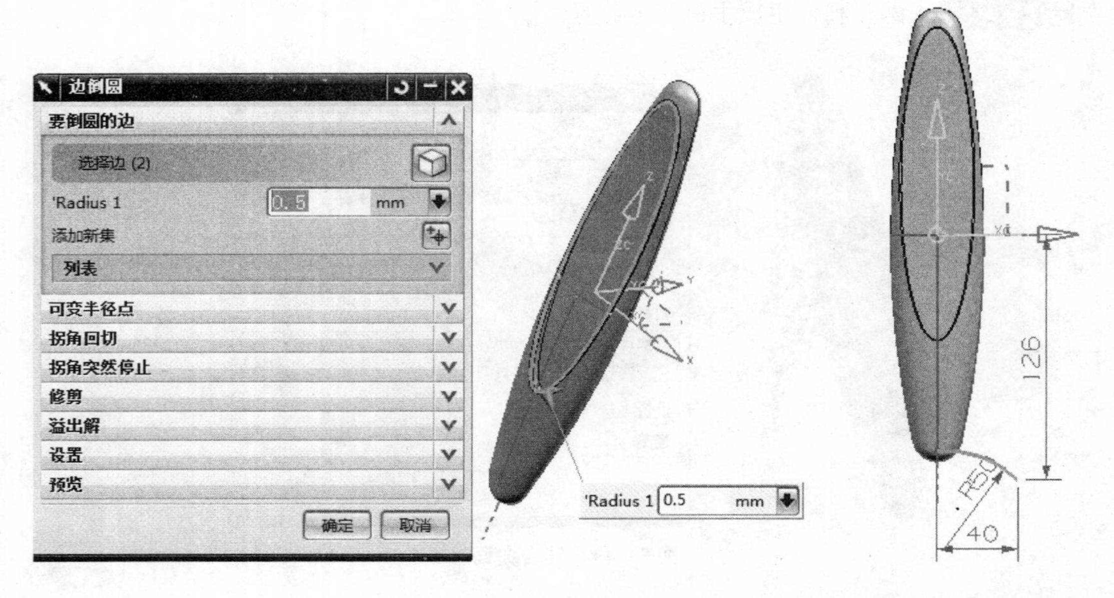

图 5-45 边倒圆　　图 5-46 创建草图轮廓

11. 创建回转体

(1) 选中上一步创建的草图 3 曲线，利用【回转】命令 回转(R)... 创建实体，如图 5-47 所示。

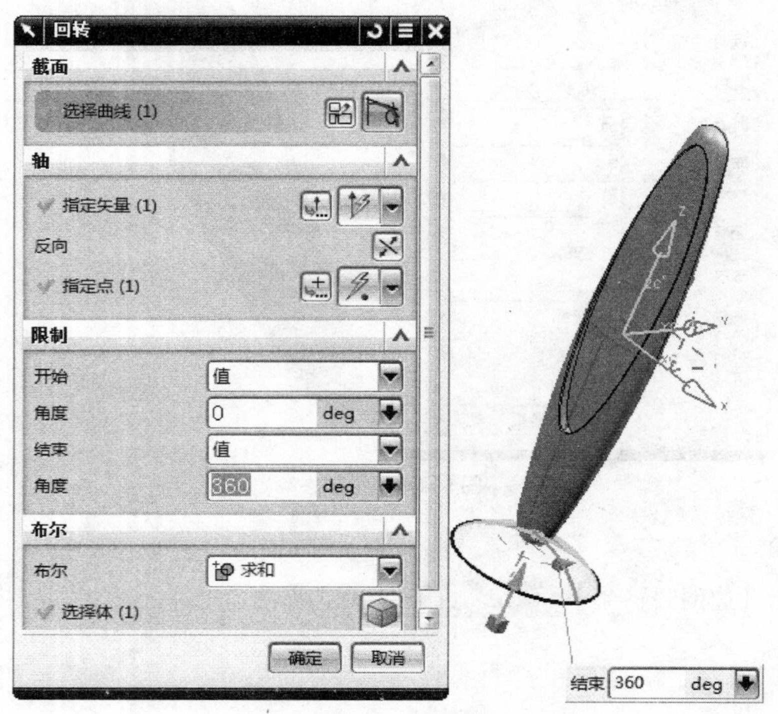

图 5-47 回转体

12. 抽壳

（1）利用【抽壳】命令 抽壳(H)，对选中的如图 5－48 所示底面，进行 2 mm 的抽壳。

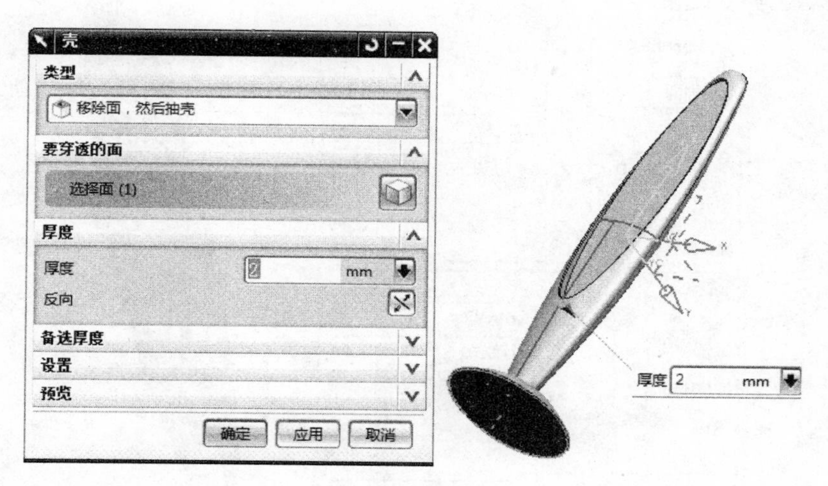

图 5－48　抽壳

13. 绘制草图

（1）以 XZ 平面为草图平面，绘制如图 5－49 所示草图。

14. 创建文本

（1）单击下拉菜单【插入】—【曲线】—【文本】命令 A 文本(T)，弹出如图 5－50 所示的【文本】对话框，在对话框中选择【类型】为【在曲线上】；

（2）选择草图中顶部线条作为文本放置曲线；

（3）选择【定位方式】为矢量，选择 Z 轴为矢量方向；

（4）输入文本 123，并设置文本框属性，如图 5－50 所示；

（5）单击【确定】按钮 确定，完成第一行文本创建；

（6）用同样的方式创建所有的文本，最终结果如图 5－51 所示。

15. 拉伸文本

（1）选中所有文本，利用【拉伸】命令 拉伸(E)，创建电话拨号按键实体，结果如图 5－52 所示。

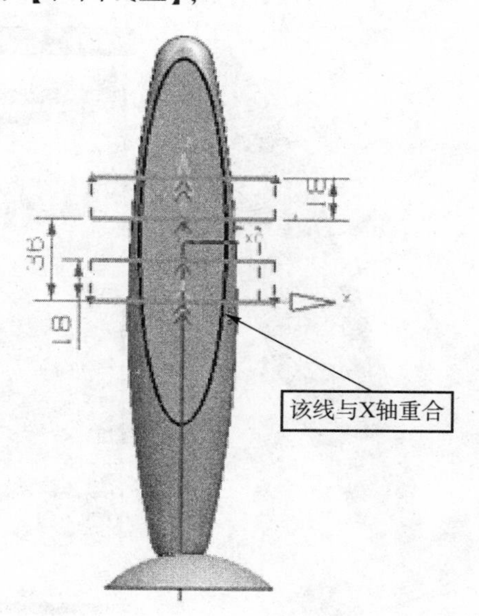

图 5－49　创建草图轮廓

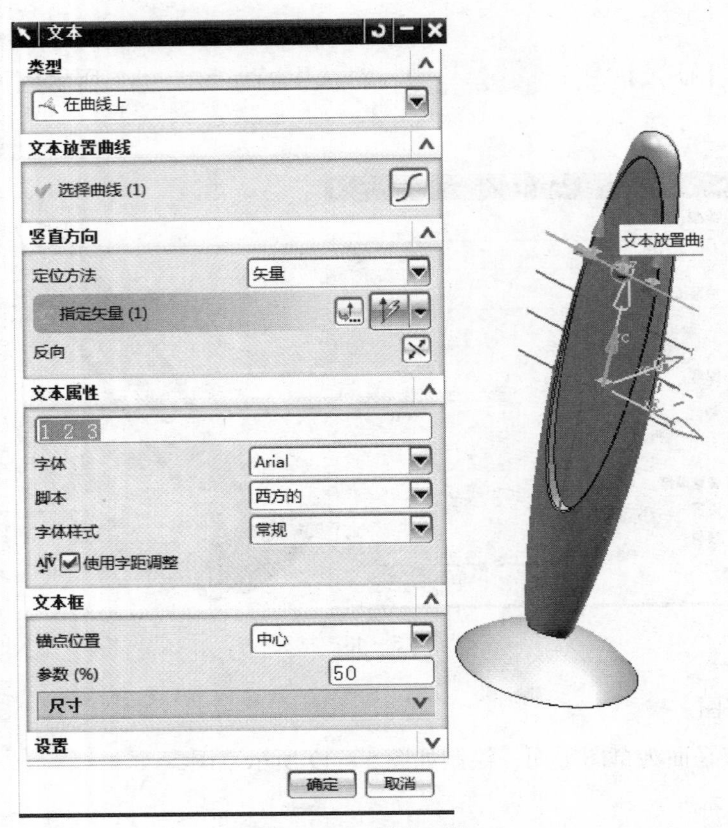

图 5-50　创建文本

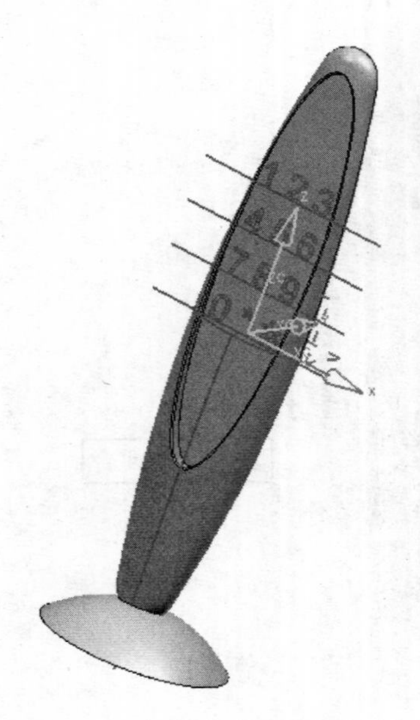

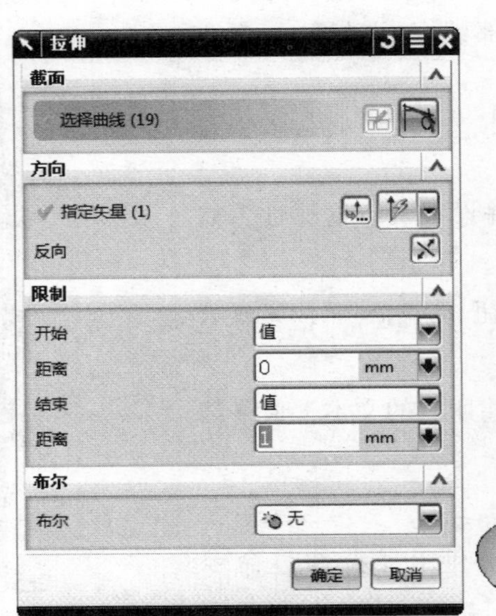

图 5-51　创建所有文本

图 5-52　拉伸文本

16. 保存文件

项目 2　课后练习

根据如图 5 – 53 所示的尺寸完成曲面建模。

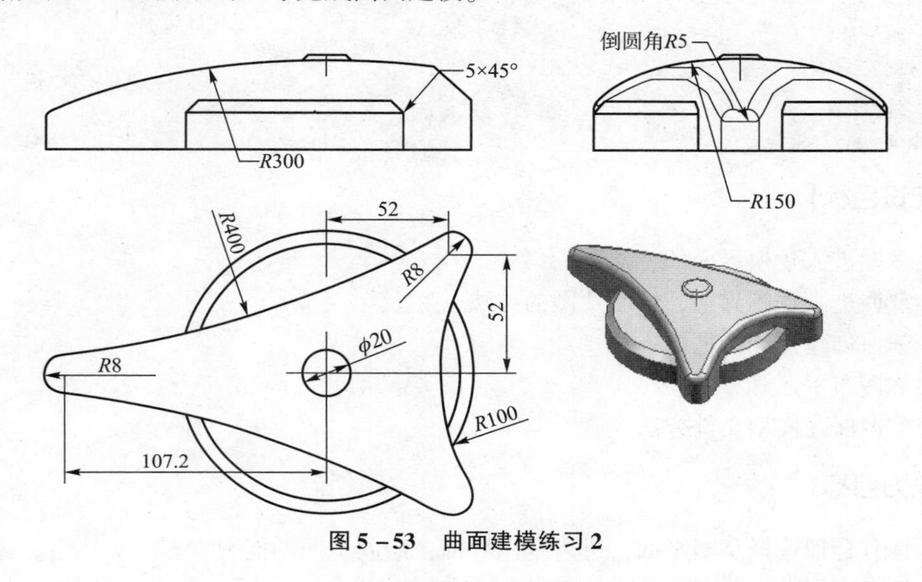

图 5 – 53　曲面建模练习 2

项目 3　耳机

【任务】

根据如图 5 – 54 所示的曲面模型图及建模步骤，完成耳机的建模。

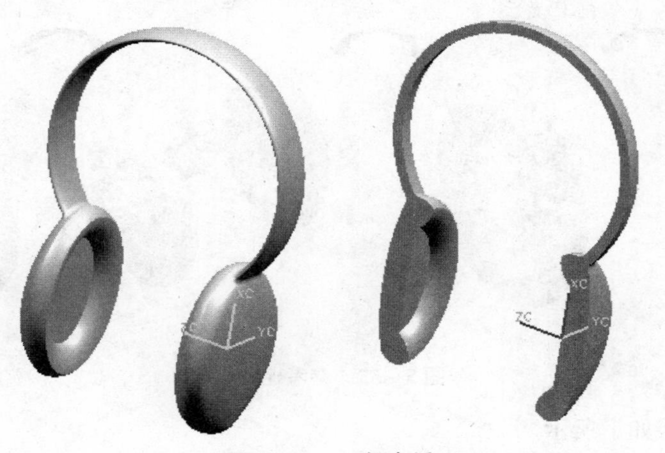

图 5 – 54　无绳电话

相关知识点

1. 创建椭圆	2. 创建草图
3. 扫掠曲面	4. 镜像曲面
5. 有界平面	6. 缝合曲面
7. 创建基准平面	8. 镜像体
9. 扫掠实体	10. 布尔运算
11. 边倒圆	8. 保存文件

【知识目标】

▼ 掌握进入建模界面的方法
▼ 掌握进入草图界面，绘制草图的方法
▼ 掌握创建拉伸特征的方法
▼ 掌握布尔运算方法
▼ 掌握保存模型文件方法

【能力目标】

▲ 具有合理选择草图平面，进入草图界面，绘制草图的能力。
▲ 具有应用【拉伸】命令，创建拉伸实体的能力。
▲ 具有应用【布尔操作】命令，对所创建的实体进行相加、相减、求交的能力。
▲ 具有应用【保存】命令 保存(S)，或者【另存为】命令 另存为(A)，对已建好的模型文件进行保存的能力。

参考建模步骤如图 5－55 所示。

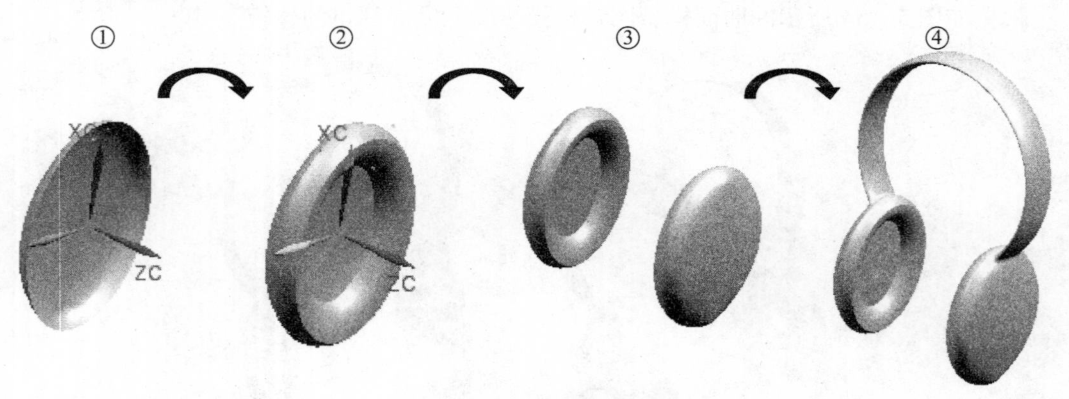

图 5－55 参考建模步骤

详细建模步骤如下所示。

1. 创建椭圆 1

（1）新建 Part 文件，进入建模界面；

（2）依次单击下拉菜单中的【插入】—【曲线】—【椭圆】命令 椭圆(E)...，弹出如图 5－56 所示的【点】对话框，单击【确定】按钮 确定 ；

图 5－56　【点】对话框

（3）弹出如图 5－57 所示的【编辑椭圆】对话框，输入【长半轴】【短半轴】分别为 40、32，输入【起始角】【终止角】和【高度】分别为 0、90、0，如图 5－57 所示；

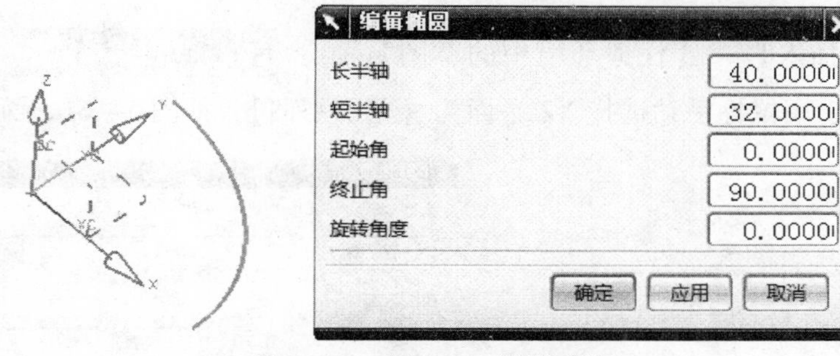

图 5－57　创建 1/4 段椭圆弧 1

（4）单击【确定】按钮 确定 ，创建 1/4 段椭圆弧。如图 5－57 所示；

（5）用相同的方法创建第 2 段椭圆弧，如图 5－58 所示；

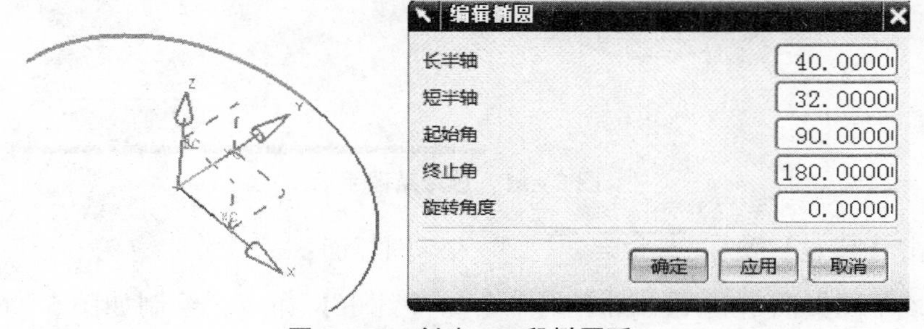

图 5－58　创建 1/4 段椭圆弧 2

（6）第3段和第4段，如图5-59、图5-60所示。

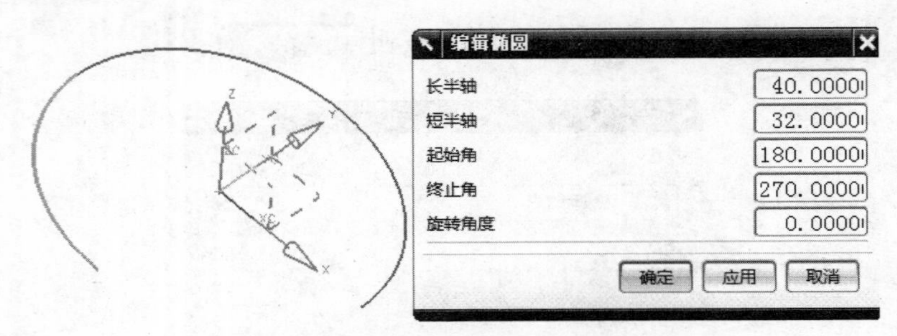

图5-59　创建1/4段椭圆弧3

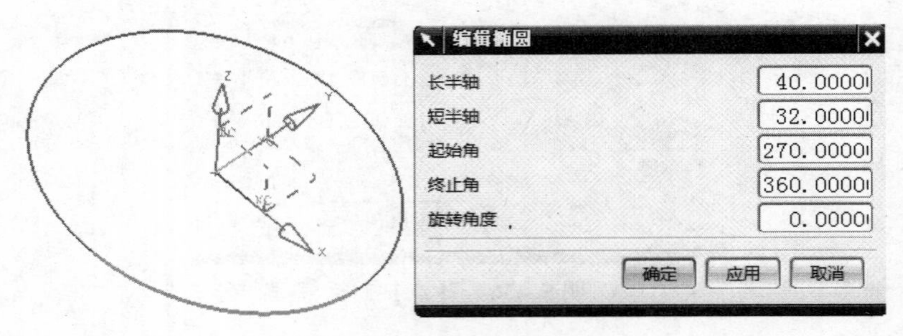

图5-60　创建1/4段椭圆弧4

2. 创建草图1

（1）单击【插入】—【任务环境中的草图】命令 任务环境中的草图(S)...，弹出【创建草图】对话框，用鼠标手动选择XZ平面为【草图平面】，如图5-61所示；

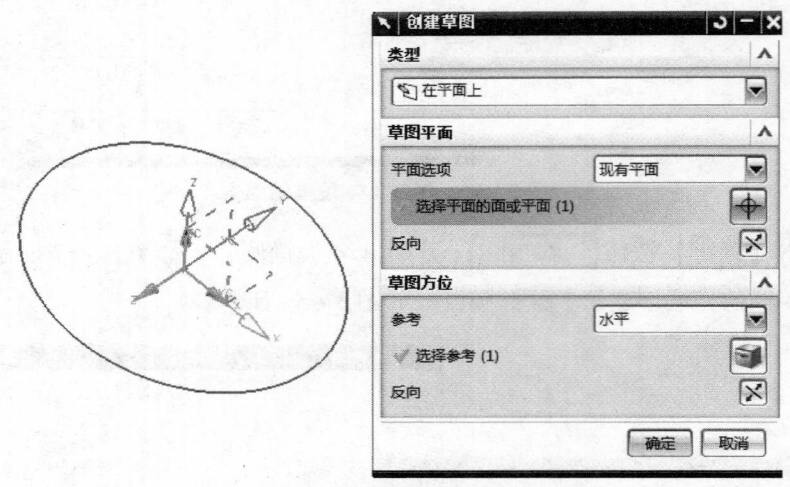

图5-61　选择草图平面

（2）单击【确定】按钮 确定 ，进入草图界面；

（3）在该草图界面中利用草图绘制命令和【约束】命令，绘制如图5-62所示图形；（注意：先画一半，然后镜像另一半。）

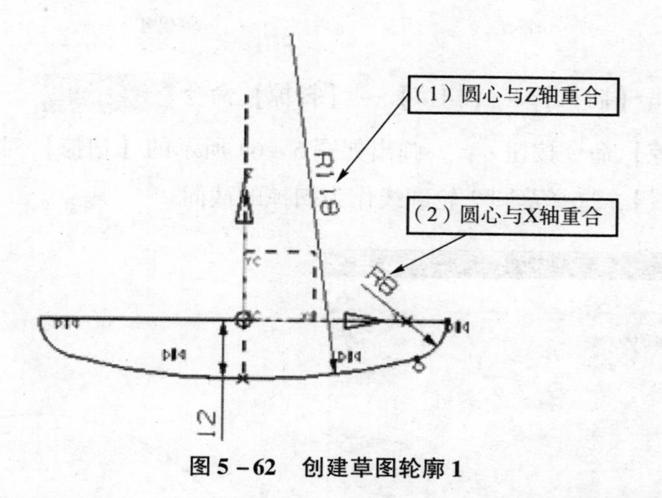

图 5-62　创建草图轮廓 1

(4) 单击【草图生成器】工具条上的【完成草图】命令图标 完成草图(K)，退出草图环境。

3. 创建草图 2

(1) 单击【插入】—【任务环境中的草图】命令 任务环境中的草图(S)...，弹出【创建草图】对话框，用鼠标手动选择 YC－ZC 为【草图平面】;

(2) 单击【确定】按钮 确定，进入草图界面;

(3) 在该草图界面中利用草图绘制命令和【约束】命令，绘制如图 5－63 所示图形;（注意：先画一半，然后镜像另一半。）

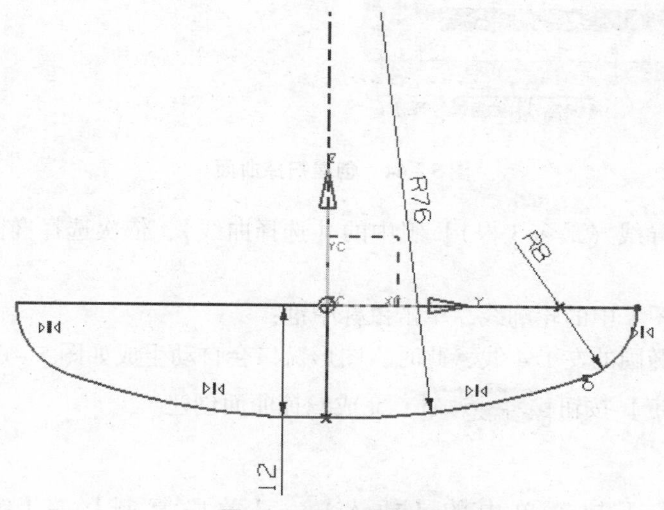

图 5-63　创建草图轮廓 2

(4) 单击【草图生成器】工具条上的【完成草图】命令图标 完成草图(K)，退出草图环境。

4. 扫掠曲面

(1) 依次单击【插入】—【扫掠】—【扫掠】命令 扫掠(S)，或直接单击【曲面】工具条中的【扫掠】命令按钮，弹出如图5-64所示的【扫掠】对话框，单击【截面】组中的【选择曲线】，选择草图2轮廓线作为扫掠的截面。

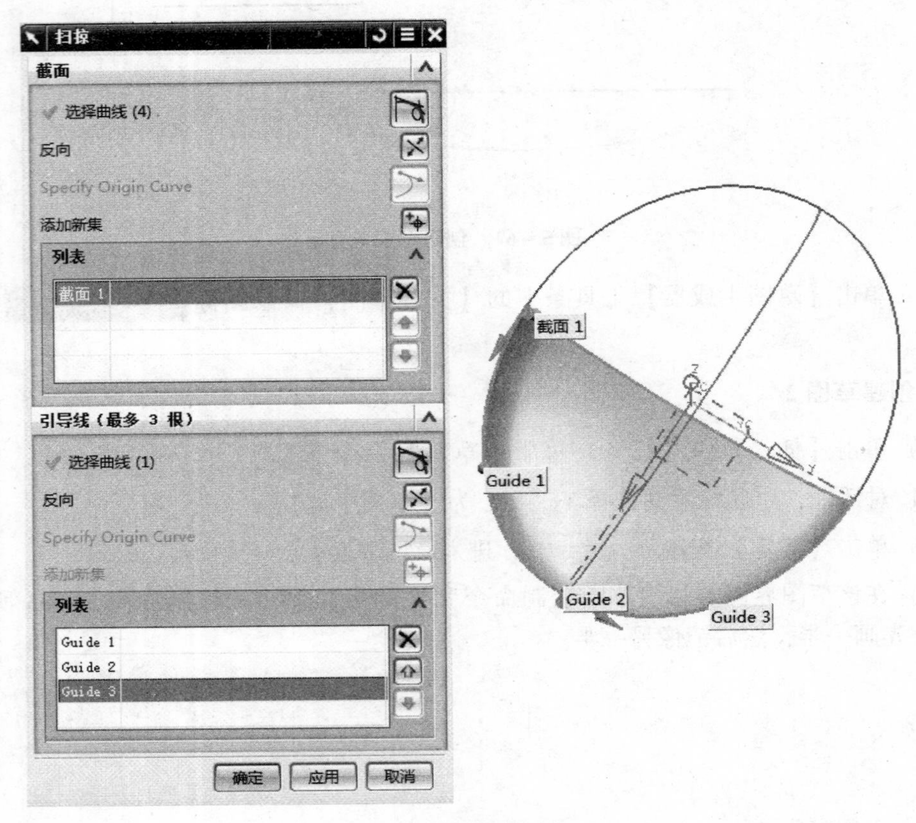

图5-64 创建扫掠曲面

(2) 单击【引导线（最多3根）】组中的【选择曲线】，依次选择椭圆的右1/4线，单击鼠标中键；

(3) 再选择草图1中的轮廓线，单击鼠标中键；

(4) 最后选择椭圆的左1/4线，此时，图形窗口会自动生成如图5-64所示的曲面；

(5) 单击【确定】按钮 确定 ，完成扫掠曲面创建。

5. 镜像曲面

(1) 依次单击下拉菜单中的【插入】—【关联复制】—【镜像特征】命令 镜像特征(M)，弹出【镜像特征】对话框，选择之前创建的曲面为特征对象；

(2) 选择YC-ZC平面为镜像平面，如图5-65所示；

(3) 单击【应用】按钮 应用 ，创建镜像曲面。

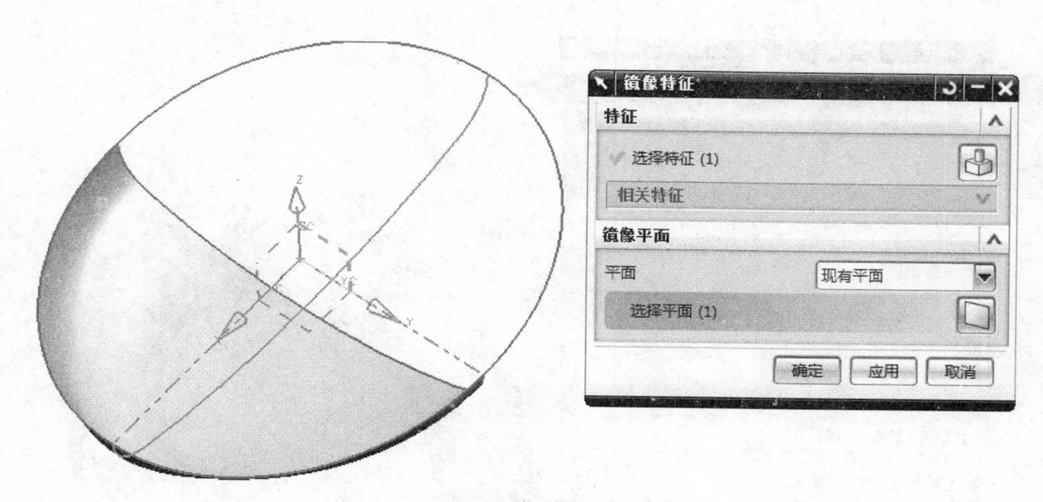

图 5－65　镜像曲面

6. 创建草图 3

（1）单击【插入】—【任务环境中的草图】命令 任务环境中的草图(S)...，弹出【创建草图】对话框，用鼠标手动选择 XZ 平面为【草图平面】；

（2）单击【确定】按钮 确定 ，进入草图界面；

（3）在该草图界面中利用草图绘制命令和【约束】命令，绘制如图 5－66 所示图形；

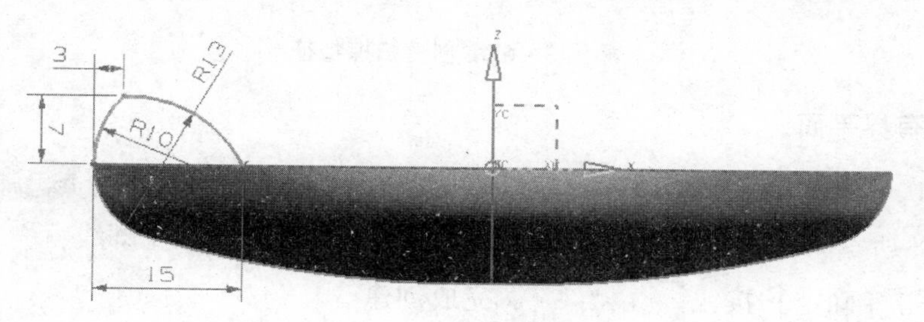

图 5－66　创建草图轮廓 3

（4）单击【草图生成器】工具条上的【完成草图】命令图标 完成草图(K)，退出草图环境。

7. 扫掠曲面

（1）依次单击【插入】—【扫掠】—【扫掠】命令 扫掠(S)...，或直接单击【曲面】工具条中的【扫掠】命令按钮，弹出如图 5－67 所示的【扫掠】对话框，单击【截面】组中的【选择曲线】，选择草图 3 轮廓线作为扫掠的截面；

（2）单击【引导线（最多 3 根）】组中的【选择曲线】，选择整个椭圆轮廓线，此时，图形窗口会自动生成如图 5－67 所示的曲面；

（3）单击【确定】按钮 确定 ，完成曲面创建。

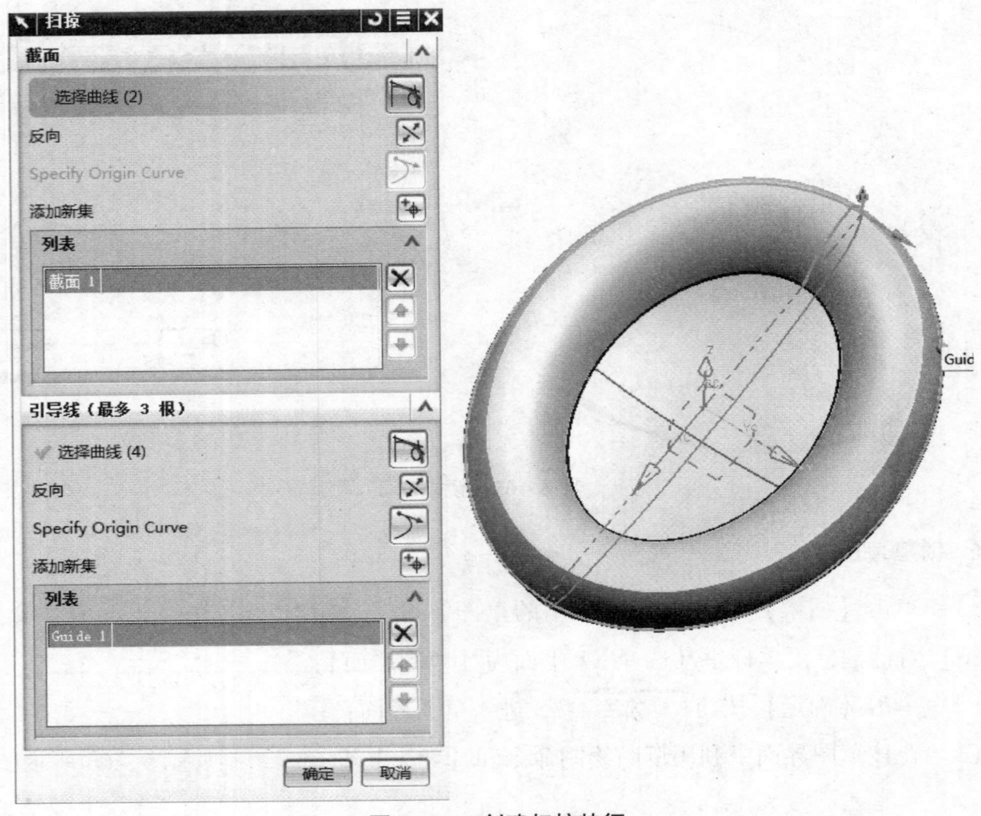

图 5-67　创建扫掠特征

8. 创建有界平面

（1）依次单击下拉菜单【插入】—【曲面】—【有界平面】命令 有界平面(B)...，弹出如图 5-68 所示的【有界平面】对话框，选择如图 5-68 所示轮廓线；

（2）单击【确定】按钮 确定，完成创建。

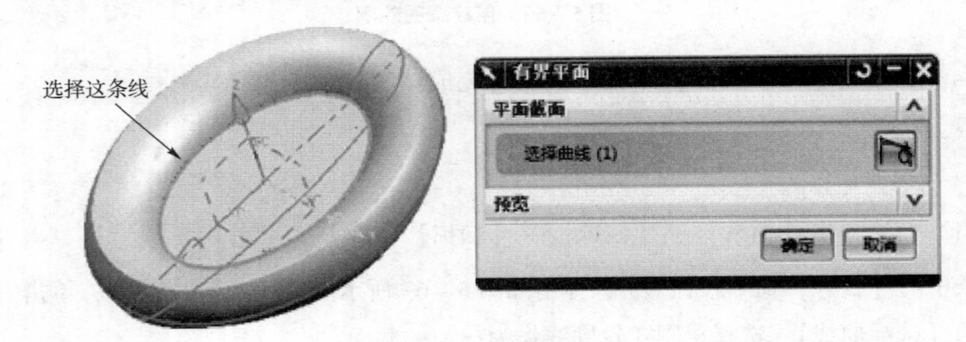

图 5-68　创建有界平面

9. 缝合曲面

（1）依次单击下拉菜单中的【插入】—【组合】—【缝合】命令 缝合(W)...，在弹出的【缝合】对话框中选择任意 1 个面作为目标体；

（2）选择其余3个面为刀具体，如图5－69所示；

（3）单击【确定】按钮 确定 ，完成缝合。

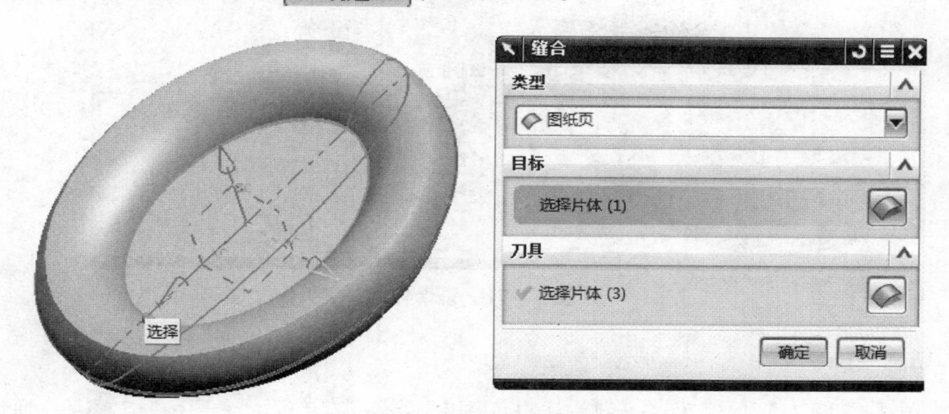

图5－69　缝合曲面

10. 创建基准平面1

（1）依次单击下拉菜单中的【插入】—【基准/点】—【基准平面】命令 基准平面(D)... ，在弹出的【基准平面】对话框中的【类型】下拉列表中选择【按某一距离】；

（2）选中XC－YC基准平面作为参考，输入距离值为40，如图5－70所示；

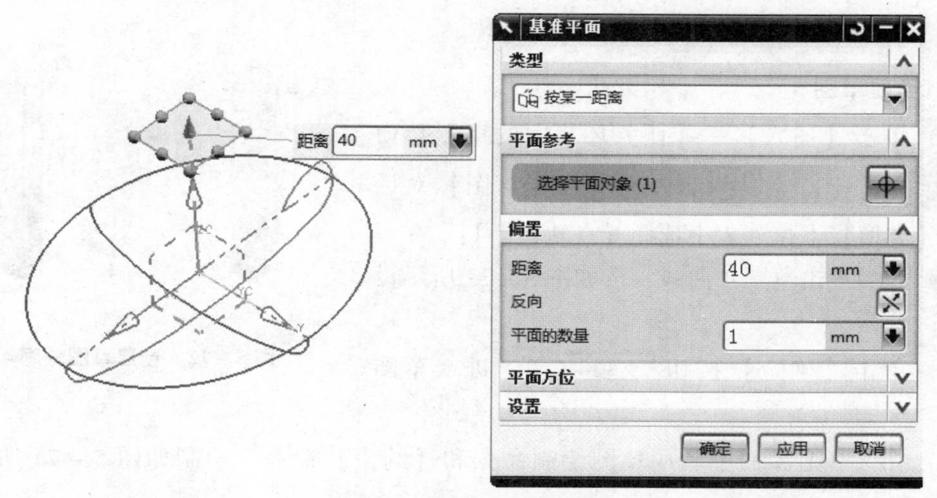

图5－70　创建基准平面

（3）单击【应用】按钮 应用 ，创建基准平面。

11. 镜像体

（1）依次单击下拉菜单中的【插入】—【关联复制】—【镜像体】命令 镜像体(B)... ，弹出【镜像体】对话框，选择之前创建的缝合体；

（2）选择基准平面1为镜像平面，如图5－71所示；

（3）单击【应用】按钮 应用 ，创建镜像体。

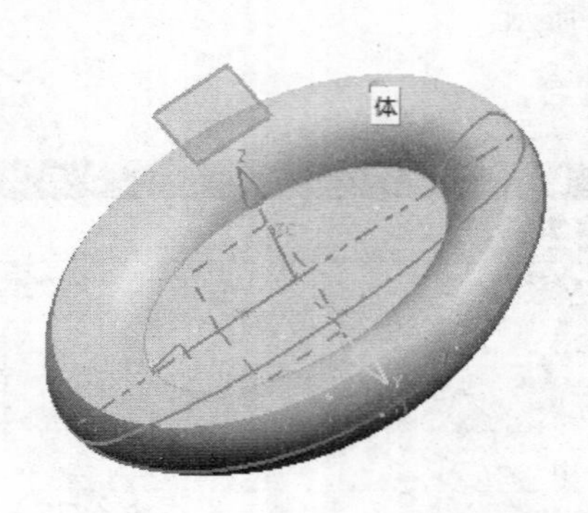

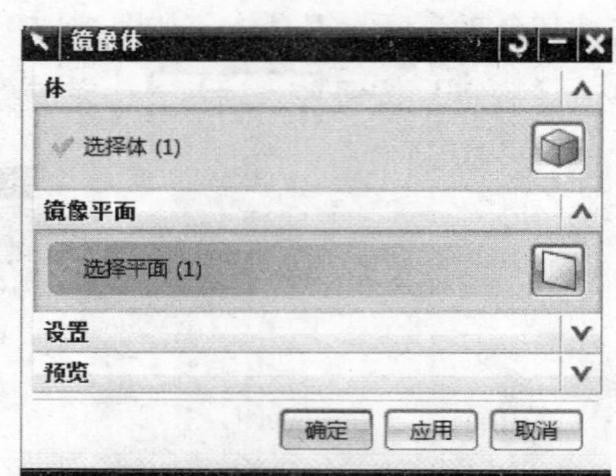

图 5-71　镜像体

12. 创建草图 4

(1) 单击【插入】—【任务环境中的草图】命令 任务环境中的草图(S)，弹出【创建草图】对话框，用鼠标手动选择 XZ 平面为【草图平面】；

(2) 单击【确定】按钮 确定，进入草图界面；

(3) 在该草图界面中利用草图绘制命令和【约束】命令，绘制如图 5-72 所示图形；

(4) 单击【草图生成器】工具条上的【完成草图】命令图标 完成草图(K)，退出草图环境。

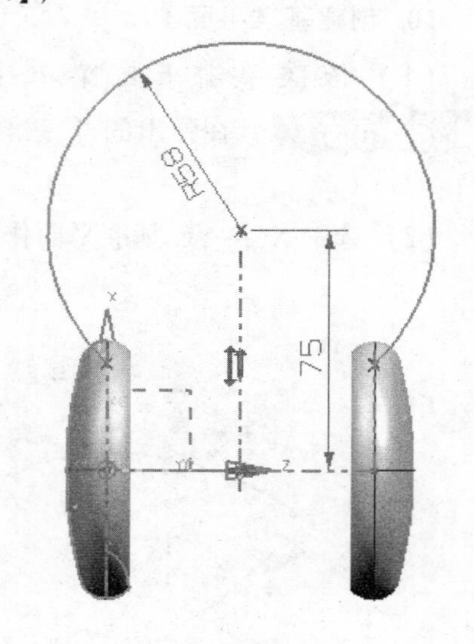

图 5-72　创建草图轮廓 4

13. 创建草图 5

(1) 单击【插入】—【任务环境中的草图】命令 任务环境中的草图(S)，弹出【创建草图】对话框，在【类型】下拉列表中选择【在轨迹上】；

(2) 然后单击草图 4 曲线，按如图 5-73 所示设置参数；

(3) 单击【确定】按钮 确定，进入草图界面；

(4) 在该草图界面中利用草图绘制命令和【约束】命令，绘制如图 5-74 所示椭圆图形；

(5) 单击【草图生成器】工具条上的【完成草图】命令图标 完成草图(K)，退出草图环境。

14. 扫掠实体

(1) 以【静态线框】的方式显示模型。依次单击下拉菜单【插入】—【扫掠】—【沿引导线扫掠】命令 沿引导线扫掠(G)，弹出【沿引导线扫掠】对话框，单击【截面】组中的【选择曲线】，选择草图 5 轮廓线作为扫掠的截面；

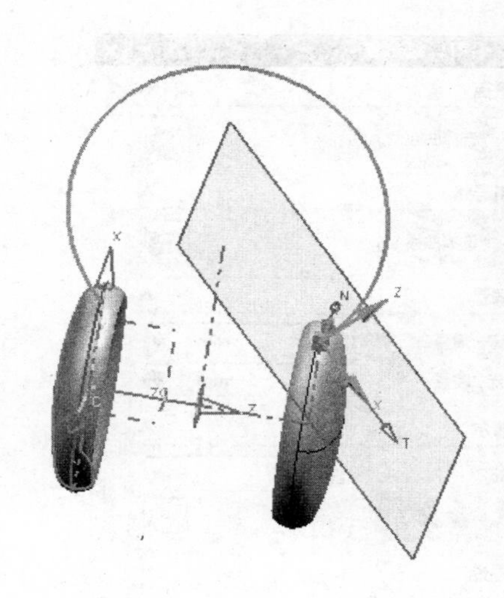

图 5－73　选择【在轨迹上】

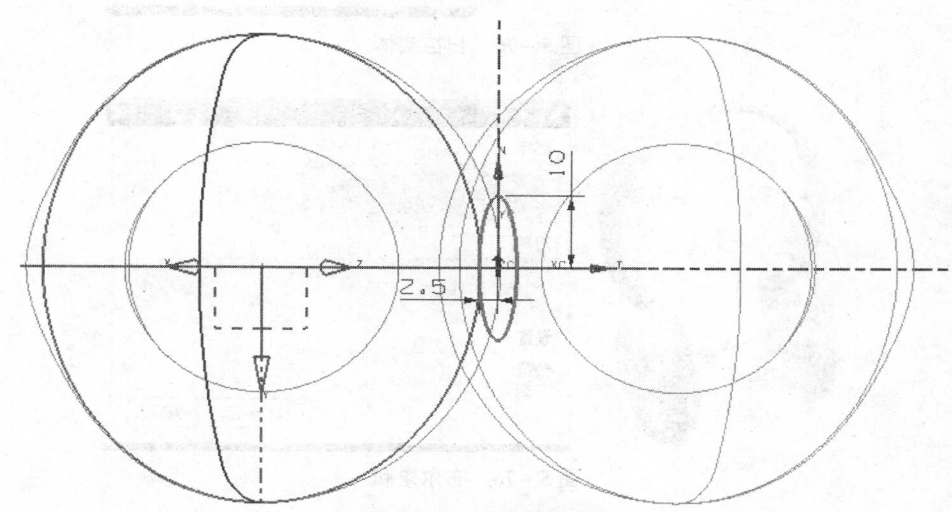

图 5－74　绘制草图轮廓

（2）单击【引导线】组中的【选择曲线】，选择草图 4 轮廓线，任选一个耳机耳朵为求和对象，此时，图形窗口会自动生成如图 5－75 所示的实体；

（3）单击【确定】按钮 确定 ，完成实体创建。

15. 布尔求和

（1）以【带边着色】的方式显示模型。单击【特征操作】工具条中的【求和】命令 求和(U)... ，弹出【求和】对话框，选择任意 1 个体作为目标体；

（2）选择其余体为刀具体，如图 5－76 所示；

（3）单击【确定】按钮 确定 ，完成求和。

16. 倒圆角

（1）利用【边倒圆】命令 边倒圆(E)... ，对选择的边界进行 3 mm 倒圆角，如图 5－77 所示。

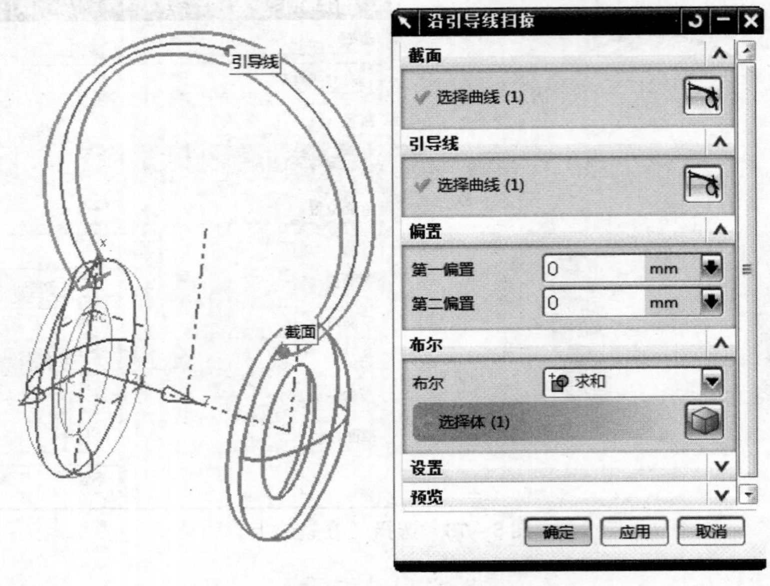

图 5－75 扫掠实体

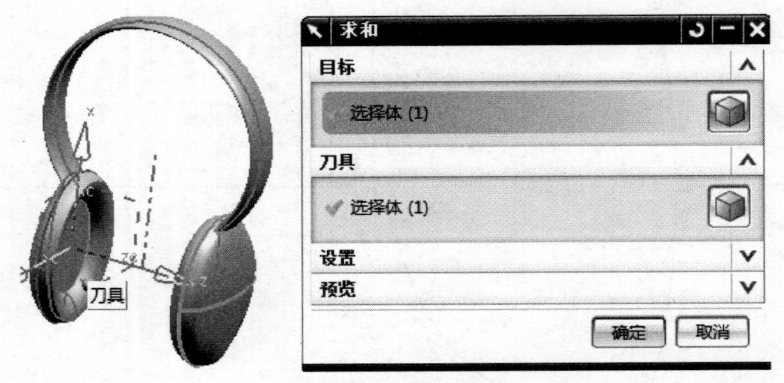

图 5－76 布尔求和

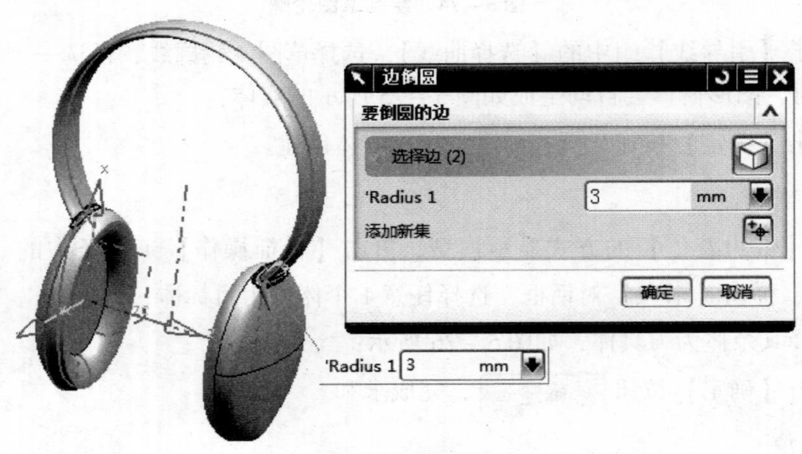

图 5－77 倒圆角

17. 保存文件

项目 3　课后练习

根据如图 5－78 所示的尺寸完成曲面建模。

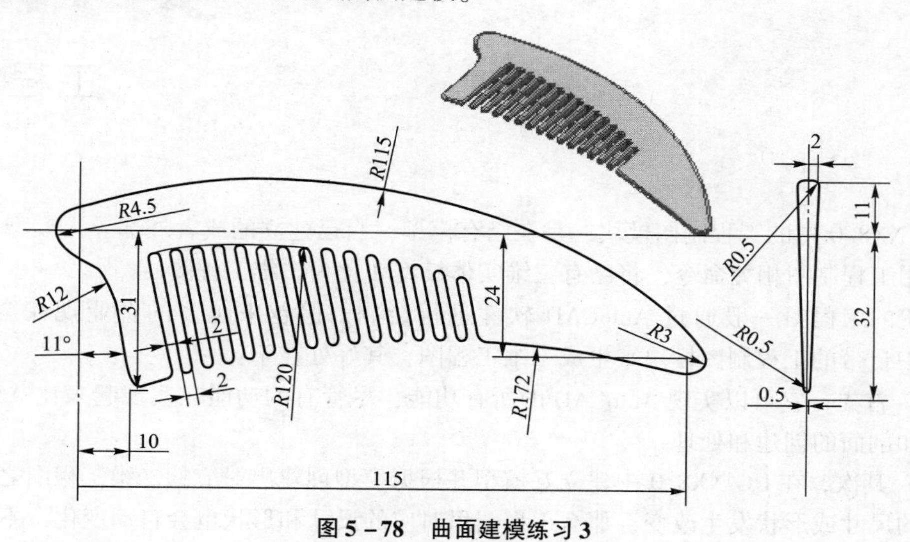

图 5－78　曲面建模练习 3

第五章　曲面建模

第六章

工程制图

UG NX8.0 中的工程制图模块，是在已有模型（自己建立的或者外部导入模型）的基础上，利用工程制图相关命令，将已有三维实体模型转化为二维工程图。

传统的工程图一般通过 AutoCAD 软件进行绘制，但越来越多的企业现在会选择 UG NX8.0 中自带的工程制图模块来生成二维工程图，其好处在于：

（1）首先，它可以实现 AutoCAD 的所有功能，尽管有的功能在实现起来比 AutoCAD 复杂，例如剖面的创建和处理。

（2）其次，在 UG NX8.0 中建立好模型并根据模型创建出对应的二维工程图之后，假如该模型的尺寸或形状发生改变，那么工程图里对应的尺寸和形状也会自动变化，不需要重新进行处理，而 AutoCAD 需要重新绘制形状和尺寸变化的地方。所以，对于经常进行产品研发、改型、创新的企业来说，能够以最快速度生成工程图并能随模型改变而改变，无疑是一种高效的手段。

因此在学习了本章后，期望读者能够理解并掌握 UG 工程制图的基本流程和方法，在此基础上，能独立进行一些复杂模型工程图的创建。

项目1　工程制图1

【任务】

根据如图 6－1 所示的零件图创建工程图。

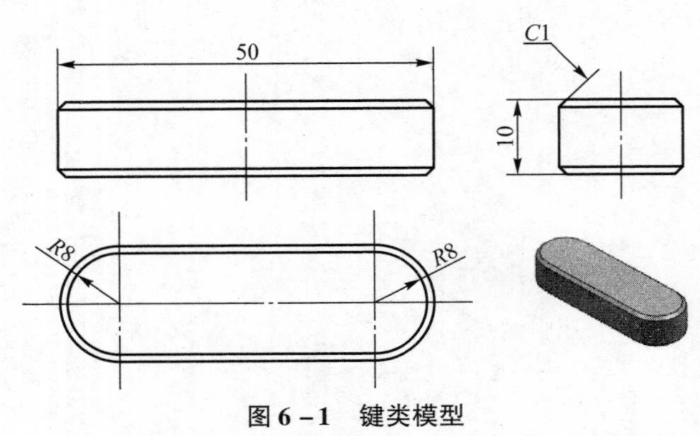

图6－1　键类模型

相关知识点

1. 新建图纸
2. 制图、注释．视图首选项设置
3. 创建基本视图．投影视图
4. 创建轴测视图
5. 视图的着色显示
6. 添加中心线
7. 标注尺寸
8. 创建表格
9. 保存文件

【知识目标】

▼ 掌握进入工程制图界面，新建图纸的方法
▼ 掌握设置首选项的方法
▼ 掌握创建基本视图，投影视图的方法
▼ 掌握创建轴测视图的方法
▼ 掌握视图的着色显示的方法
▼ 掌握添加中心线的方法
▼ 掌握标注尺寸的方法
▼ 掌握创建表格的方法

【能力目标】

▲ 具有从建模界面，进入工程制图界面的能力。

▲ 具有应用【图纸页】命令 图纸页(H)...，新建工程图纸的能力。

▲ 具有应用首选项相关命令，设置【制图】【注释】【视图】相关参数的能力。

▲ 具有应用【基本视图】命令 基本(B)...，创建基本视图，投影视图及正等轴测视图的能力。

▲ 具有应用首选项相关命令，对单个视图进行着色显示的能力。

▲ 具有应用【中心线】命令 2D 中心线...，创建各种类型的中心线的能力。

▲ 具有应用【尺寸】命令 自动判断(I)...，标注各种尺寸的能力。

▲ 具有应用【表格注释】命令 表格注释(T)...，创建表格的能力。

▲ 具有应用【保存】命令 保存(S)，或者【另存为】命令 另存为(A)...，对已建好的模型文件进行保存的能力。

参考制图步骤如下所示。

1. 新建图纸

（1）打开文件 6－1. prt，依次单击【开始】 开始 —【制图】命令按钮 制图(D)...，或直接在键盘上按快捷键“Ctrl＋Shift＋D”，如图 6－2 所示，系统会自动从建模界面转化到如图 6－3 所示的工程制图界面；

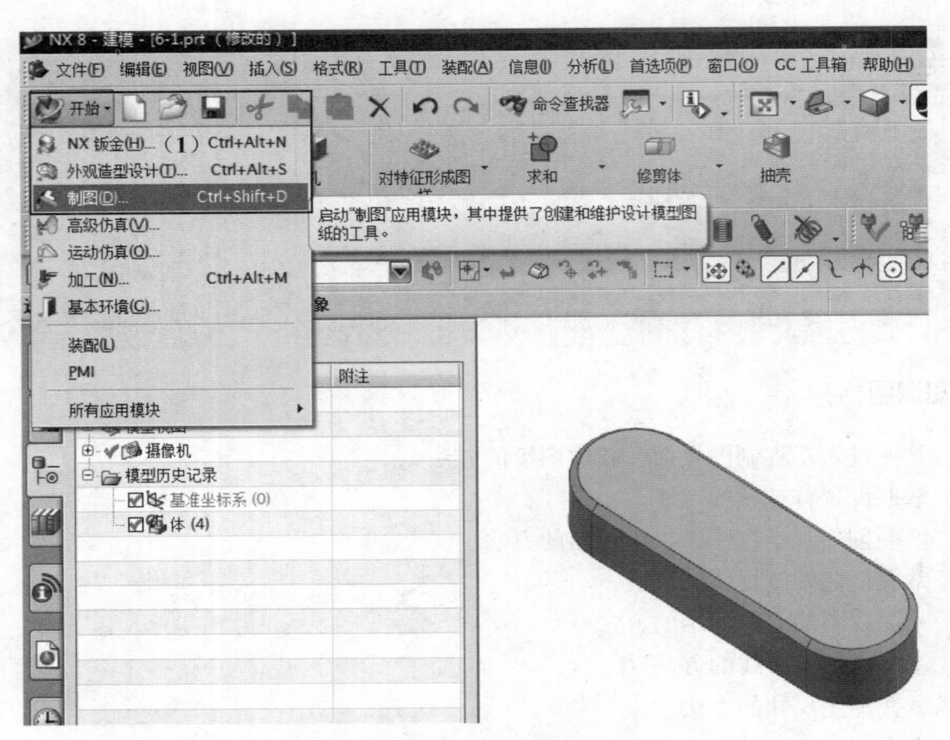

图 6-2　进入制图界面方法

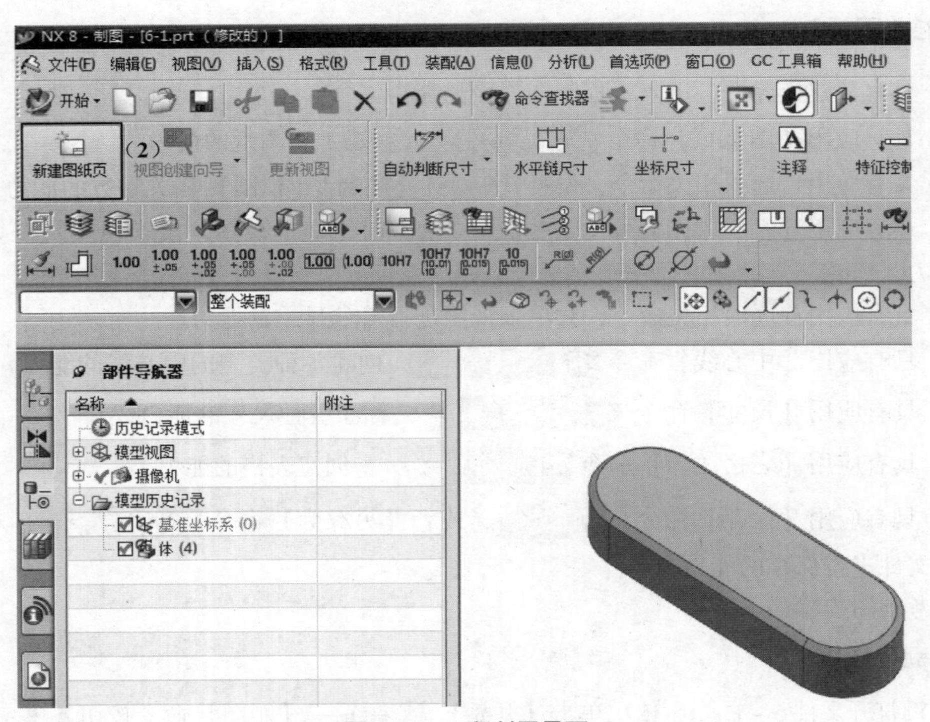

图 6-3　工程制图界面

（2）依次单击下拉菜单【插入】—【图纸页】命令 图纸页(H)...，弹出如图 6-4 所示的【图纸页】对话框；

(3) 在【大小】选项区中选择【标准尺寸】单选按钮；

(4) 选择图纸大小为【A4 - 210 × 297】，【比例】选择 1 : 1，其余参数保持不变；

(5) 单击【设置】栏，会在【图纸页】对话框下方出现新的选项区域，如图 6 - 5 所示。在【单位】区域中选择毫米；

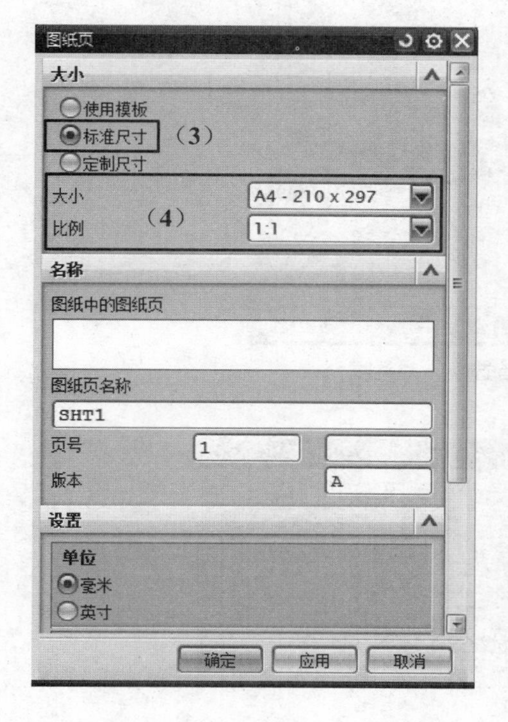

图 6 - 4 【图纸页】对话框

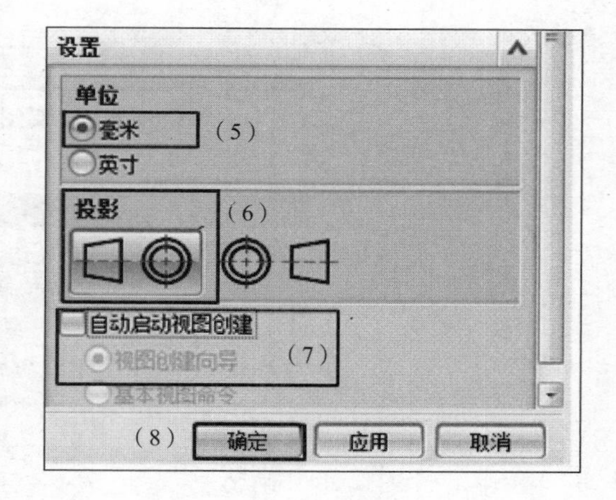

图 6 - 5 【设置】区域

(6)【投影】区域中选择【第一象限角投影】图标；

(7) 把【自动启动视图创建】选项 自动启动视图创建 前面的勾 去掉；

(8) 单击【确定】按钮 确定 ，完成图纸的创建。

注意：不启动该选项的原因在于，我们在创建视图之前还有一些参数需要设置，例如尺寸样式、倒斜角样式、文字粗细等，提前设置好相关参数能极大地提高后续工程制图的效率。

2. 首选项设置

1) 制图首选项设置

(1) 依次单击下拉菜单【首选项】—【制图】命令 制图(D)，弹出如图 6 - 6 所示的【制图首选项】对话框，单击【视图】选项卡，确认该选项卡中的【显示边界】复选框前面的勾 处于去掉状态。

2) 注释首选项设置

(1) 依次单击下拉菜单【首选项】—【注释】命令 注释(T)，弹出如图 6 - 7 所示的【注释首选项】对话框，单击【尺寸】选项卡；

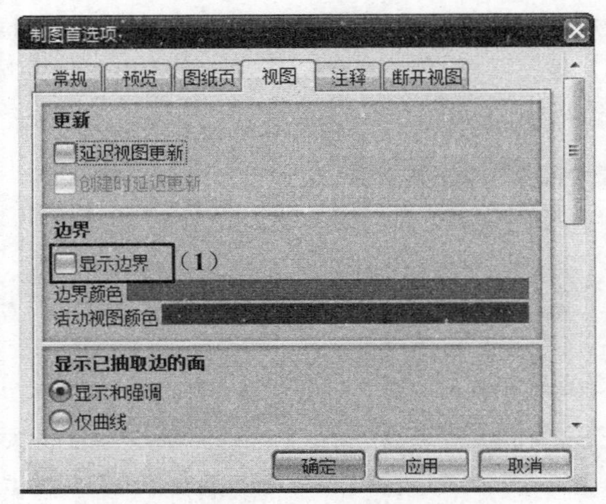

图 6－6 【制图首选项】对话框

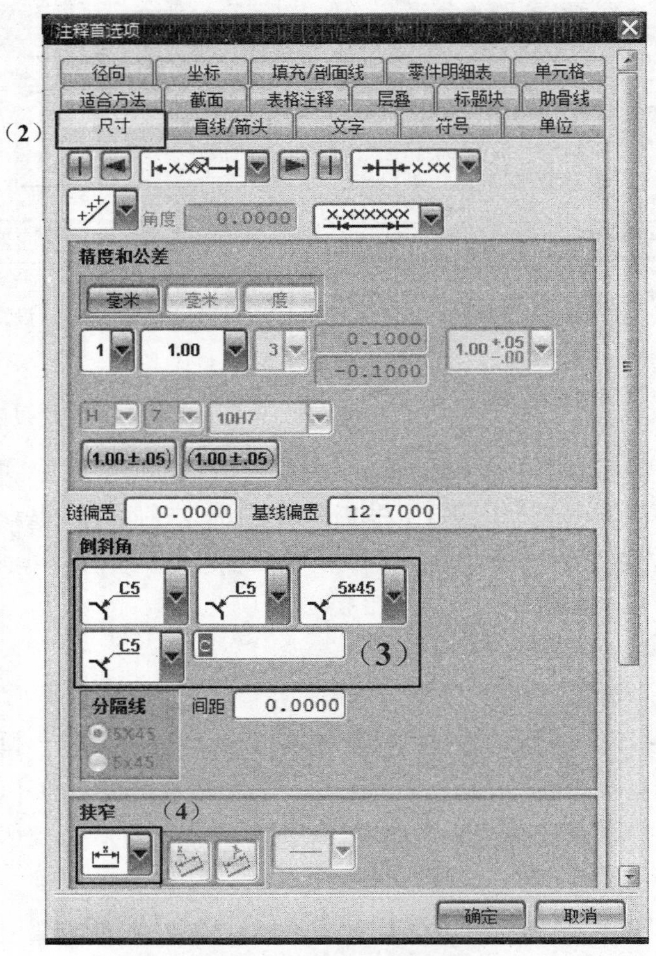

图 6－7 设置尺寸样式

（2）修改【倒斜角】的显示方式为符号 C5，指引线与倒斜角垂直 5x45，输入前缀为大写的字母 C；

（3）修改【狭窄】尺寸显示为方式为默认 ；

（4）切换到【直线/箭头】选项卡，设置直线/箭头样式，如图 6－8 所示；

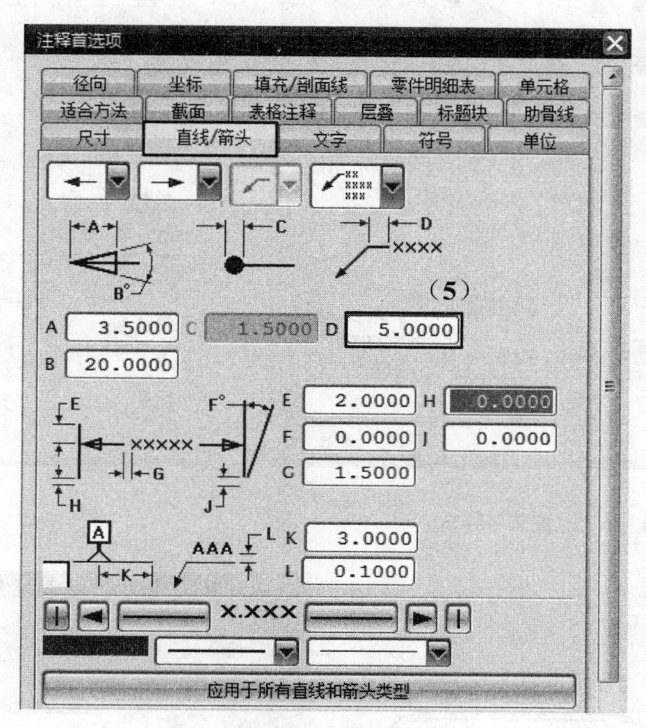

图 6－8　设置直线/箭头样式

（5）切换到【文字】选项卡，设置文字样式，将所有文字样式的粗细由默认的【细】改为【正常】，如图 6－9 所示；

（6）单击【确定】按钮 确定，完成【注释首选项】设置。

3. 创建基本视图

（1）依次单击下拉菜单【插入】—【视图】—【基本】命令 基本(B)...，弹出如图 6－10 所示的【基本视图】对话框，在【模型视图】选项区域中的【要使用的模型视图】下拉列表中选择【前视图】选项，其余参数不变；

（2）在 A4 图纸区域中生成模型前视图的预览图。

1）前视图

（1）在 A4 图纸区域的合适位置处单击 MB1（鼠标左键），即可在当前工程图中创建出该模型的【前视图】，如图 6－11 所示；

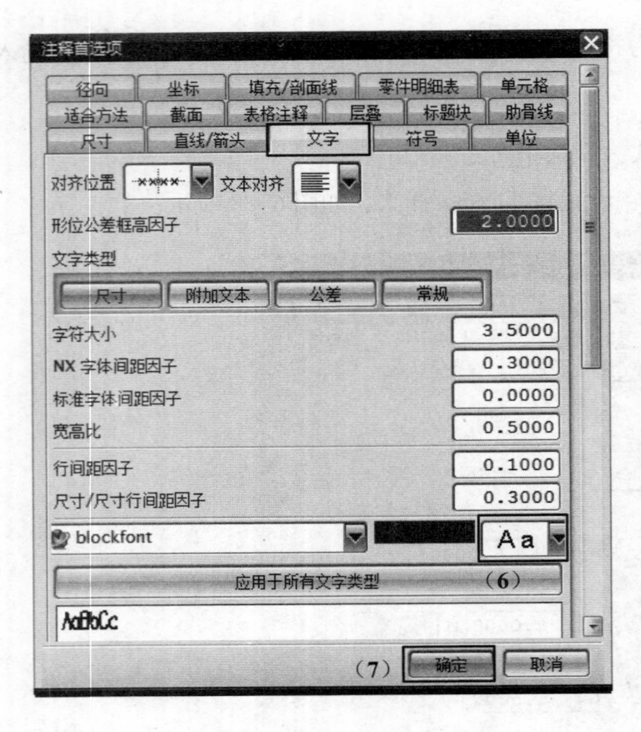

图 6-9　设置文字样式

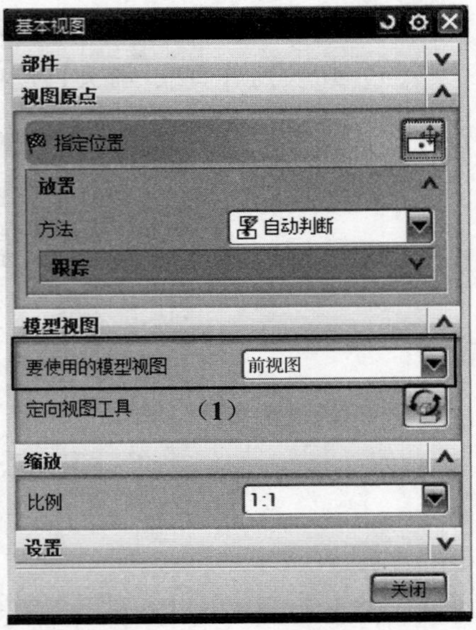

基本视图
部件
视图原点
指定位置
放置
方法　自动判断
跟踪
模型视图
要使用的模型视图　前视图
定向视图工具　(1)
缩放
比例　1:1
设置
关闭

图 6-10　创建基本视图

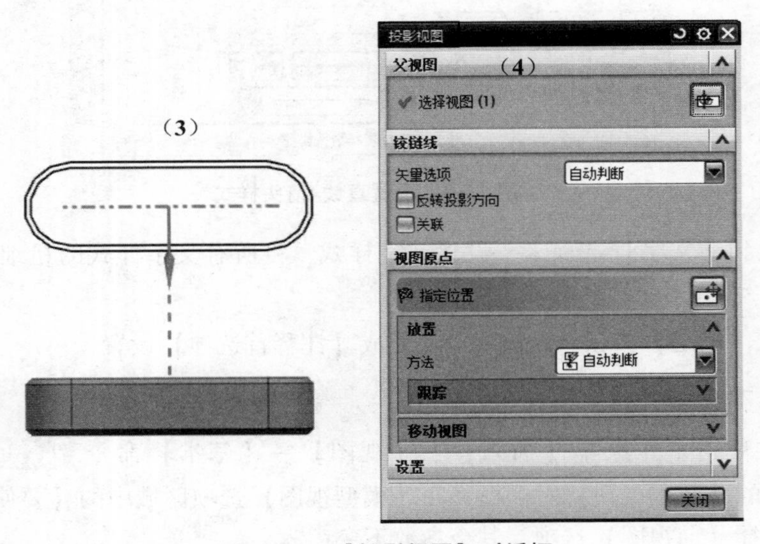

图 6-11　【投影视图】对话框

(2) 当前视图放置完毕之后，系统会自动以该视图为主视图生成投影预览图，并且会弹出如图 6-11 所示的【投影视图】对话框。

2) 俯视图和左视图

(1) 移动光标，将光标移动到主视图的正下方适当位置后单击 MB1（鼠标左键），创建该模型的俯视图，如图 6-12 所示；

(2) 向右移动鼠标，在主视图的右侧合适位置单击创建左视图，如图 6-13 所示；

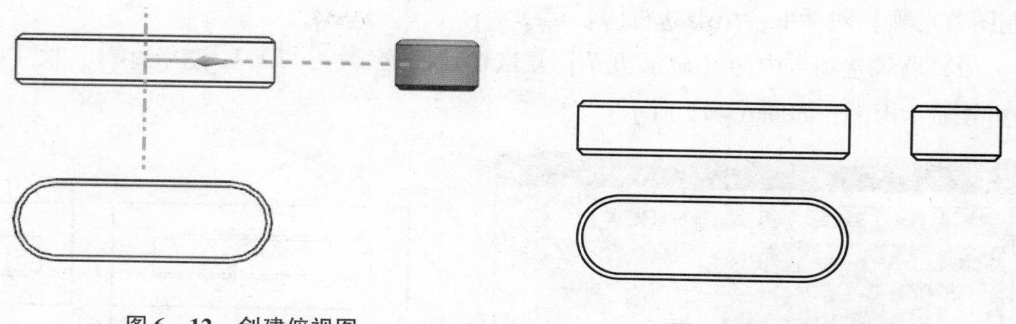

图 6－12　创建俯视图　　　　图 6－13　创建左视图

（3）完成左视图创建之后，单击【投影视图】对话框中的【关闭】按钮 关闭 ，完成键的三视图的创建。

4. 创建键的正等测视图

（1）依次单击下拉菜单【插入】—【视图】—【基本】命令 基本(B)...，弹出如图 6－14 所示的【基本视图】对话框，在【模型视图】选项区域中的【要使用的模型视图】下拉列表中选择【正等测视图】选项 正等测视图；

（2）在【缩放】选项区域中的【比例】下拉列表中选择 1：2 选项。此时会在 A4 图纸区域中生成模型正等测视图的预览图；

（3）将光标移动到图纸适当位置，单击鼠标左键，则生成零件的正等测视图，如图 6－15 所示；

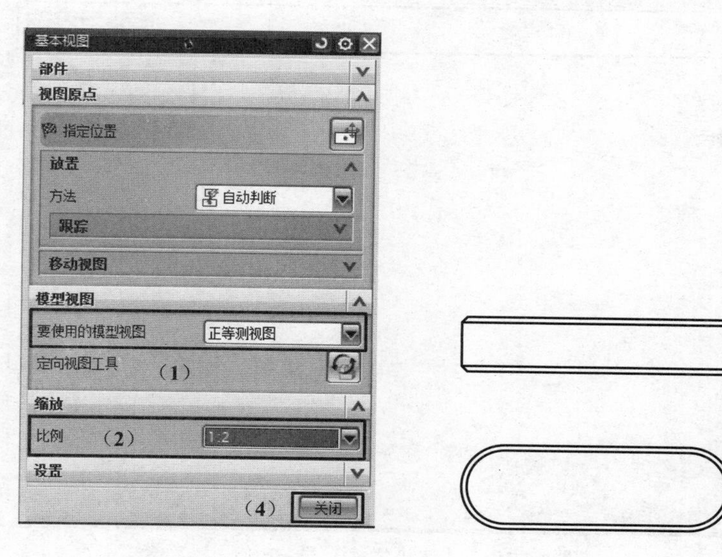

图 6－14　【基本视图】对话框　　　　图 6－15　正等轴测视图预览

（4）完成后，单击【基本视图】对话框的【关闭】按钮 关闭 ，关闭对话框。

5. 等轴测视图着色显示

（1）依次单击下拉菜单【首选项】—【制图】命令 制图(D)...，弹出如图 6－16 所示的

【制图首选项】对话框，单击【视图】选项卡；

（2）将该选项卡中的【显示边界】复选框前面的勾 勾上 显示边界，使4个视图的边界显示出来，如图6－17所示；

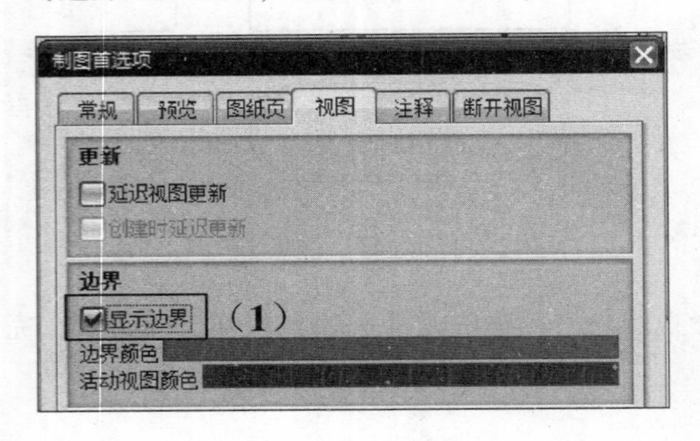

图6－16 【制图首选项】对话框

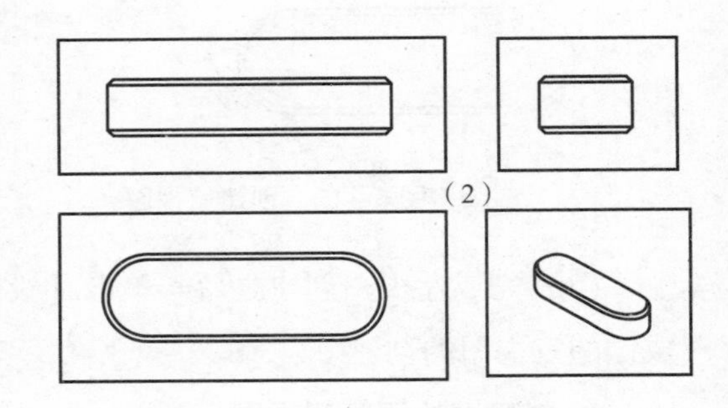

图6－17 显示视图边界

（3）双击正等测视图的视图边界线，弹出如图6－18所示的【视图样式】对话框，单击【着色】选项卡；

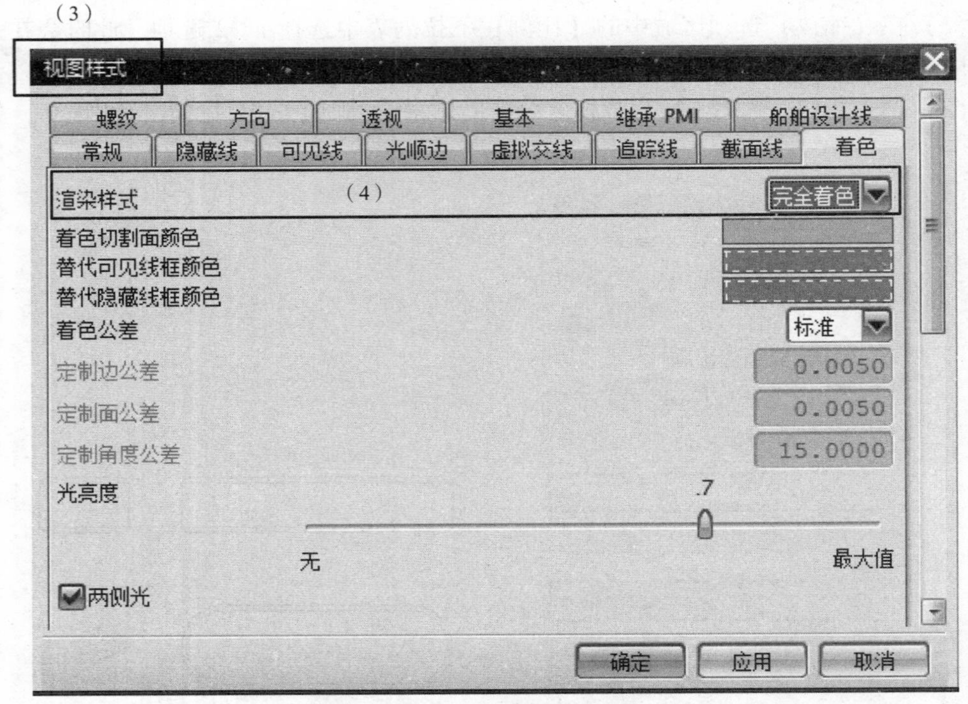

图6－18 【渲染样式】选择

（4）选择【渲染样式】下拉列表选项为【完全着色】 完全着色；

（5）单击【可见线】选项卡；

（6）将线条的粗细等级由【正常】 改为【原始的】 原始的，如图6－19所示；

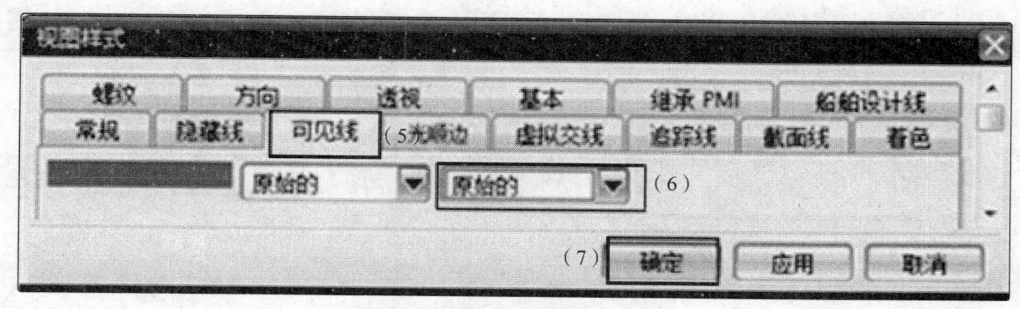

图 6－19　线条的粗细设置

（7）完成之后单击【确定】按钮 确定 ，完成着色显示；

（8）再次将视图边界隐藏，结果显示如图 6－20 所示。

6. 添加中心线

（1）依次单击下拉菜单【插入】—【中心线】—【2D 中心线】命令 2D 中心线...，或直接单击工具条上的【2D 中心线】命令图标，弹出如图 6－21 所示的【2D 中心线】对话框；

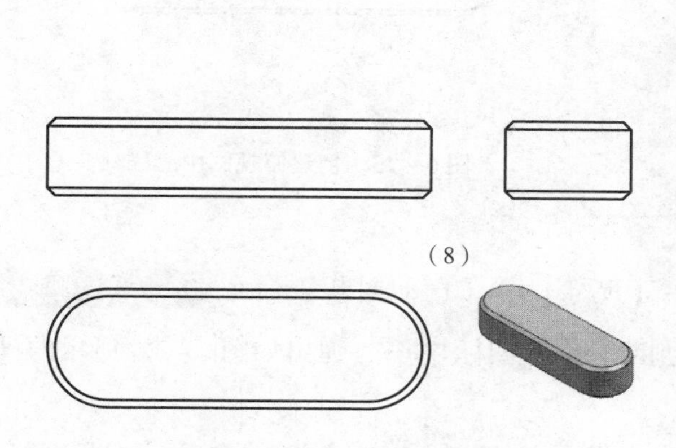

图 6－20　视图边界隐藏

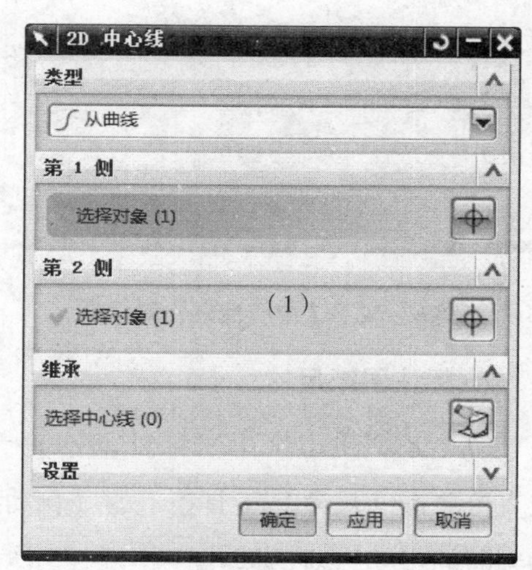

图 6－21　【2D 中心线】对话框

（2）在前视图中选择如图 6－22 所示的第 1 侧和第 2 侧两条线段，则系统会创建一条竖直中心线，如图 6－22 所示；

（3）用同样的方法创建左视图的中心线，如图 6－23 所示；

（4）依次单击下拉菜单【插入】—【中心线】—【中心标记】命令 中心标记(M)，或直接单击工具条上的【中心标记】命令图标，弹出如图 6－24 所示的【中心标记】对话框；

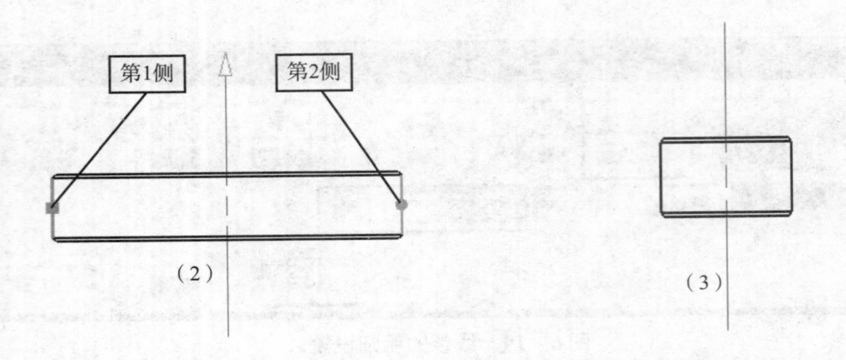

图 6-22　创建前视图中心线　　图 6-23　创建左视图中心线

(5) 在俯视图中选择如图 6-25 所示的两个圆弧作为位置的选择对象，则系统会自动在圆弧中心创建中心线标记，如图 6-25 所示。拖动箭头可以调整中心线的长度。

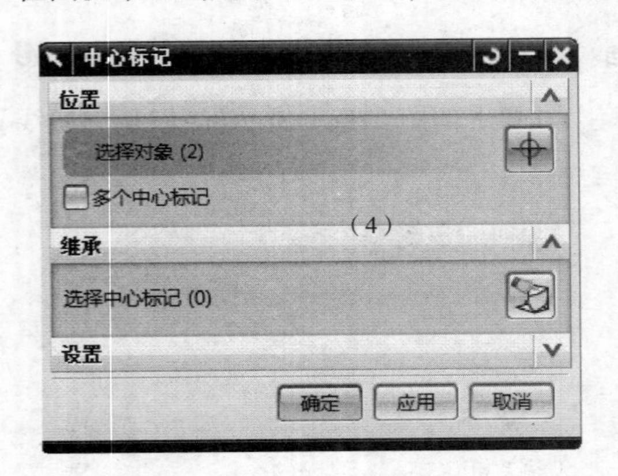

图 6-24　【中心标记】对话框

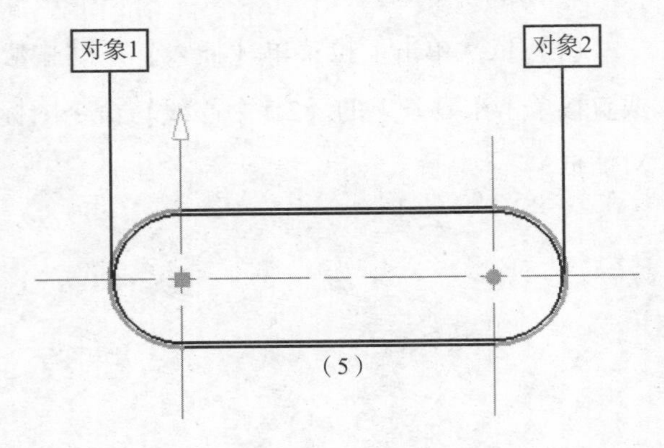

图 6-25　创建俯视图中心线

7. 标注图纸尺寸

(1) 依次单击下拉菜单【插入】—【尺寸】—【自动判断】命令 自动判断(I)...，或直接单击【尺寸】工具条上的【自动判断】命令图标，弹出如图 6-26 所示的【自动判断的尺寸】对话框；

(2) 关闭点捕捉功能，然后依次单击主视图中的线段 1 和线段 2，创建键的长度尺寸，如图 6-27 所示；

(3) 用同样的方法标注左视图中键的高度尺寸；

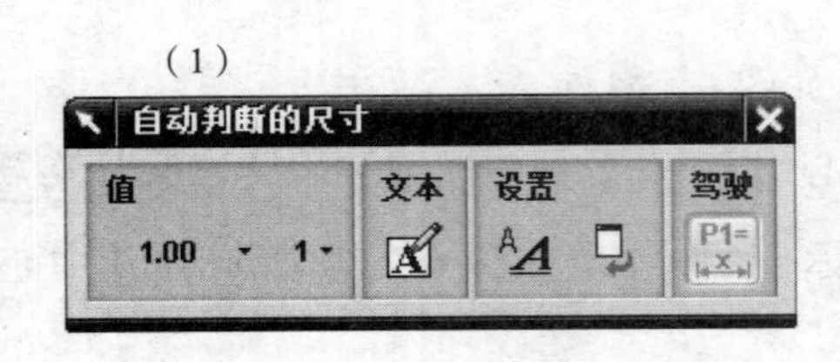

图 6-26　【自动判断的尺寸】对话框

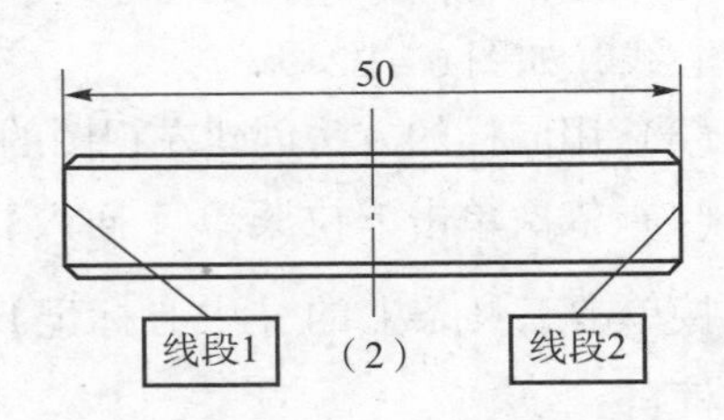

图 6-27　创建尺寸

（4）依次单击下拉菜单【插入】—【尺寸】—【过圆心的半径】命令 过圆心的半径(U)...，弹出如图 6－28 所示的【过圆心的半径尺寸】对话框；

（5）在俯视图中选择左右两侧的圆弧进行半径的标注，如图 6－29 所示；

（4）

图 6－28　【过圆心的半径尺寸】对话框

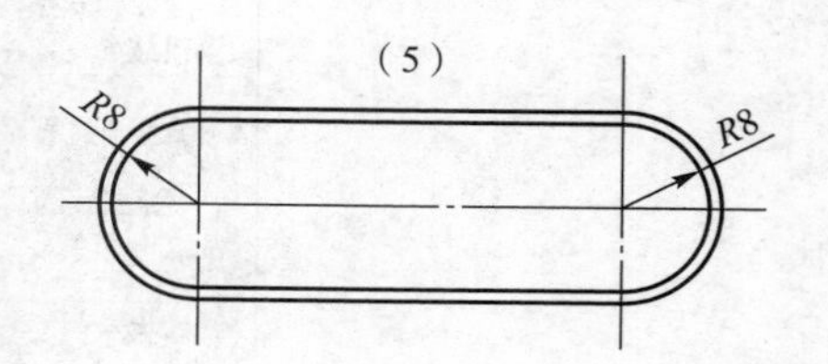

图 6－29　创建半径尺寸

（6）依次单击下拉菜单【插入】—【尺寸】—【倒斜角】命令 倒斜角(C)...，弹出如图 6－30 所示的【倒斜角尺寸】对话框；

（7）在左视图中选择倒斜角的斜面，标注倒角，如图 6－31 所示；

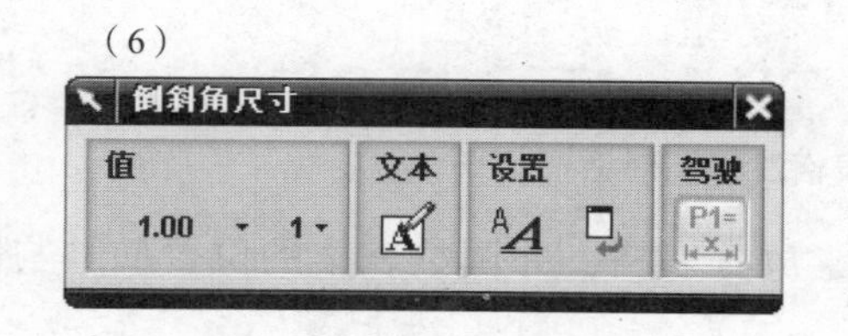

图 6－30　【倒斜角尺寸】对话框

（7）

图 6－31　创建倒斜角

（8）尺寸标注完成后如图 6－32 所示。

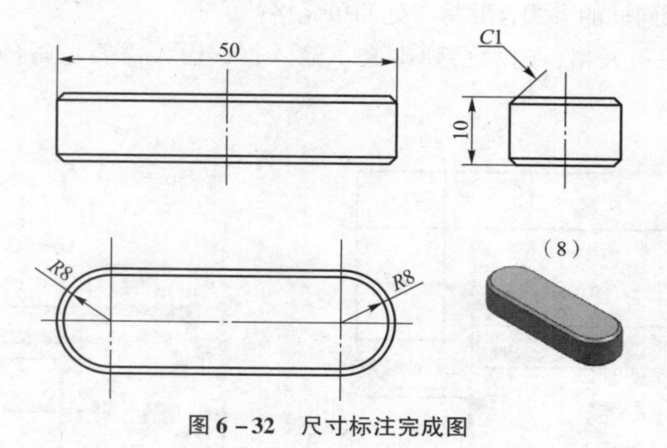

图 6－32　尺寸标注完成图

8. 创建表格

（1）依次单击【插入】—【表格】—【表格注释】命令 表格注释(T)...，或直接单击【表格】工具条上的【表格注释】命令图标，弹出如图 6－33 所示的【表格注释】对话框，将【表大小】选项区域中的【列数】【行数】【列宽】分别改为 5、4、15；

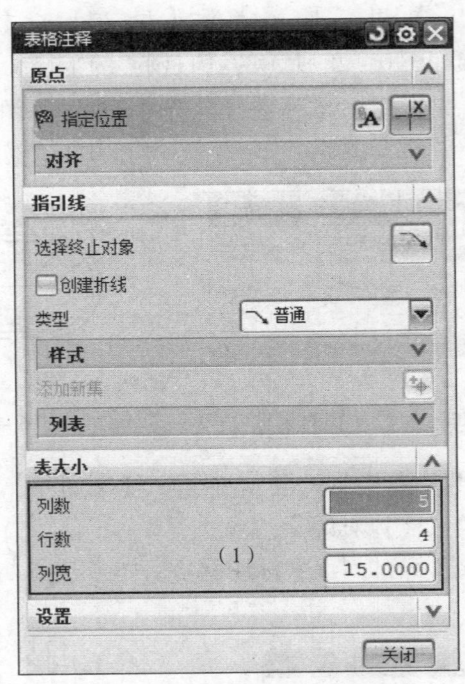

图 6－33 【表格注释】对话框

（2）在图纸的右下角某处单击鼠标左键，放置表格，并调整表格的位置使其与图纸的边界重合；

（3）选择要合并的单元格，并单击鼠标右键，弹出如图 6－34 所示的快捷菜单，在菜单中以鼠标左键单击【合并单元格】命令 合并单元格(M)，完成单元格的合并。如图 6－34 所示。以同样的方式合并另一处的单元格；

（4）双击某一单元格，随后会弹出文本输入框，输入需要填写的文字，如图 6－35 所示；

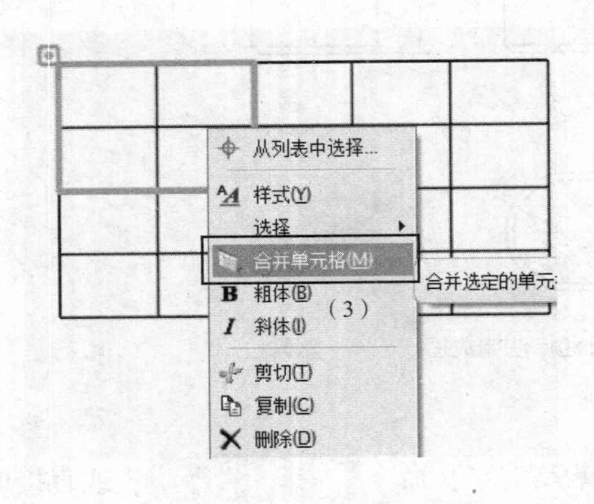

图 6－34 右键菜单

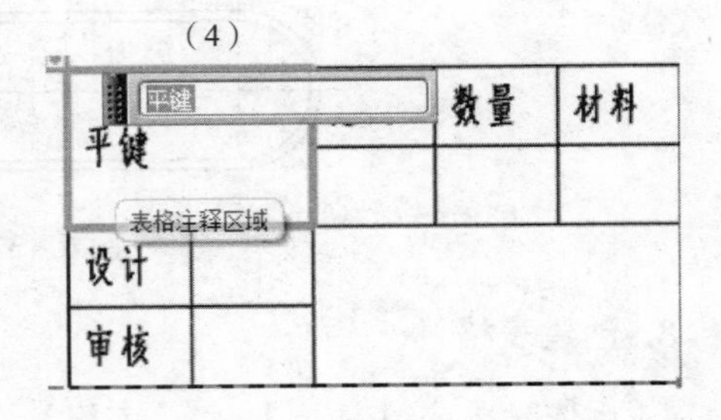

图 6－35 输入文本

（5）若对填好后的文字格式不满意，可以对其进行修改。修改的方法是选择要修改的单元格，单击鼠标右键，在弹出的快捷菜单中选择【样式】，即可对其字符大小、对齐方式

等进行修改；

（6）创建好后的表格请参照图 6－36。

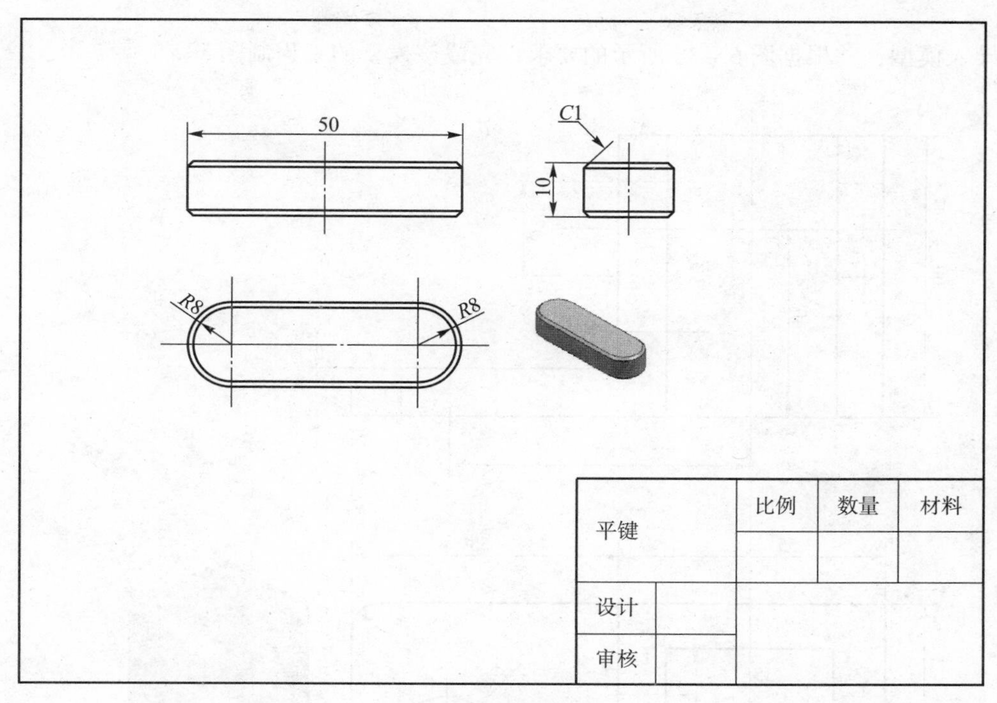

图 6－36　最终完成图

9. 保存文件

（1）依次单击下拉菜单【文件】—【保存】命令 保存(S)，将建好的模型保存到软件默认的目录下，如图 6－37 所示。除此之外，还可以选择【另存为】命令 另存为(A)，将模型以其他名称保存到其他目录。

图 6－37　保存文件

项目1 课后练习

导入模型，并根据图6－38所示的要求，完成该模型的工程制图。

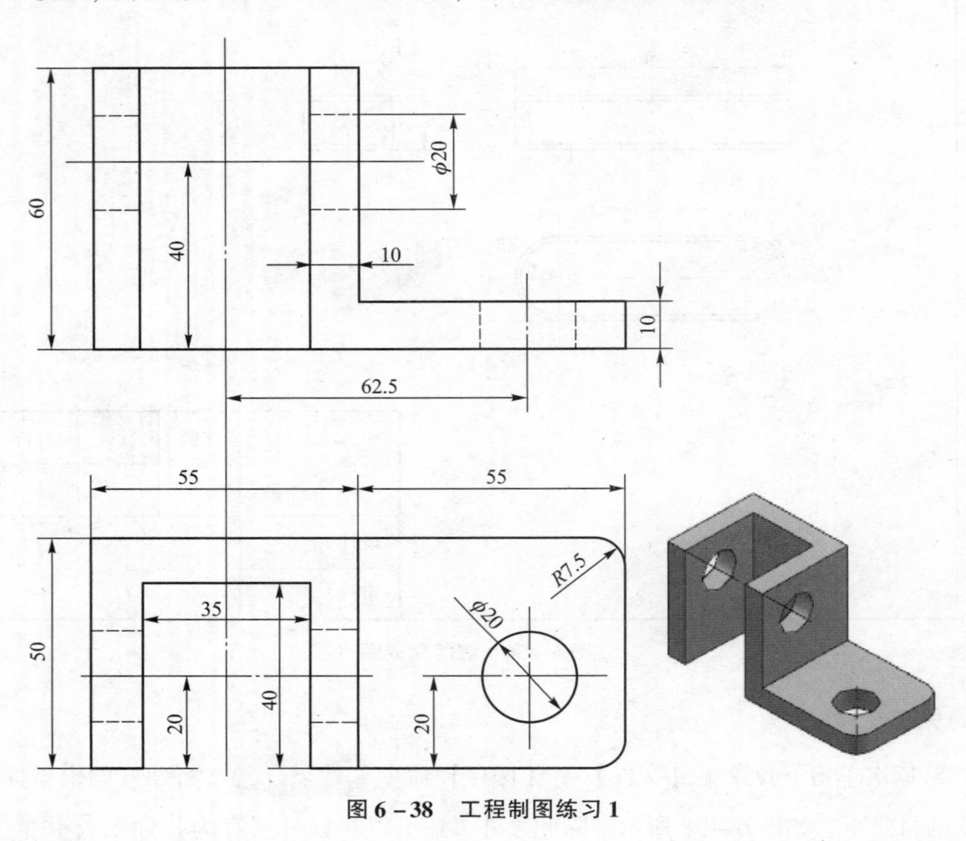

图6－38 工程制图练习1

项目2 工程制图2

【任务】

根据如图6－39所示的模型图纸创建工程图。

相关知识点

1. 新建图纸
2. 制图、注释、视图首选项设置
3. 创建基本视图、投影视图
4. 创建全剖视图
5. 注释首选项设置
6. 标注制图尺寸及公差
7. 标注表面粗糙度
8. 创建技术要求

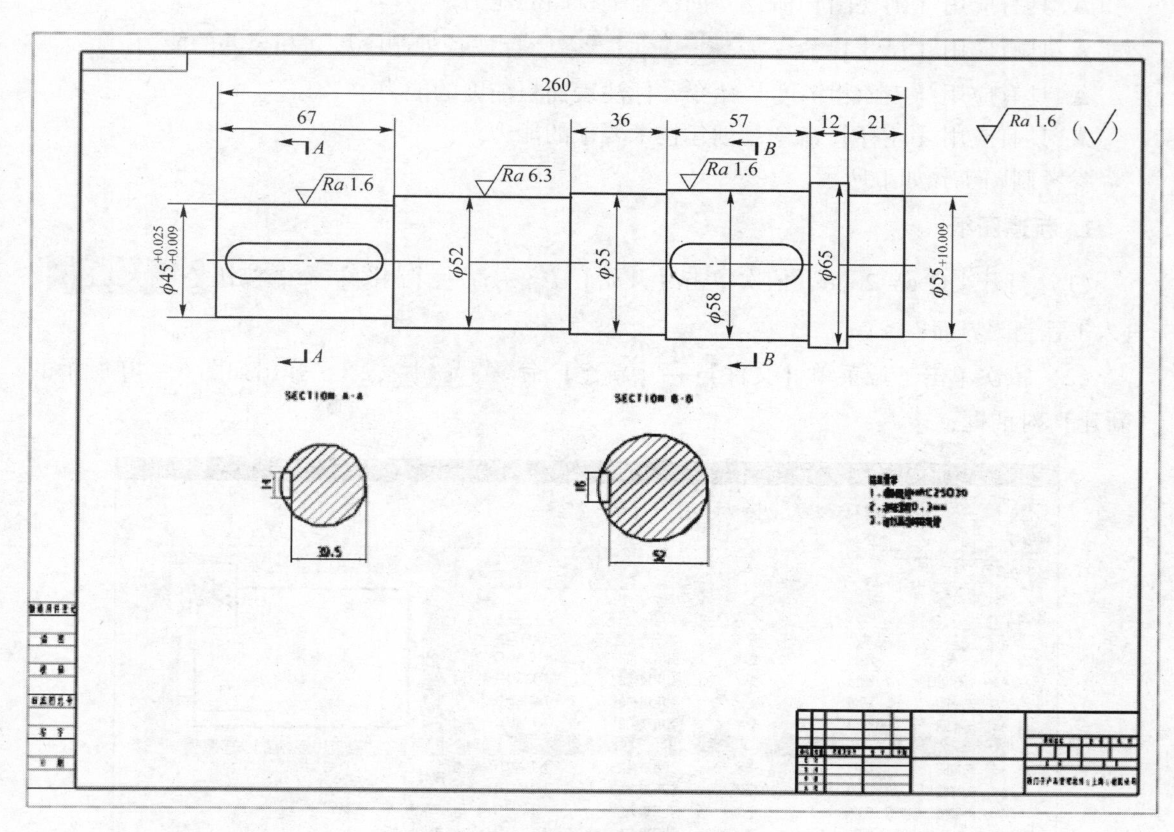

图 6－39　轴零件 A2 图

【知识目标】

▼ 掌握进入工程制图界面，新建图纸的方法
▼ 掌握设置首选项的方法
▼ 掌握创建基本视图、投影视图的方法
▼ 掌握创建全剖视图的方法
▼ 掌握注释首选项设置的方法
▼ 掌握标注制图尺寸及公差的方法
▼ 掌握标注表面粗糙度的方法
▼ 掌握创建技术要求的方法

【能力目标】

▲ 具有从建模界面，进入工程制图界面的能力。

▲ 具有应用【图纸】中已有模板，新建基于模板的工程图纸的能力。

▲ 具有应用首选项相关命令，设置【制图】【注释】【视图】相关参数的能力。

▲ 具有应用【基本视图】命令 基本(B)...，创建基本视图，投影视图及正等轴测视图的能力。

▲ 具有应用【剖视图】命令，创建全剖视图的能力。

▲ 具有应用【尺寸】命令 自动判断(I)...，标注各种制图尺寸和公差的能力。

▲ 具有应用【表面粗糙度】命令，标注表面粗糙度的能力。

▲ 具有应用【注释】命令，创建技术要求的能力。

参考制图步骤如下所示。

1. 新建图纸

（1）打开文件6-2.prt，依次单击【开始】 开始 —【制图】命令按钮 制图(D)...，进入工程制图界面；

（2）依次单击下拉菜单【文件】—【新建】命令 新建(N)...，弹出如图6-40所示的【新建】对话框；

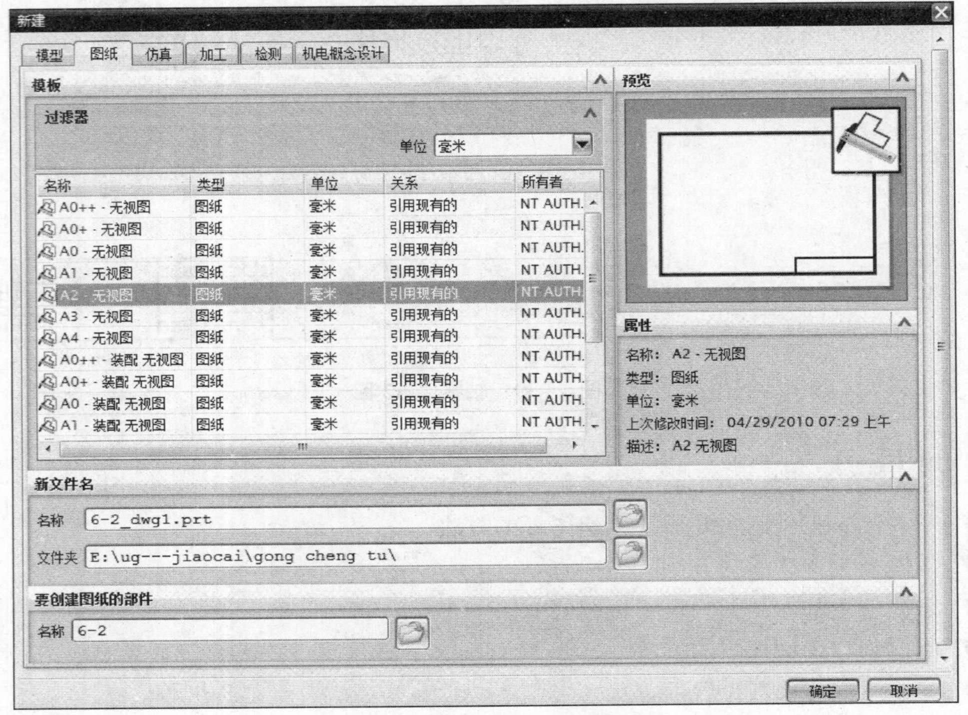

图6-40 【新建】对话框

（3）在对话框中单击【图纸】选项卡，选择【A2-无视图】模板；

（4）单击【确定】按钮 确定，弹出【视图创建向导】对话框；

（5）由于还没有设置相关参数，因此单击【取消】按钮 取消，暂时关闭【视图创建向导】对话框，此时在制图界面会出现系统自动创建的A2图纸，该图纸模板中自带图纸边框，标题栏及表面粗糙度符号等内容，如图6-41所示。

2. 首选项设置

1）制图首选项设置

（1）依次单击下拉菜单【首选项】—【制图】命令 制图(D)...，弹出如图6-42所示的

【制图首选项】对话框，单击【视图】选项卡，确认该选项卡中的【显示边界】复选框前面的勾☑处于去掉状态。

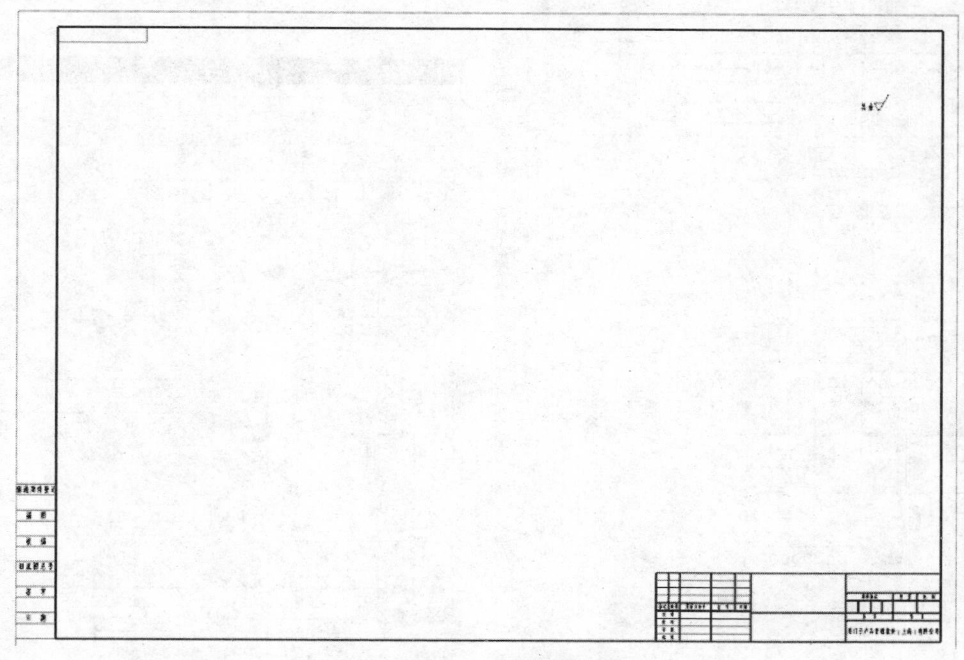

图 6－41　A2 图纸模板

2）注释首选项设置

（1）依次单击下拉菜单【首选项】—【注释】命令 注释(T)，弹出如图 6－43 所示的【注释首选项】对话框，单击【尺寸】选项卡；

（2）修改【倒斜角】的显示方式为符号 C5 ；

（3）输入前缀为大写的字母 C；

（4）修改【狭窄】尺寸显示为方式为默认 ；

（5）切换到【直线/箭头】选项卡，设置直线/箭头样式，如图 6－44 所示；

（6）切换到【文字】选项卡，设置文字样式，将【文字类型】区域中的【尺寸】【附加文本】【常规】字符大小设置为 5，【共差】字符大小设置为 3.5，将所有文字样式的粗细由默认的【细】改为【正常】，如图 6－45 所示。然后单击【确定】按钮 确定 ，完成【注释首选项】设置。

图 6－42　【制图首选项】对话框

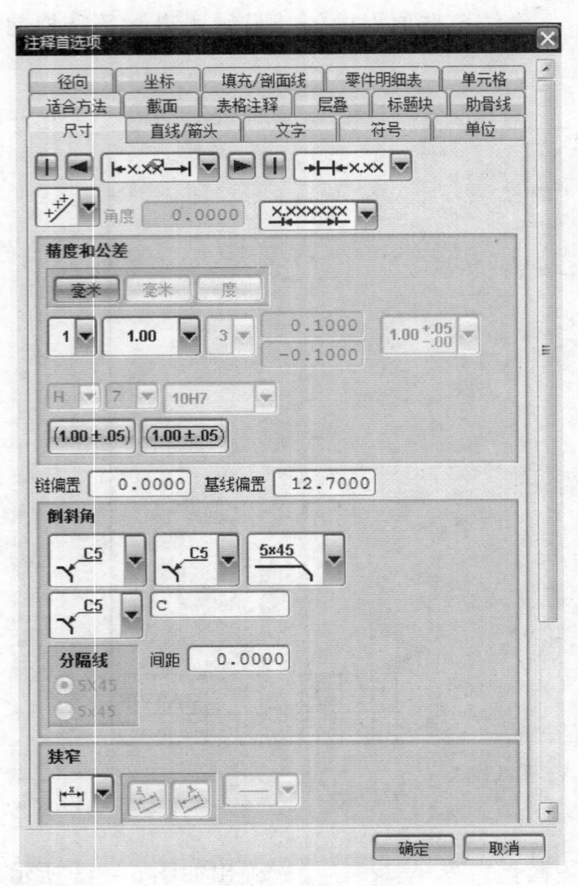

图 6-43 设置尺寸样式

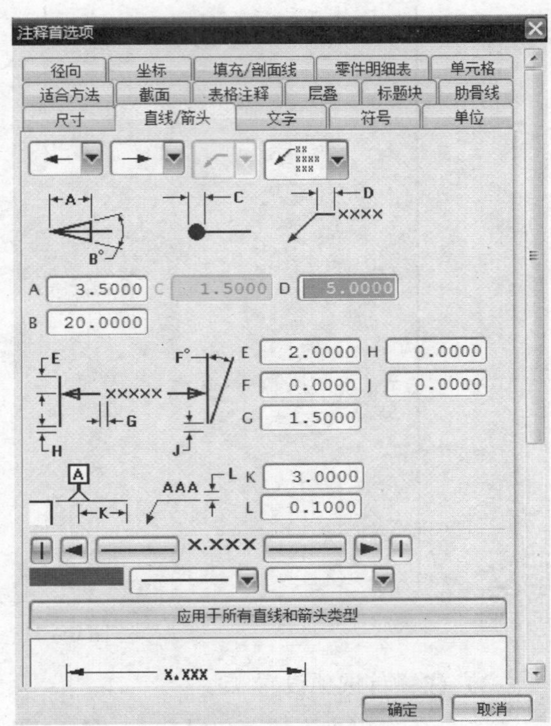

图 6-44 设置直线/箭头样式

3. 创建基本视图

（1）依次单击下拉菜单【插入】—【视图】—【基本】命令 基本(B)...，弹出如图 6-46 所示的【基本视图】对话框，在【模型视图】选项区域中的【要使用的模型视图】下拉列表中选择【俯视图】选项，其余参数不变；

（2）此时会在 A4 图纸区域中生成模型俯视图的预览图。

（3）在 A4 图纸区域的合适位置处单击 MB1（鼠标左键），即可在当前工程图中创建出该模型的【俯视图】，如图 6-47 所示。

4. 创建键槽全剖视图。

（1）依次单击下拉菜单【视图】—【截面】—【简单/阶梯剖】命令 简单/阶梯剖(S)，弹出如图 6-48 所示的【剖视图】对话框。系统提示选择【父视图】；

（2）单击之前创建的俯视图，将其选择为要生成截面的【父视图】。此时【剖视图】对话框会发生变化，更多的命令将会展示出来，如图 6-49 所示；

（3）选择键槽顶边中点为铰链线的放置位置，单击左键确定剖视图的剖切位置，如图 6-50 所示；

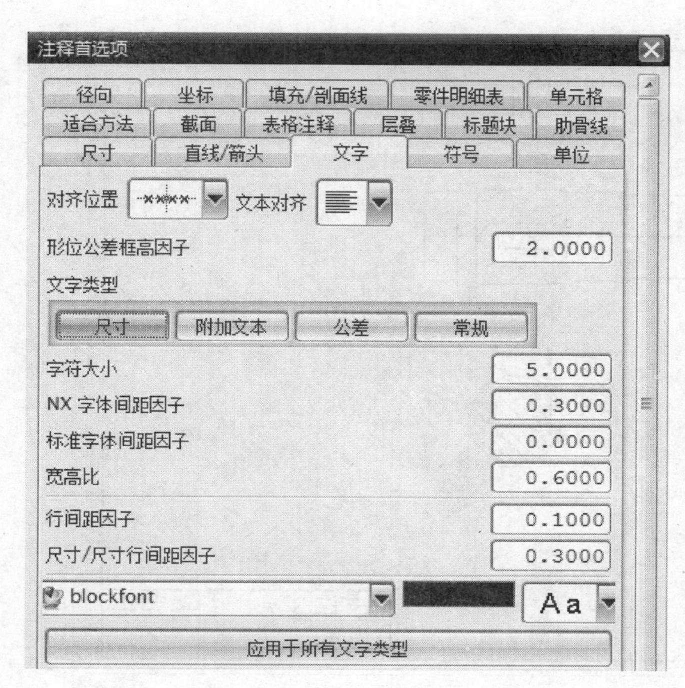

图 6－45 设置文字样式

图 6－46 【基本视图】对话框

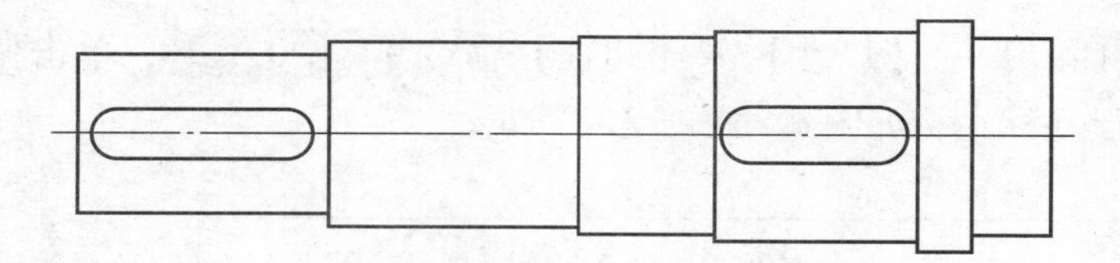

图 6－47 轴的俯视图

图 6－48 【剖视图】对话框

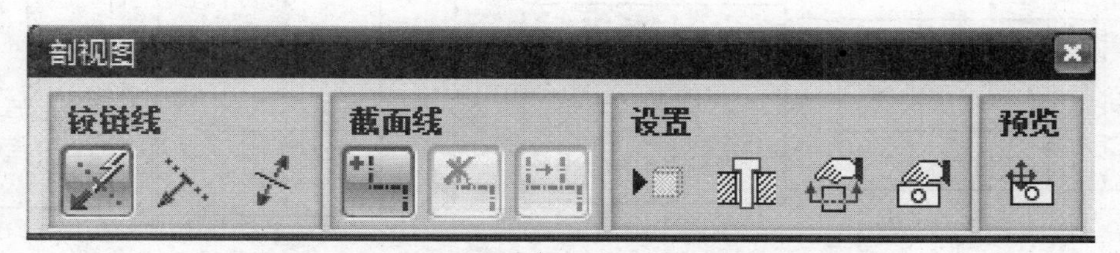

图 6－49 具有更多命令【剖视图】对话框

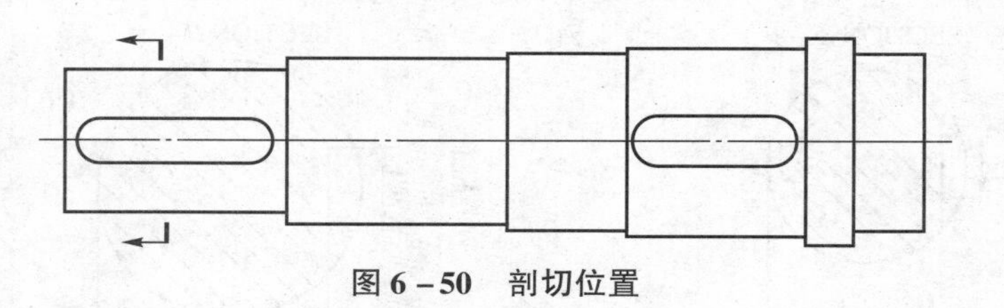

图 6－50 剖切位置

（4）先将全剖视图在左侧生成出来，然后通过鼠标拖动，将全剖视图放置在图纸中适当的位置，如图 6－51 所示。

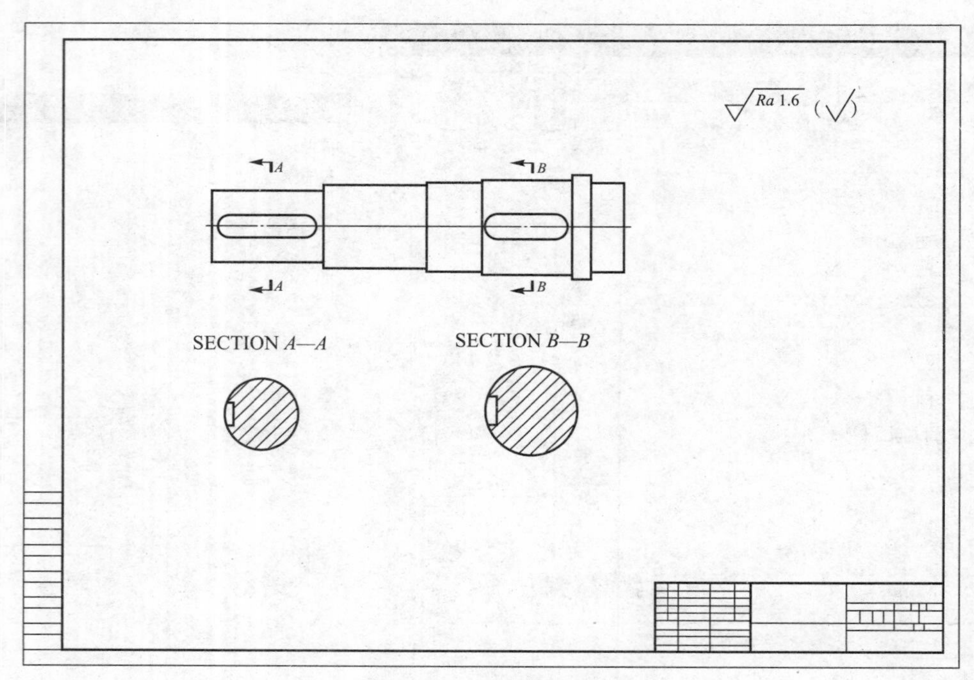

图 6-51　放置剖视图

5. 标注尺寸

（1）标注径向尺寸。选择【插入】—【尺寸】—【圆柱】命令 圆柱(Y)...，单击俯视图中各圆柱体端面进行合理的尺寸标注，如图 6-52 所示；

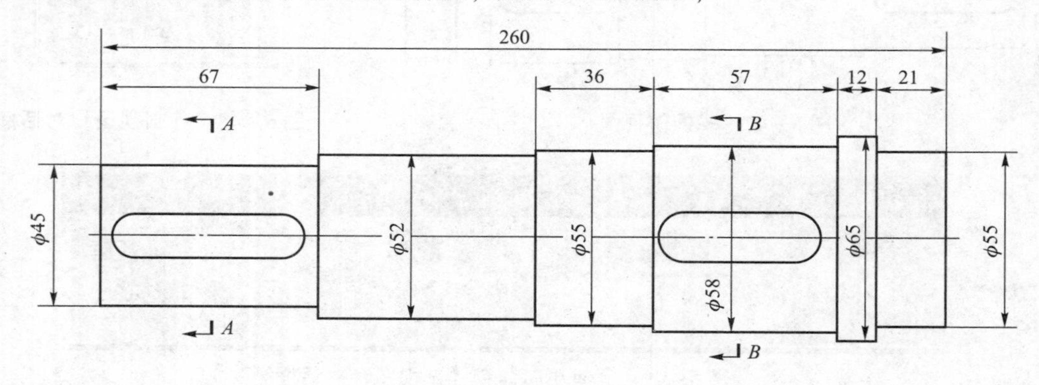

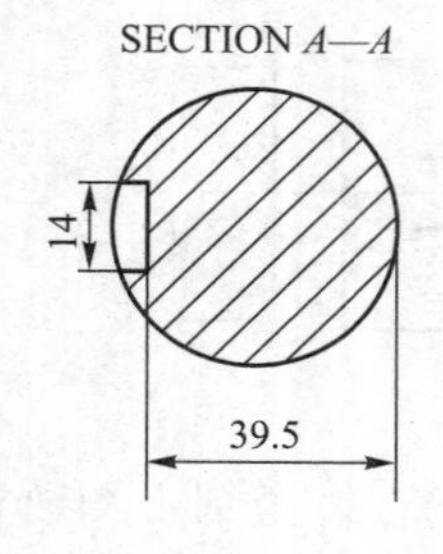

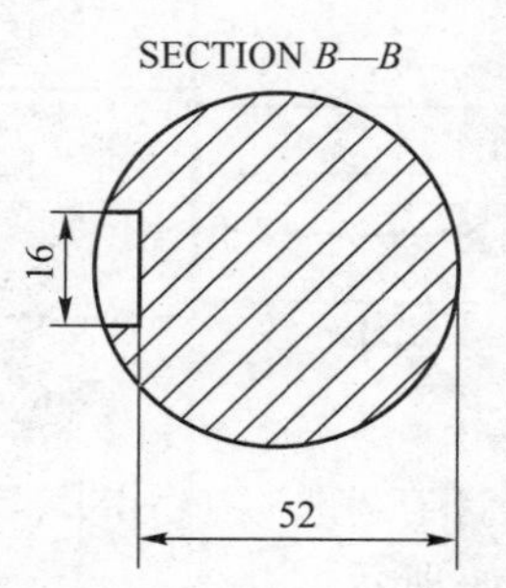

图 6-52　标注线性尺寸

（2）标注直线的尺寸。选择【插入】—【尺寸】—【自动判断】命令 自动判断(I)...，进行线性尺寸的标注，如图 6－52 所示。

6. 标注公差

1）标注双向公差

（1）双击图纸中的尺寸“$\phi45$”，弹出如图 6－53 所示的【编辑尺寸】对话框。将【值】区域类型由默认的【无公差】改为【双向公差】，如图 6－54 所示；

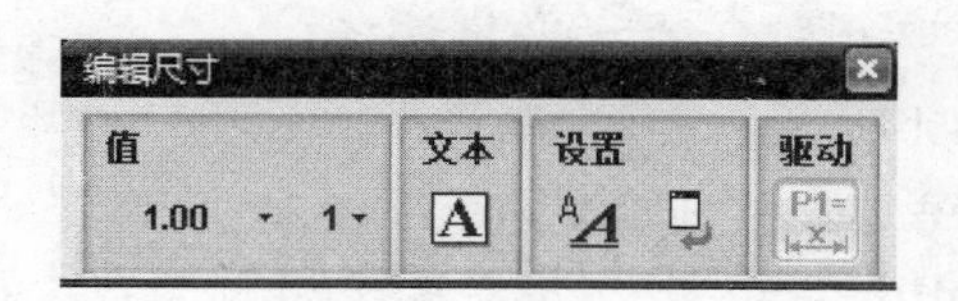

图 6－53　【值】类型为【无公差】

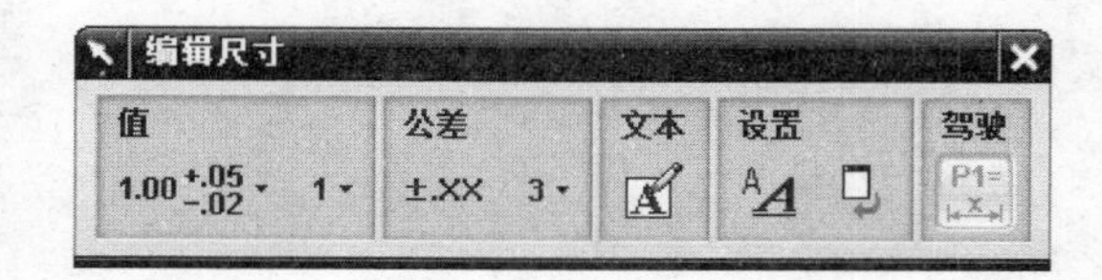

图 6－54　【值】类型为【双向公差】

（2）在右侧会出现新的【公差】区域，单击【公差值】图标 ±.XX；

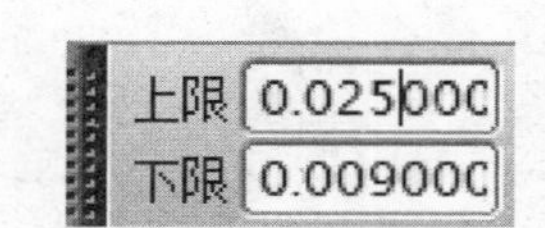

图 6－55　上下限值输入框

（3）弹出如图 6－55 所示的上下限值输入框，修改上限为 0.025，修改下限位 0.009，修改公差小数显示位数为 3；

（4）单击鼠标中键，完成双向公差标注，如图 6－56、图 6－57 所示。

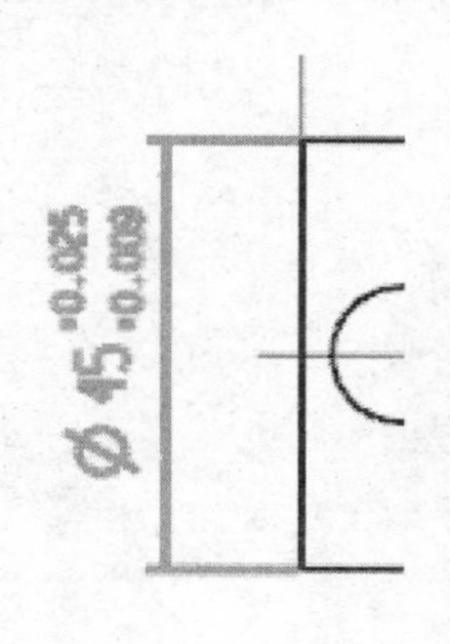

图 6－56　双向公差预览

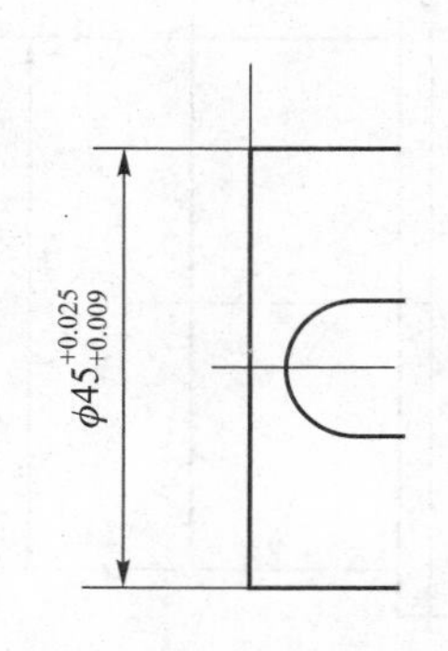

图 6－57　生成双向公差

2）标注等值双向公差

（1）双击图纸中的尺寸“$\phi55$”，弹出【编辑尺寸】对话框。将【值】区域类型由默认的【无公差】改为【双向公差，等值】，单击【公差值】图标 ±.XX，在弹出的公差值输入框中输入值为 0.009，修改公差小数显示位数为 3，然后单击鼠标中键，完成等值双向公差标注，如图 6－58 所示。

7. 标注表面粗糙度符号

（1）依次单击下拉菜单【插入】—【注释】—【表面粗糙度符号】命令 表面粗糙度符号(S)...，弹出如图 6－59 所示的【表面粗糙度符号】对话框。选择【属性】区域内的【材料移除】选项为【需要移除材料】选项 需要移除材料；

（2）在【a2】文本框中输入1.6，其余选项保持默认值，此时会在图纸中出现粗糙度符号的预览，如图6-60所示；

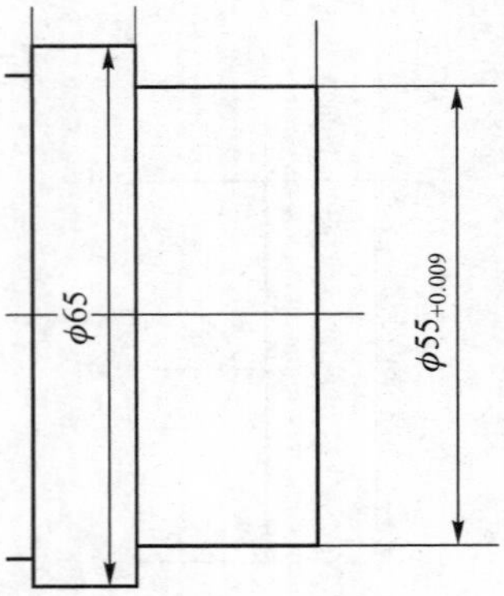

图6-58　标注等值双向公差

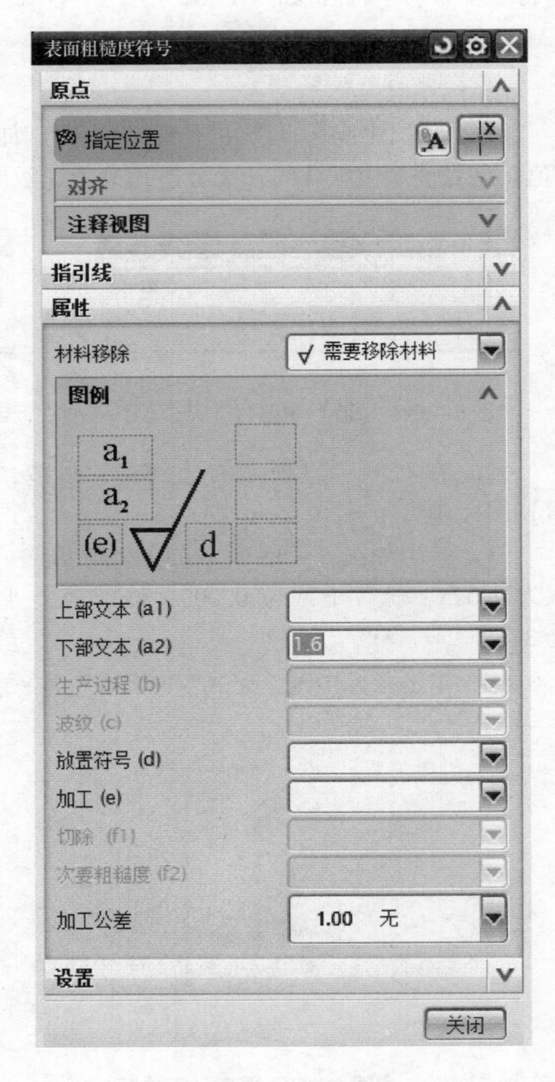

图6-59　【表面粗糙度符号】对话框

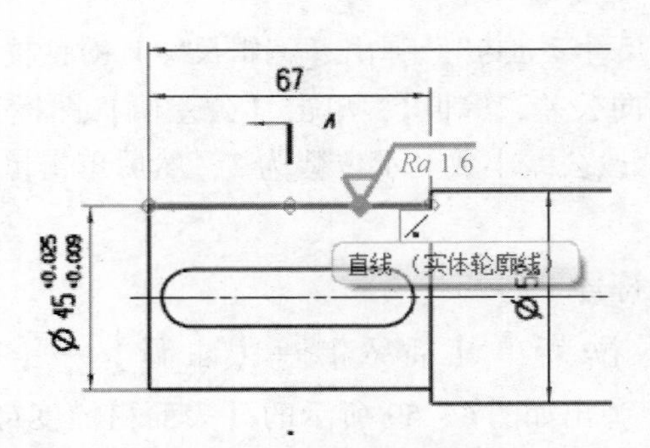

图6-60　粗糙度标注预览

（3）在图纸中需要标注粗糙度的边界线上合适的位置单击鼠标左键，就可以在该处放置并生成粗糙度符号。（注：如果需要插入不同值的粗糙度，只需修改【表面粗糙度符号】对话框中【a2】值的大小，然后再在合适位置单击鼠标左键即可。）

8. 创建技术要求

（1）选择【插入】—【注释】—【注释】命令 A 注释(N)...，弹出如图 6－62 所示的【注释】对话框。在【文本输入】区域中输入技术要求文本；

（2）对图 6－61 进行表面粗糙度标注，在图中合适的位置单击鼠标左键，将文本位置固定，结果如图 6－63 所示。

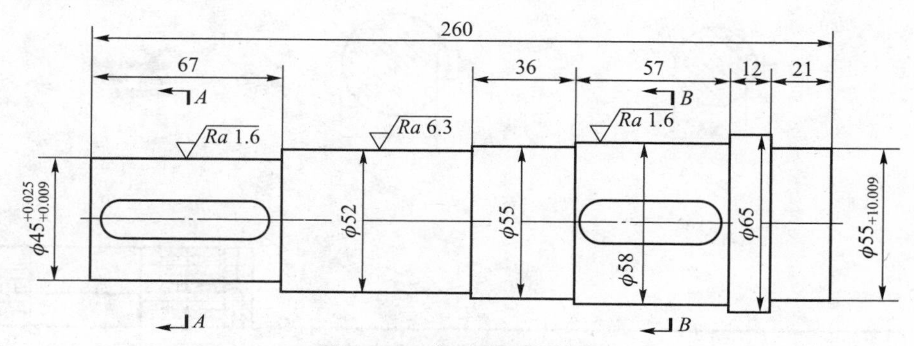

图 6－61　标注表面粗糙度

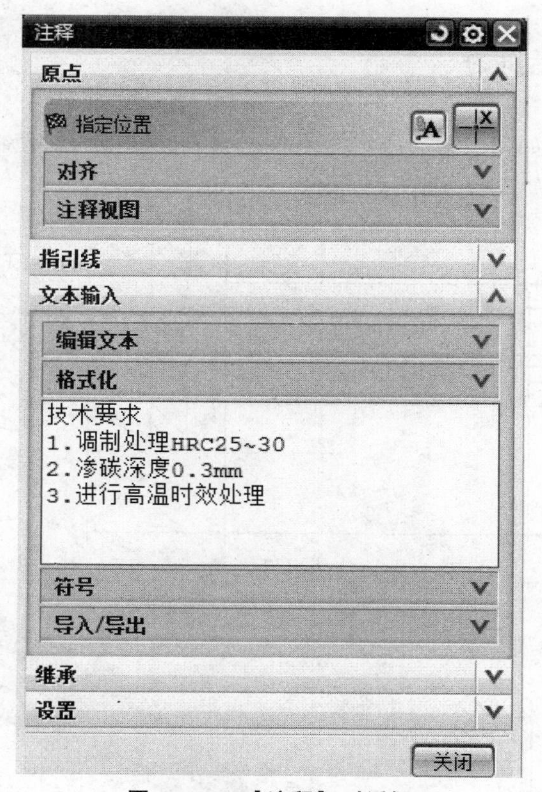

图 6－62　【注释】对话框

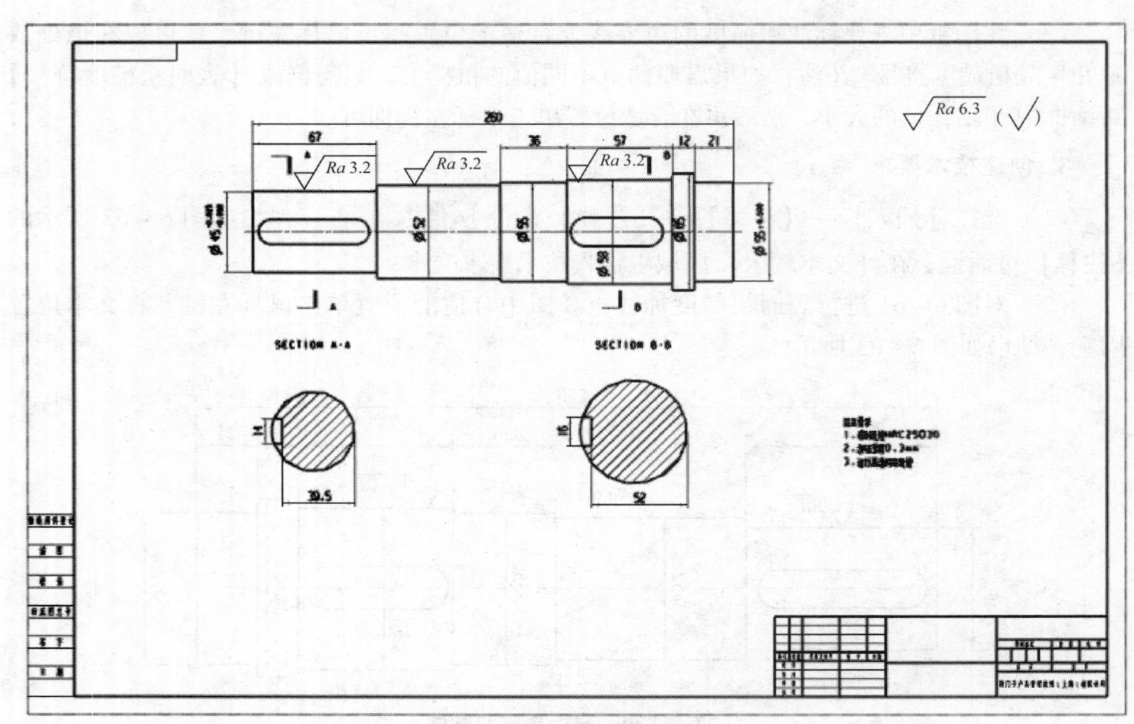

图 6-63　标注技术要求

项目 2　课后练习

导入模型，并根据如图 6-64 所示的要求，完成该模型的工程制图。

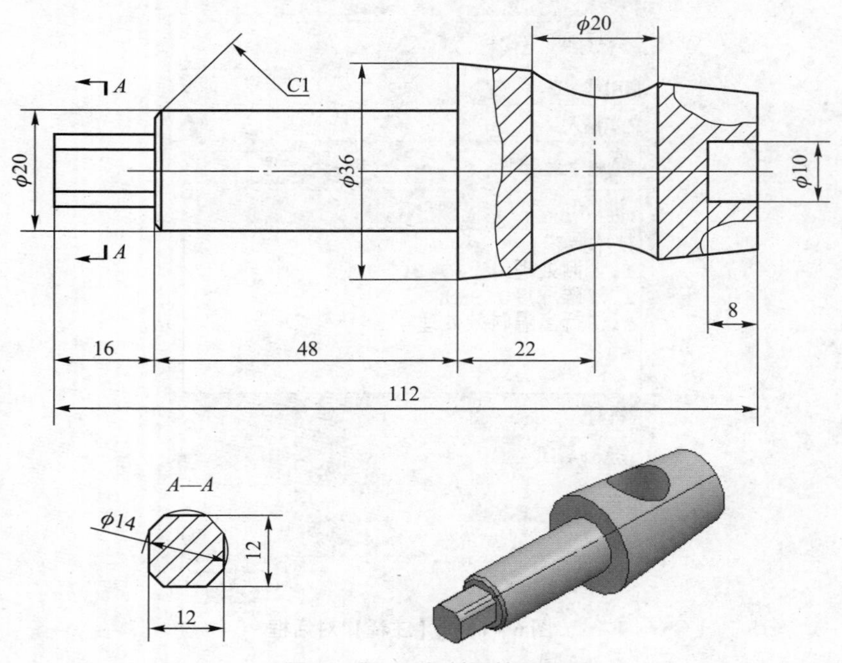

图 6-64　工程制图练习 2

项目3　工程制图3

【任务】

根据如图 6 –65 所示零件图创建工程图。

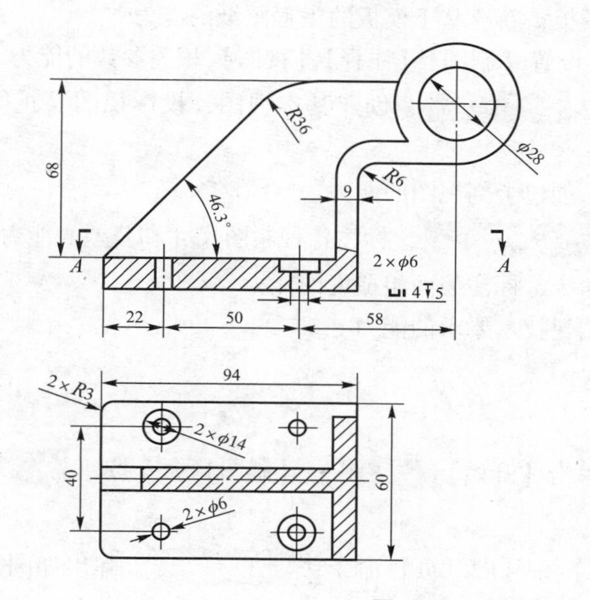

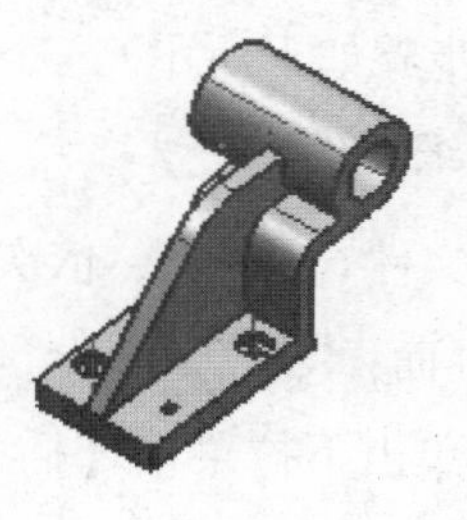

图 6 –65　组合体

相关知识点

1. 新建图纸
2. 制图、注释、视图首选项设置
3. 创建基本视图、投影视图
4. 创建全剖视图
5. 创建俯视图的局部剖视图
6. 调整试图布局
7. 视图相关编辑
8. 添加中心线
9. 标注制图尺寸
10. 编辑沉头孔尺寸

【知识目标】

▼ 掌握进入工程制图界面，新建图纸的方法
▼ 掌握设置首选项的方法
▼ 掌握创建基本视图、投影视图的方法
▼ 掌握创建全剖视图的方法
▼ 掌握创建局部剖视图的方法
▼ 掌握调整视图布局的方法
▼ 掌握视图相关编辑的方法

▼ 掌握添加中心线的方法

▼ 掌握标注制图尺寸方法

▼ 掌握编辑沉头孔尺寸的方法

【能力目标】

▲ 具有从建模界面进入工程制图界面的能力。

▲ 具有应用【图纸】中已有模板，新建基于模板的工程图纸的能力。

▲ 具有应用首选项相关命令，设置【制图】【注释】【视图】相关参数的能力。

▲ 具有应用【基本视图】命令 基本(B)...，创建基本视图，投影视图及正等轴测视图的能力。

▲ 具有应用【剖视图】命令，创建全剖视图的能力。

▲ 具有应用【尺寸】命令 自动判断(I)...，标注各种制图尺寸和公差的能力。

▲ 具有应用【表面粗糙度】命令，标注表面粗糙度的能力。

▲ 具有应用【注释】命令，创建技术要求的能力。

参考制图步骤如下所示。

1. 新建图纸文件

(1) 打开文件 6－3. prt，依次单击【开始】 开始·—【制图】命令按钮 制图(D)...，进入工程制图界面；

(2) 依次单击下拉菜单【插入】—【图纸页】命令 图纸页(H)...，弹出如图 6－66 所示的【图纸页】对话框；

(3) 在【大小】选项区中选择【标准尺寸】单选按钮；

(4) 选择图纸大小为【A2－420×594】，【比例】选择 1∶1，其余参数保持不变；

(5) 单击【设置】栏，在【图纸页】对话框下方出现新的选项区域，如图 6－67 所示。在【单位】区域中选择毫米；

(6)【投影】区域中选择【第一象限角投影】图标；

(7) 把【自动启动视图创建】选项 自动启动视图创建 前面的勾 去掉。（注意：不启动该选项的原因在于，我们在创建视图之前还有一些参数需要设置，例如尺寸样式，倒斜角样式，文字粗细等，提前设置好相关参数能极大地提高后续工程制图的效率。）

2. 首选项设置

1) 制图首选项设置

(1) 依次单击下拉菜单【首选项】—【制图】命令 制图(D)，弹出如图 6－68 所示的【制图首选项】对话框，单击【视图】选项卡，确认该选项卡中的【显示边界】复选框前面的勾 处于去掉状态。

2) 注释首选项设置

(1) 依次单击下拉菜单【首选项】—【注释】命令 注释(T)，弹出如图 6－69 所示的【注释首选项】对话框，单击【尺寸】选项卡；

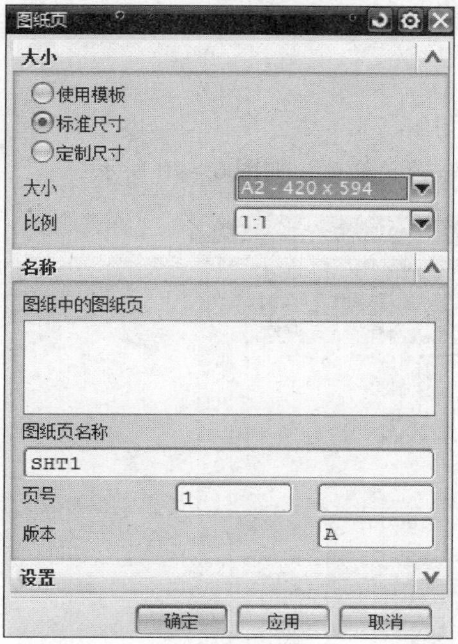

图 6－66　【图纸页】对话框

图 6－67　【设置】区域

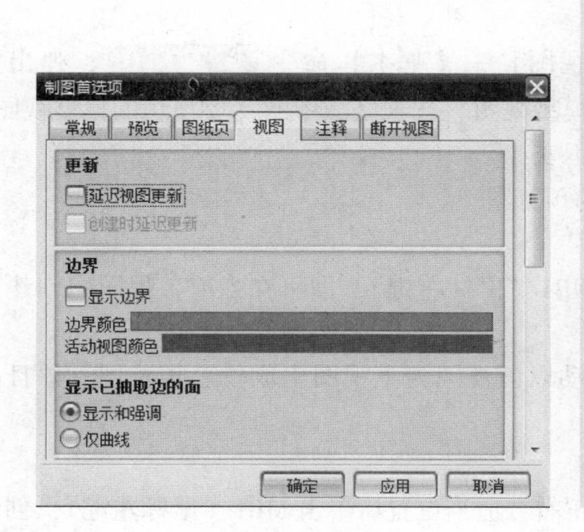

图 6－68　【制图首选项】对话框

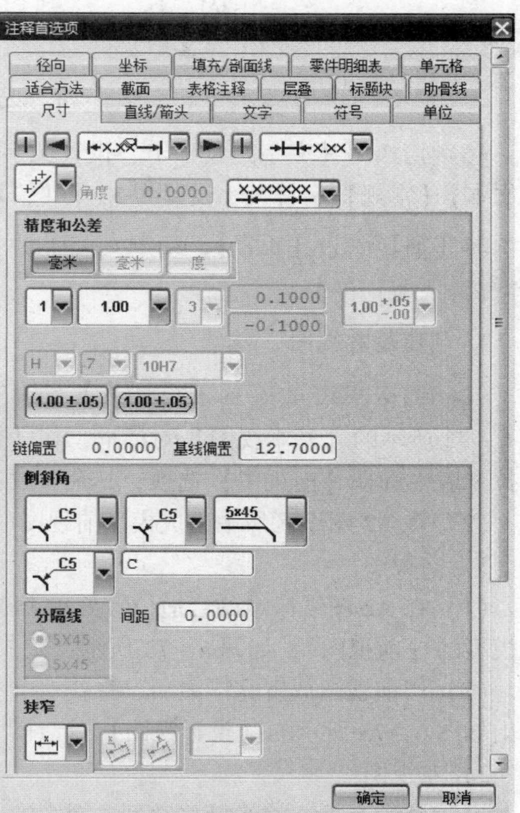

图 6－69　设置尺寸样式

（2）修改【倒斜角】的显示方式为符号 C5；

（3）输入前缀为大写的字母 C；

（4）修改【狭窄】尺寸显示为方式为默认；

（5）切换到【直线/箭头】选项卡，设置直线/箭头样式，如图 6－70 所示；

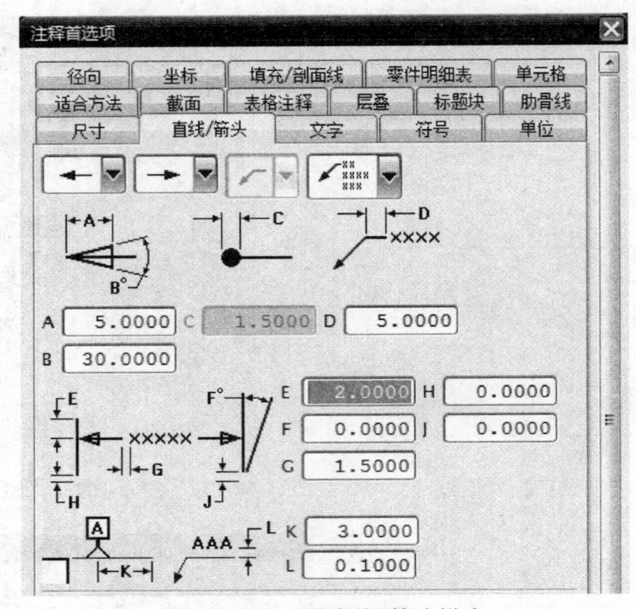

图 6－70　设置直线/箭头样式

（6）切换到【文字】选项卡，设置文字样式，将【文字类型】区域中的【尺寸】【附加文本】【常规】字符大小设置为 5，【共差】字符大小设置为 3，将所有文字样式的粗细由默认的【细】改为【正常】，如图 6－71 所示。然后单击【确定】按钮 确定，完成【注释首选项】设置。

3. 创建基本视图

（1）依次单击下拉菜单【插入】—【视图】—【基本】命令 基本(B)...，弹出如图 6－72 所示的【基本视图】对话框，在【模型视图】选项区域中的【要使用的模型视图】下拉列表中选择【前视图】选项，其余参数不变；

（2）在 A2 图纸区域中生成模型前视图的预览图。

1）前视图

（1）在 A2 图纸区域的合适位置处单击 MB1（鼠标左键），即可在当前工程图中创建出该模型的【前视图】，如图 6－73 所示；

（2）当前视图放置完毕之后，系统会自动以该视图为主视图生成投影预览图，并且会弹出如图 6－73 所示的【投影视图】对话框。

2）左视图

（1）移动光标，将光标移动到主视图的正右方适当位置后单击 MB1（鼠标左键），创建该模型的左视图，如图 6－74 所示；

注释首选项
径向 坐标 填充/剖面线 零件明细表 单元格
适合方法 截面 表格注释 层叠 标题块 肋骨线
尺寸 直线/箭头 文字 符号 单位
对齐位置 文本对齐
形位公差框高因子 2.0000
文字类型
尺寸 附加文本 公差 常规
字符大小 5.0000
NX 字体间距因子 0.3000
标准字体间距因子 0.0000
宽高比 0.6000
行间距因子 0.1000
尺寸/尺寸行间距因子 0.3000
blockfont Aa
应用于所有文字类型

图 6－71　设置文字样式

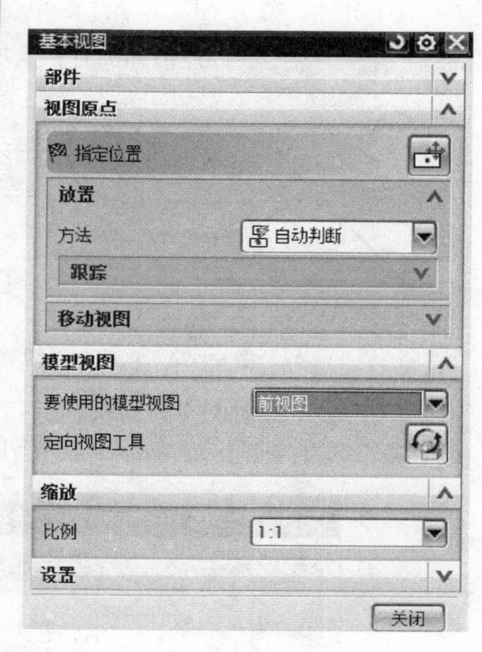

图 6－72　创建基本视图

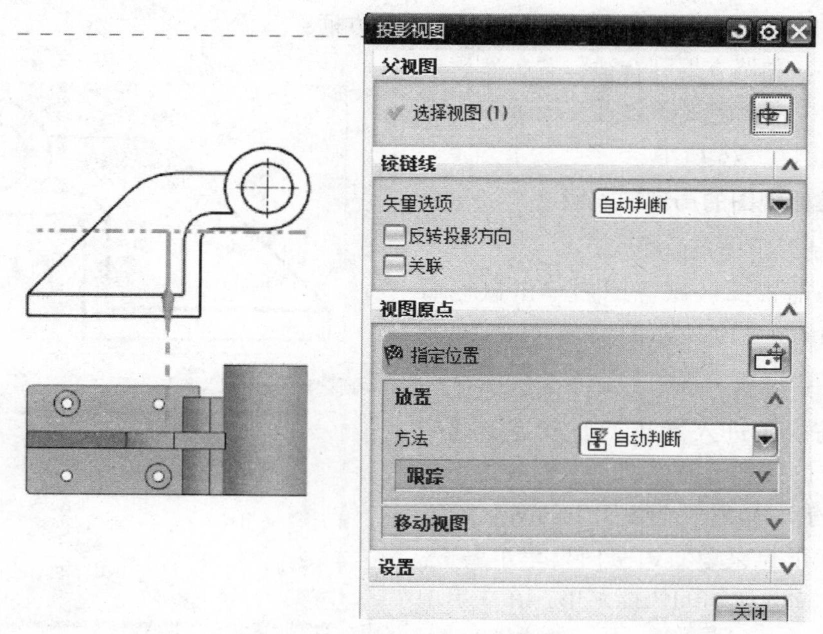

图 6－73　【投影视图】对话框

（2）完成左视图创建之后，单击【投影视图】对话框中的【关闭】按钮 关闭 ，退出投影视图创建。

4. 创建键槽全剖视图

（1）依次单击下拉菜单【视图】—【截面】—【简单/阶梯剖】命令 简单/阶梯剖(S)，弹出如图 6－75 所示的【剖视图】对话框。系统提示选择【父视图】；

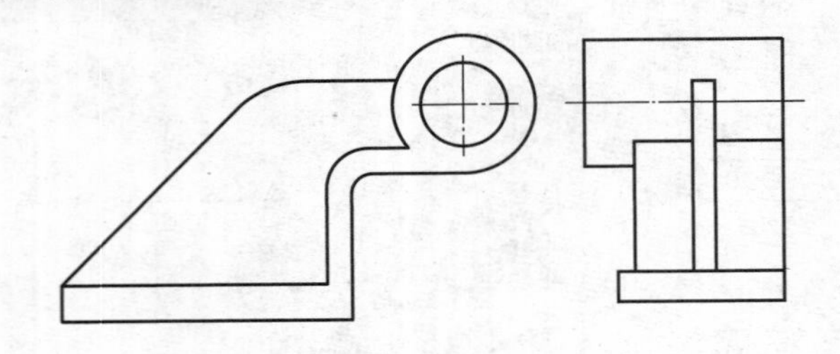

图 6－74　创建左视图

图 6－75　【剖视图】对话框

（2）单击之前创建的前视图，将其选择为要生成截面的【父视图】。此时【剖视图】对话框会发生变化，更多的命令将会展示出来，如图 6－76 所示；

图 6－76

（3）选择竖直线段的中点作为铰链线的放置位置，单击左键确定剖视图的剖切位置，如图 6－77 所示，此时将会显示出剖视图的预览方框；

（4）移动预览方框到合适位置，然后单击鼠标左键，将全剖视图放置在图纸中适当的位置，如图 6－78 所示。

5. 创建俯视图的局部剖视图

1）绘制封闭样条曲线

（1）在前视图区域范围内单击鼠标右键，弹出如图 6－79 所示的快捷菜单，在菜单中单击【扩展成员视图】命令 扩展(X)；

（2）前视图进入【扩展】状态，此时整个视图窗口只显示前视图，不管放大还是缩小视图，都只能看到前视图内的图形；

（3）在下拉菜单右边空白处单击右键，弹出如图 6－80 所示的快捷菜单，在菜单中单击【曲线】命令 曲线，出现如图 6－81 所示的【曲线】工具条；

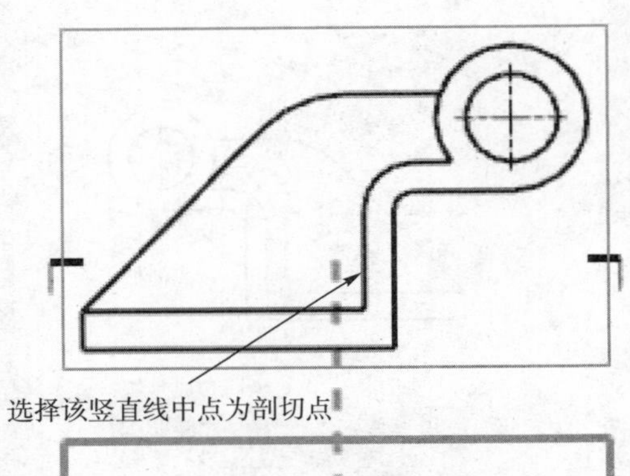

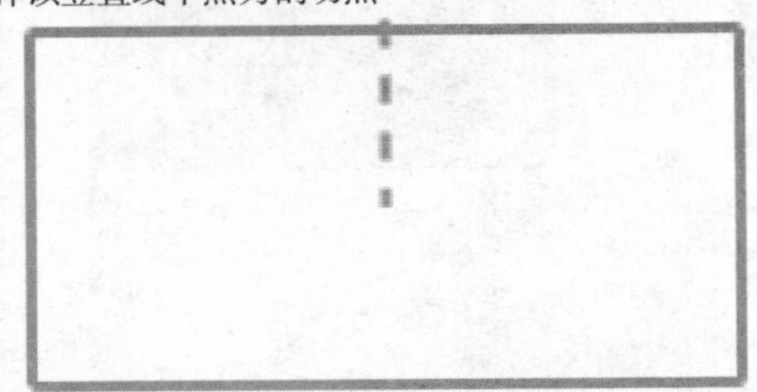

图 6－77　剖切位置

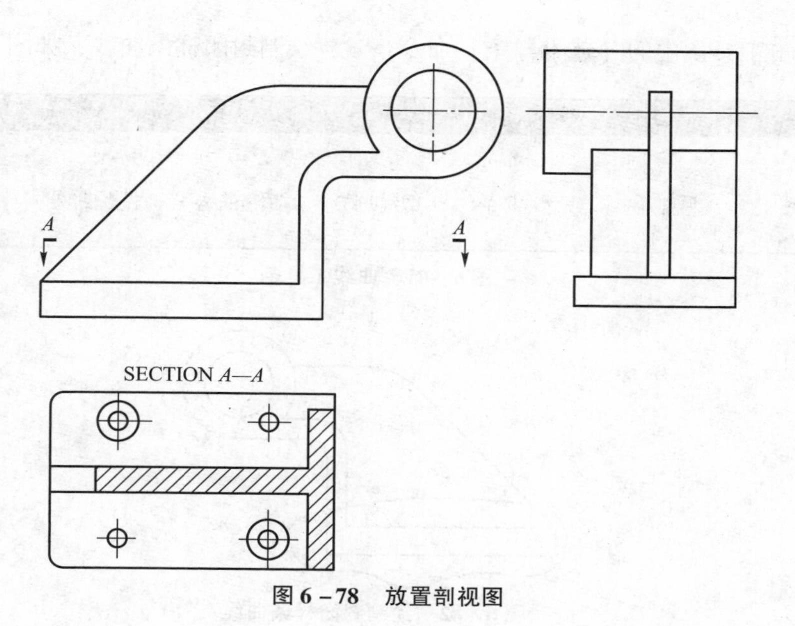

图 6－78　放置剖视图

图 6－79　右键快捷菜单

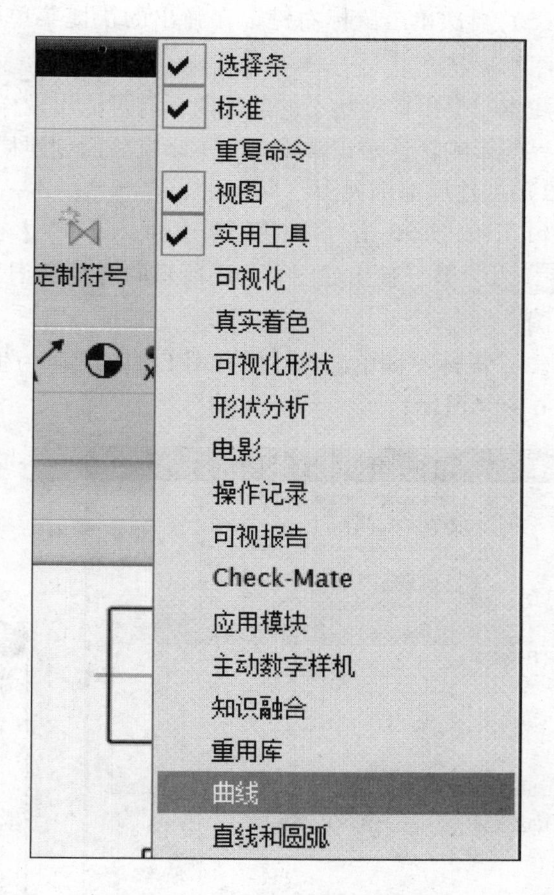

图 6－80　右键快捷菜单

（4）单击工具条中的【艺术样条】命令 ，绘制封闭样条曲线，如图 6－82 所示；

图 6－81　曲线工具条

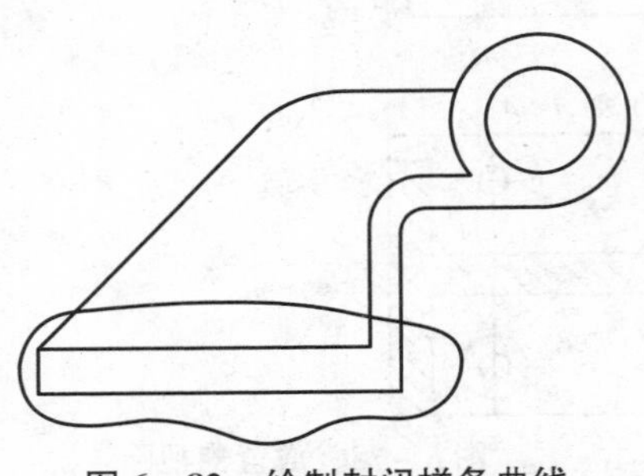

图 6－82　绘制封闭样条曲线

（5）再次单击鼠标右键，在弹出的快捷菜单中单击【扩展】命令 扩展(X)，退出前视图扩展状态。

注意：退出扩展状态的前视图，有可能出现样条曲线显示不完整的情况，是因为受到视图边界的影响，这是正常现象，不影响后面创建局部剖视图。

2）创建局部剖视图

（1）依次单击下拉菜单【插入】—【视图】—【截面】—【局部剖】命令 局部剖(O)...，弹出如图 6－83 所示的【局部剖】对话框，系统提示选择一个生产局部剖的视图；

（2）鼠标左键单击选择前视图 FRONT@4 为生产局部剖的视图，会出现新的命令按钮，如图 6－84 所示；

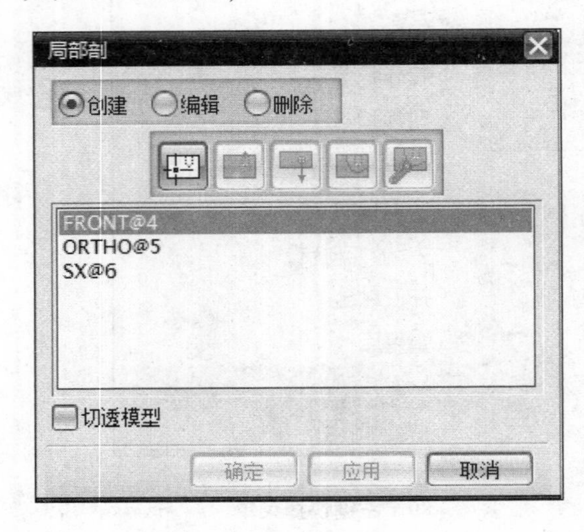

图 6－83　【局部剖】对话框

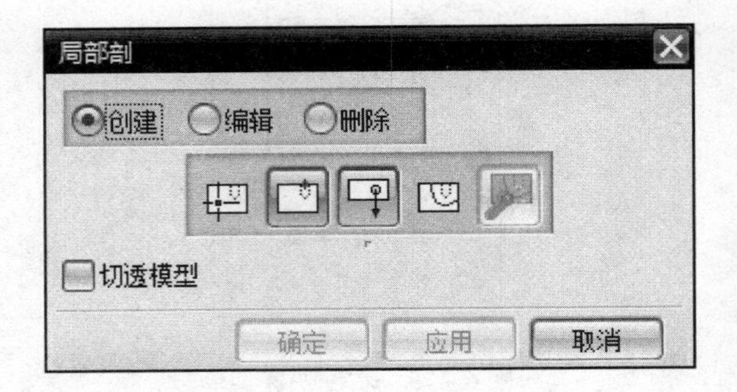

图 6－84　【局部剖】新命令

(3) 选择底部全剖视图中靠近下方的一个圆心作为基点，如图 6－85 所示。

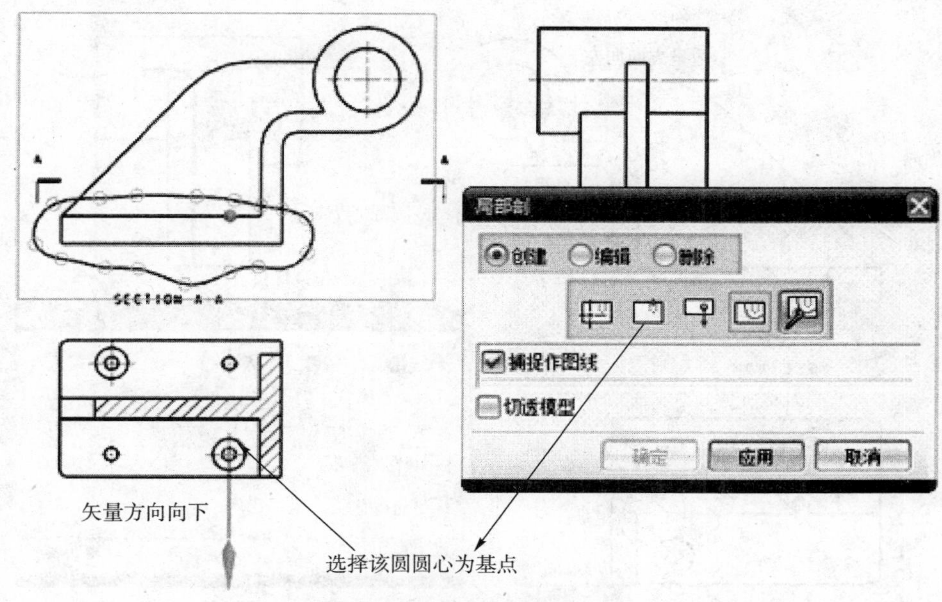

图 6－85　选择基点和矢量方向

(4) 系统提示指定拉伸矢量方向，这里接受默认定义，故直接单击【选择曲线】图标；

(5) 选择在【扩展】状态下，前视图中创建的封闭样条曲线；

(6) 单击【应用】按钮 应用 ，完成局部剖视图的创建，如图 6－86 所示；

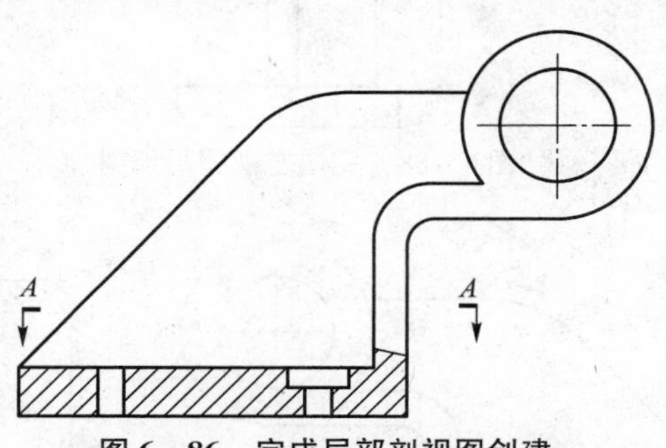

图 6－86　完成局部剖视图创建

(7) 用同样的方法创建左视图的局部剖视图，如图 6－87、图 6－88 所示。

6. 视图调整

1) 显示视图边框

(1) 通过调用下拉菜单【首选项】—【制图】命令 制图(D)，然后设置【视图】选项卡中的【显示边界】选项，将各个视图的边框显示出来，如图 6－89 所示。

2) 隐藏和显示线条

(1) 双击左视图边框，弹出如图 6－90 所示的【视图首选项】对话框，单击【光顺边】选项卡，把【光顺边】前的勾去掉，如图 6－90 所示。

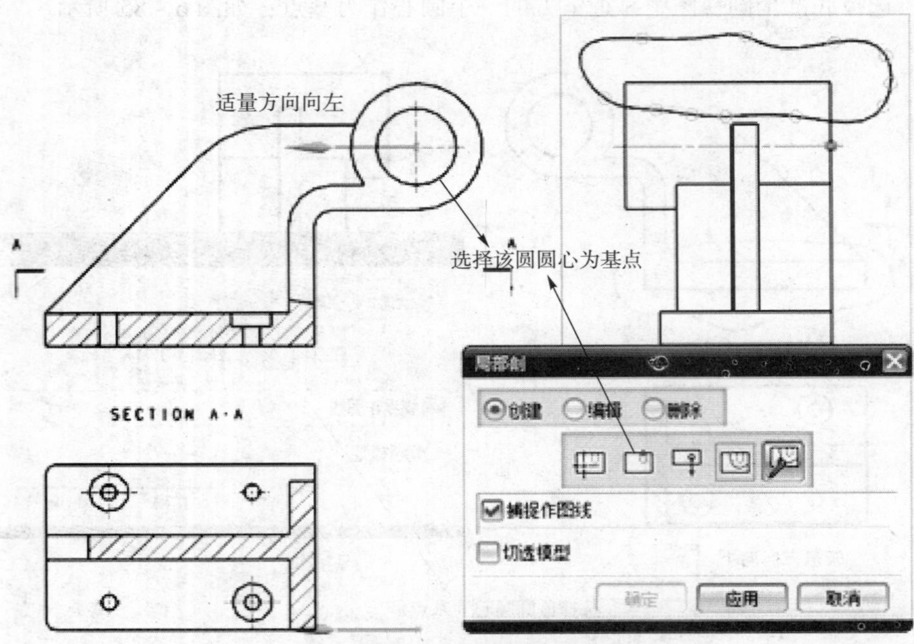

图6－87　创建左视图局部剖

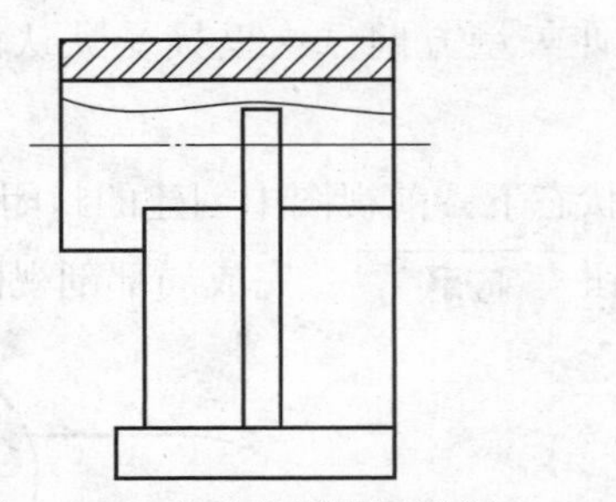
图6－88　完成左视图局部剖

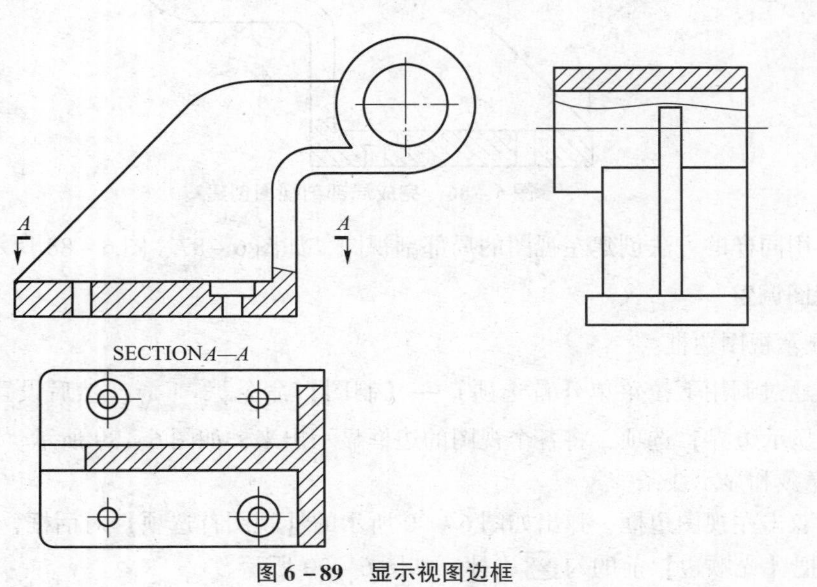

图6－89　显示视图边框

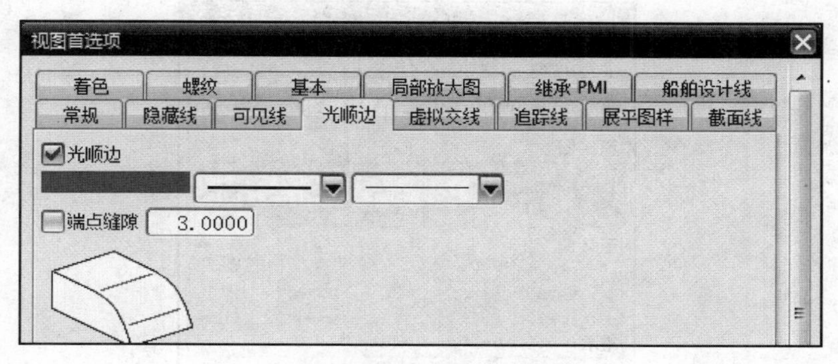

图 6－90　隐藏光顺边

（2）单击【隐藏线】选项卡，将隐藏线的显示方式由默认的【不可见】改为虚线 ------- 显示，如图 6－91 所示。隐藏线不可见时如图 6－92 所示，隐藏线虚线显示时如图 6－93 所示。

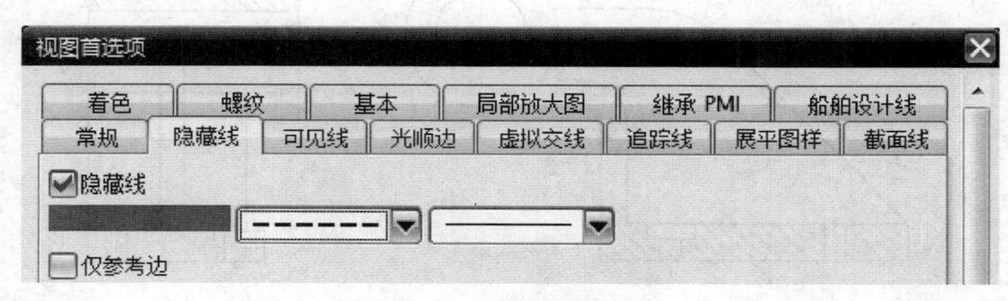

图 6－91　显示隐藏线

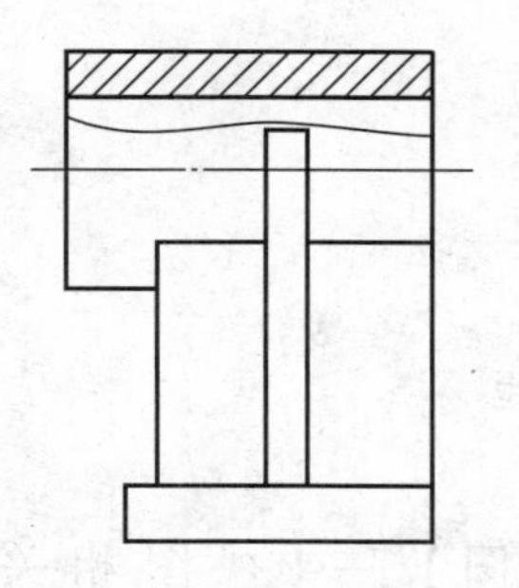

图 6－92　隐藏线显示前

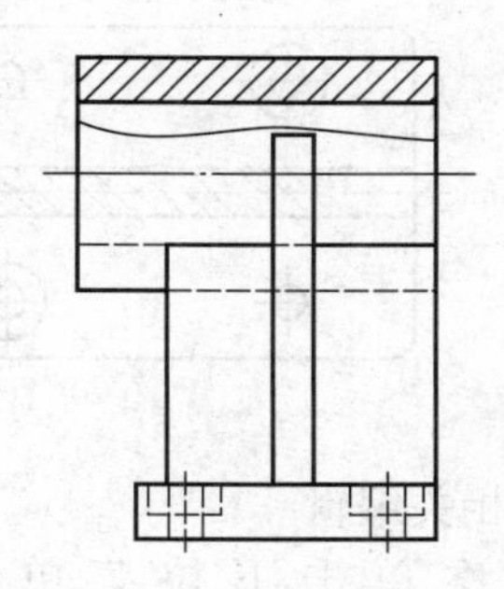

图 6－93　隐藏线显示后

3）添加中心线

（1）依次单击下拉菜单【插入】—【中心线】—【2D 中心线】命令 2D 中心线...，弹出如图 6－94 所示的【2D 中心线】对话框，选择合适的曲线，单击【确定】按钮 确定 ，完成一条中心线的创建；

（2）按照类似的方法，通过调用【3D 中心线】 3D 中心线、【中心标记】 中心标记(M) 等创建中心线的命令，为视图中的部分特征添加其余中心线，结果如图 6－95 所示。

图 6-94 【2D 中心线】对话框

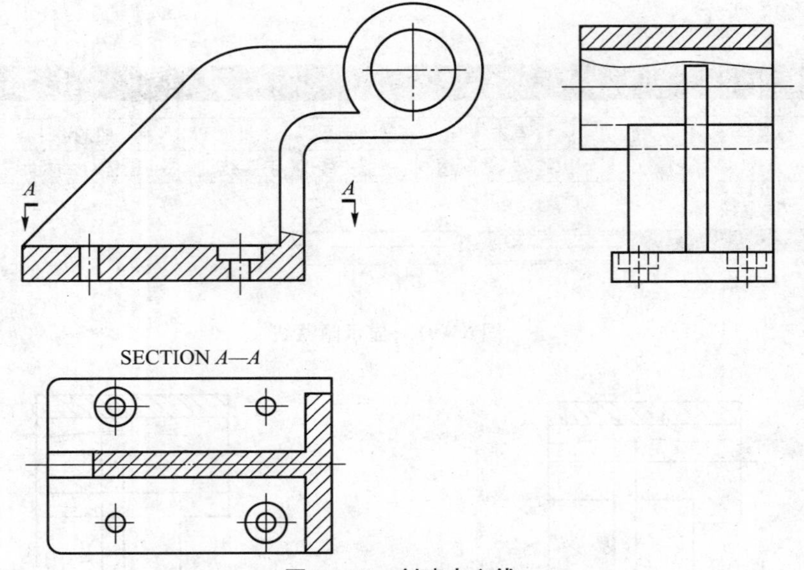

图 6-95 创建中心线

4）视图相关编辑

（1）依次单击下拉菜单【编辑】—【视图】—【视图相关编辑】命令 视图相关编辑(E)...，弹出如图 6-96 所示的【视图相关编辑】对话框，然后鼠标左键单击左视图，此时【视图相关编辑】对话框中的命令图标将被点亮，单击【擦除对象】命令图标 ，弹出如图 6-97 所示【类选择】对话框；

（2）依次选择左视图中不需要显示的线条，然后单击【确定】按钮 确定 ，完成该视图的编辑，如图 6-97 所示。

7. 尺寸标注

1）隐藏视图边框

（1）通过调用下拉菜单【首选项】—【制图】命令 制图(D)...，然后设置【视图】选项卡中的【显示边界】选项，将各个视图的边框隐藏出来，如图 6-98 所示。

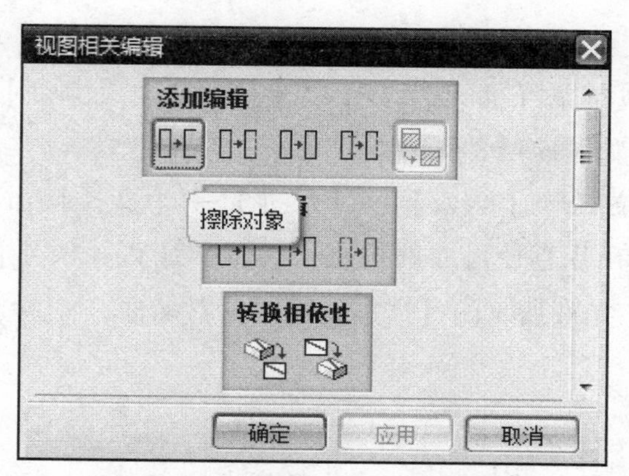

图 6－96 【视图相关编辑】对话框

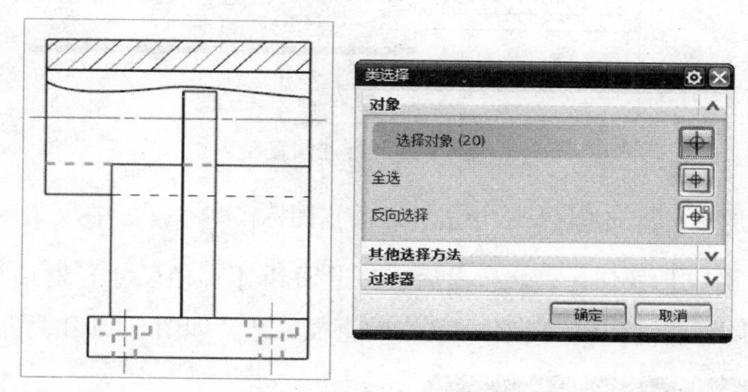

图 6－97 选择擦除对象

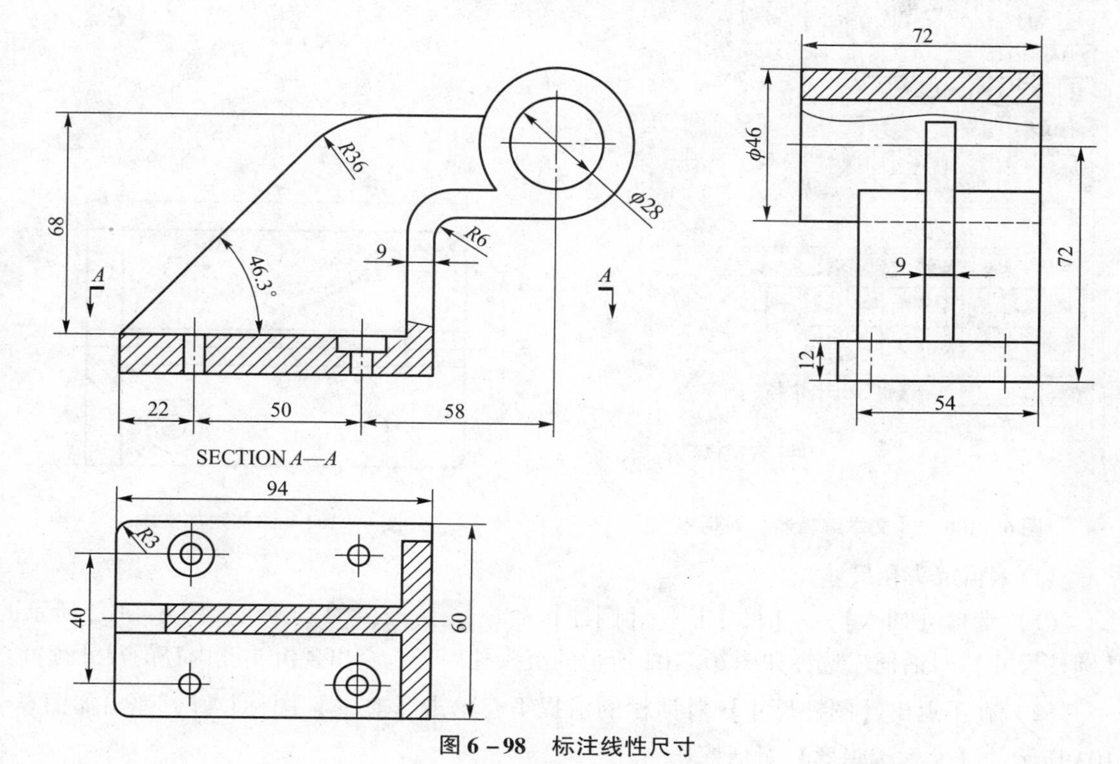

图 6－98 标注线性尺寸

2）标注尺寸

（1）依次单击下拉菜单【插入】—【尺寸】—【自动判断】命令 自动判断(I)...，进行线性尺寸的标注，如图6－98所示。

（2）依次单击下拉菜单【插入】—【尺寸】—【直径】命令 直径(D)...，单击如图6－99所示的圆，会出现直径尺寸的预览，然后在【直径尺寸】对话框中单击【文本】图标 A，弹出如图6－100所示的【文本编辑器】对话框；

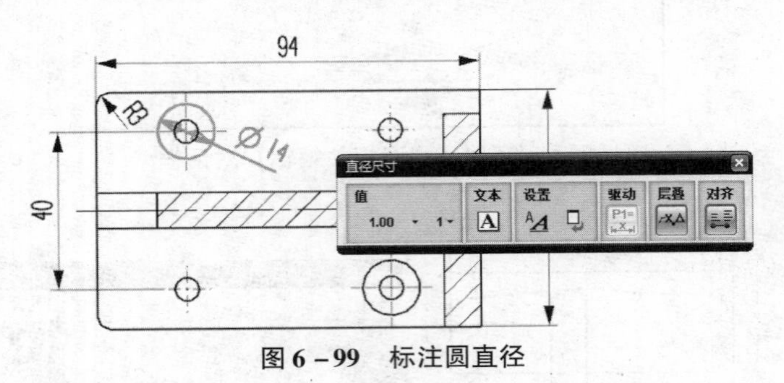

图6－99　标注圆直径

（3）在【附加文本】文本区域中单击【之前】图标 1.2，然后在文本输入区域输入2X；

（4）单击【确定】按钮 确定 后，将退回到【直径尺寸】对话框，移动鼠标，在合适的位置单击鼠标左键，放置带附加文本的直径尺寸，如图6－101所示。

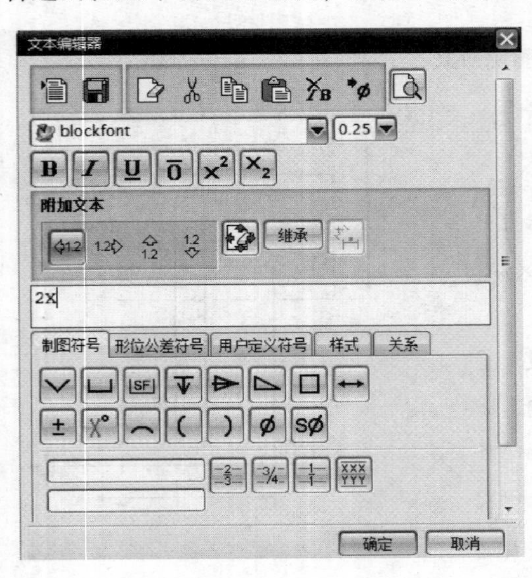

图6－100　【文本编辑器】对话框

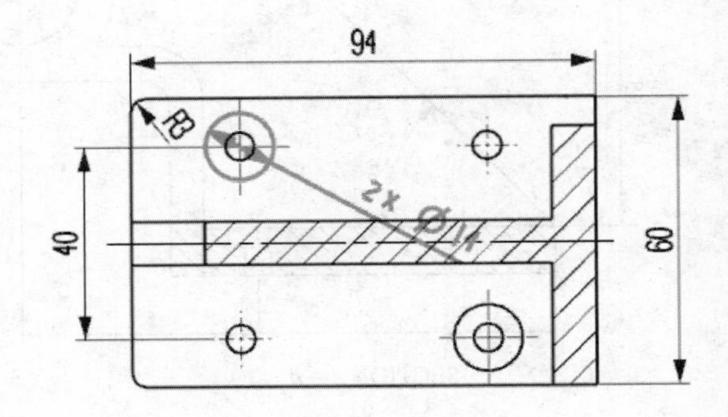

图6－101　添加附加文本

3）编辑沉头孔尺寸

（1）选择【插入】—【尺寸】—【圆柱】命令 圆柱(Y)...，弹出如图6－102所示的【圆柱尺寸】对话框，选择如图6－102所示的沉头孔内径，会出现沉头孔内径的尺寸预览；

（2）在不退出【圆柱尺寸】对话框的前提下，单击【文本】图标 A，弹出如图6－103所示的【文本编辑器】对话框；

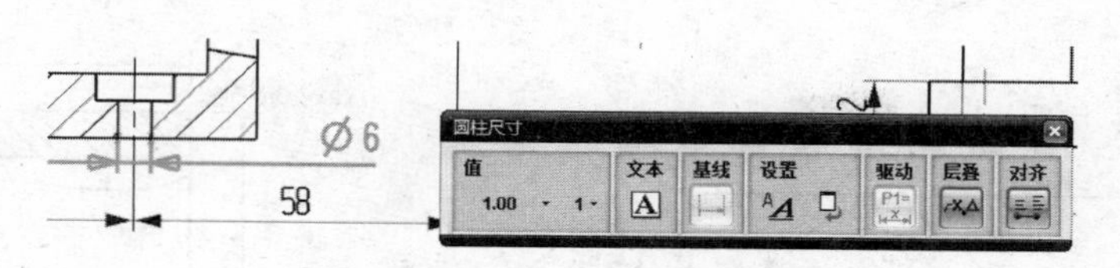

图 6－102　【圆柱尺寸】对话框

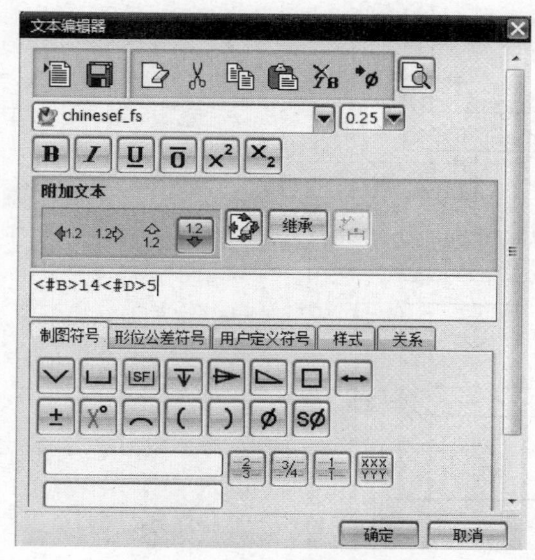

图 6－103　【文本编辑器】对话框

（3）在【附加文本】文本区域中单击【之前】图标，输入“2X”，再单击对话框中的【下面】按钮，然后单击【制图符号】选项区中的【沉头孔】图标，输入14，再单击【制图符号】选项区中的【深度】图标，然后输入5；

（4）单击【确定】按钮 确定 后，将退回到【圆柱尺寸】对话框，移动鼠标，在合适的位置单击鼠标左键，放置沉头孔尺寸，如图 6－104 所示。

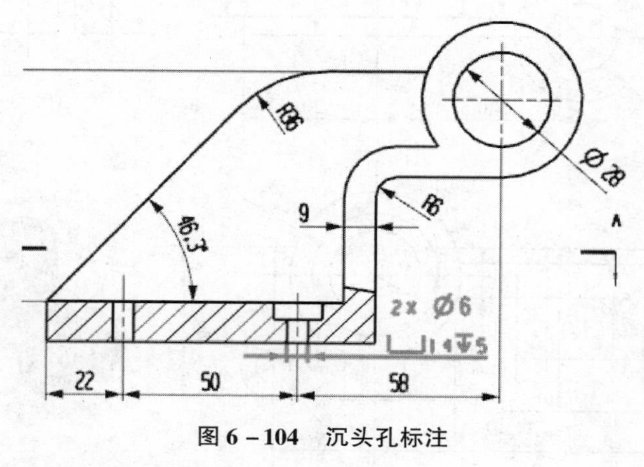

图 6－104　沉头孔标注

（5）最终完成图，如图 6－105 所示。

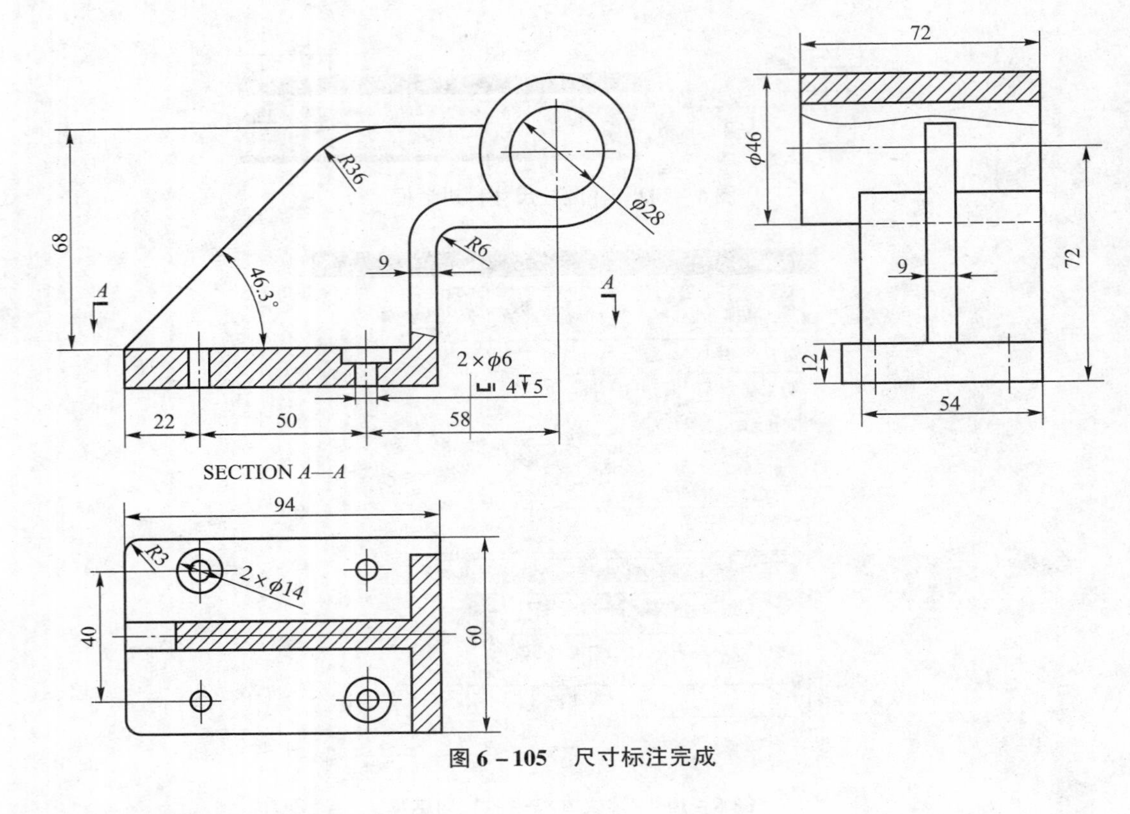

图 6－105　尺寸标注完成

项目 3　课后练习

导入模型，并根据图 6－106 所示的要求，完成该模型的工程制图。

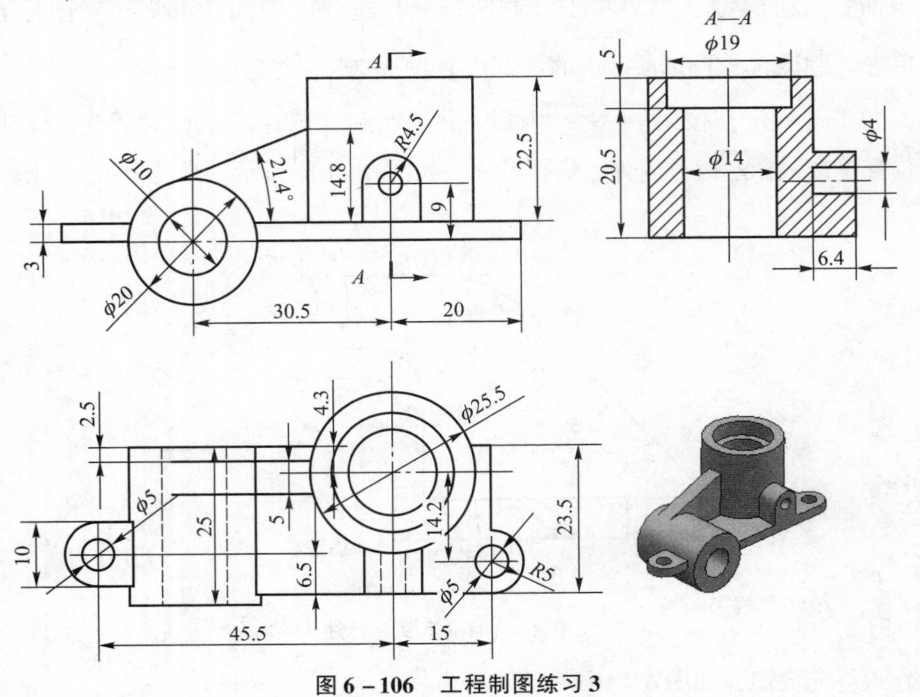

图 6－106　工程制图练习 3

参考文献

[1] 洪如瑾. UG NX6.0 CAD 快速入门指导 [M]. 北京：清华大学出版社，2009.

[2] 王世刚. UG NX8.0 机械设计入门与应用实例 [M]. 北京：电子工业出版社，2012.

[3] 展迪优. UG NX8.0 工程图教程 [M]. 北京：机械工业出版社，2012.

[4] 张云杰. UG NX8.0 中文版从入门到精通 [M]. 北京：清华大学出版社，2013.

[5] 叶国林. UG NX8.0 三维设计全解视频精讲 [M]. 北京：电子工业出版社，2013.

[6] 谢龙汉. UG NX8.0 三维造型设计及制图 [M]. 北京：清华大学出版社，2013.